Dietrich Naunin u.a., Elektrische Straßenfahrzeuge

Elektrische Straßenfahrzeuge

Technik, Entwicklungsstand und Einsatzgebiete

Prof. Dr. Dietrich Naunin

Dr. Ch. Bader
F. A. Driehorst
Dr. W. Fischer
Dr. A. Kalberlah
Dipl.-Ing. M. Kalker
Dipl.-Ing. H. A. Kiehne
W. Klingler
Prof. Dr. H. Schaefer
Prof. Dr. H. Ch. Skudelny
Dr. B. Sporckmann
Dr. U. Wagner
Dipl.-Ing. E. Zander

2., völlig neubearbeitete und erweiterte Auflage

Mit 125 Bildern und 162 Literaturstellen

Kontakt & Studium
Band 255

Herausgeber:
Prof. Dr.-Ing. Wilfried J. Bartz
Technische Akademie Esslingen
Weiterbildungszentrum
DI Elmar Wippler
expert verlag

Die Deutsche Bibliothek – CIP-Einheitsaufnahme

Elektrische Straßenfahrzeuge : Technik, Entwicklungsstand und Einsatzbereiche / Dietrich Naunin... 2., völlig neubearb. und erw. Aufl. – Renningen-Malmsheim : expert-Verl. 1994
(Kontakt & Studium ; Bd. 255)
ISBN 3-8169-1075-0
NE: Naunin, Dietrich; GT

2., völlig neubearbeitete und erweiterte Auflage 1994
1. Auflage 1989

ISBN 3-8169-1075-0

Bei der Erstellung des Buches wurde mit großer Sorgfalt vorgegangen; trotzdem können Fehler nicht vollständig ausgeschlossen werden. Verlag und Autor können für fehlerhafte Angaben und deren Folgen weder eine juristische Verantwortung noch irgendeine Haftung übernehmen. Für Verbesserungsvorschläge und Hinweise auf Fehler sind Verlag und Herausgeber dankbar.

Herausgeber-Vorwort

Die berufliche Weiterbildung hat sich in den vergangenen Jahren als eine absolut notwendige Investition in die Zukunft erwiesen. Der rasche technologische Fortschritt und die quantitative und qualitative Zunahme des Wissens haben zur Folge, daß wir laufend neuere Erkenntnisse der Forschung und Entwicklung aufnehmen, verarbeiten und in die Praxis umsetzen müssen. Erstausbildung oder Studium genügen heute nicht mehr. Lebenslanges Lernen ist gefordert!

Die Ziele der beruflichen Weiterbildung sind

- Anpassung der Fachkenntnisse an den neuesten Entwicklungsstand
- Erweiterung der Fachkenntnisse um zusätzliche Bereiche
- Fähigkeit, wissenschaftliche Ergebnisse in praktische Lösungen umzusetzen
- Verhaltensänderungen zur Entwicklung der Persönlichkeit und Zusammenarbeit.

Diese Ziele lassen sich am besten durch Teilnahme an einem Präsenzunterricht und durch das begleitende Studium von Fachbüchern erreichen.

Die Lehr- und Fachbuchreihe KONTAKT & STUDIUM, die in Zusammenarbeit zwischen dem expert verlag und der Technischen Akademie Esslingen herausgegeben wird, ist für die berufliche Weiterbildung ein ideales Medium. Die einzelnen Bände basieren auf erfolgreichen Lehrgängen der TAE. Sie sind praxisnah, kompetent und aktuell. Weil in der Regel mehrere Autoren – Wissenschaftler und Praktiker – an einem Band mitwirken, kommen sowohl die theoretischen Grundlagen als auch die praktischen Anwendungen zu ihrem Recht.

Die Reihe KONTAKT & STUDIUM hat also nicht nur lehrgangsbegleitende Funktion, sondern erfüllt auch alle Voraussetzungen für ein effektives Selbststudium und leistet als Nachschlagewerk wertvolle Dienste. Auch der vorliegende Band wurde nach diesen Grundsätzen erarbeitet. Mit ihm liegt wieder ein Fachbuch vor, das die Erwartungen der Leser an die wissenschaftlich-technische Gründlichkeit und an die praktische Verwertbarkeit nicht enttäuschen wird.

TECHNISCHE AKADEMIE ESSLINGEN
Prof. Dr.-Ing. Wilfried J. Bartz

expert verlag
Dipl.-Ing. Elmar Wippler

Vorwort

Elektrische Straßenfahrzeuge gibt es seit 100 Jahren – ebensolang besteht die Diskussion um ihre Vor- und Nachteile. Zur Jahrhundertwende waren sie die Luxusautos, weil ihre Motorkraft einfach zu steuern war und sie leise und abgasfrei fahren konnten. Die letzten beiden Eigenschaften sind heute wieder bedeutsam geworden, weil das Bewußtsein für schädliche Umweltbeeinflussungen durch die Abgase konventioneller Fahrzeuge in den letzten Jahren größer geworden ist und man mehr über neue Verkehrskonzepte nachdenkt, in denen auch Elektrofahrzeuge einen Platz haben. Am bedeutungsvollsten in dieser Hinsicht ist ein Gesetz im USA-Staat Kalifornien, in dem festgelegt wird, daß ab 1998 Elektrofahrzeuge – zunächst 2 %, dann zunehmend auf 10 % – verkauft werden müssen. Dies ist eine große Herausforderung für alle Automobilfirmen, technisch zuverlässige Fahrzeuge zu entwickeln und in der Praxis zu erproben, um auf dem kalifornischen Markt präsent zu sein. Es ist ebenso eine Herausforderung für die Batterie- und Elektroantriebsfirmen, die Produkte mit hoher Zuverlässigkeit und langer Lebensdauer für den Einsatz in Elektrofahrzeugen herstellen müssen. Man spürt deshalb zur Zeit, daß ein hohes Interesse nicht nur bei den großen Firmen, sondern auch bei kleineren Firmen besteht, marktfähige Elektrofahrzeuge herzustellen. Auf jeder nationalen und internationalen Automobilmesse werden neue Fahrzeuge vorgestellt, das Interesse der Besucher ist groß. Mit staatlicher Unterstützung werden in vielen Ländern Demonstrationsvorhaben finanziert, die die Fähigkeiten und den Stand der Technik der Elektrofahrzeuge zeigen. Die Deutsche Bundesregierung unterstützt zur Zeit einen Praxistest auf der Insel Rügen, der vor allem das Verhalten von neuen Batteriesystemen darstellen soll. Mehrere Stadtverwaltungen setzen schon elektrische Servicefahrzeuge und Elektrobusse ein, um einen Beitrag zur Lärm- und Abgasentlastung der Stadtinnenbereiche zu leisten.

Alle diese Anstrengungen werden es nicht erreichen, daß das Elektrofahrzeug das konventionelle Fahrzeug verdrängt. Selbst wenn es bei einer hohen Serienfertigung zu vergleichbaren Produktionskosten käme, wäre die begrenzte Reichweite immer noch für viele Betriebsarten und -einsätze ein entscheidendes Hindernis. Jedoch für begrenzte Einsatzbereiche, die vor allem durch Forderungen nach geringen Umweltbelastungen in der unmittelbaren Fahrzeugumgebung gekennzeichnet sind, wird das Elektrofahrzeug seine Einsatzchancen haben. Ein großes Einsatzpotential wird im Bereich der Zweit- und Drittfahrzeuge eines Haushalts liegen.

Den Stand der Technik von Elektrofahrzeugen und deren Einsatzchancen darzustellen, ist das Ziel vieler Tagungen und Symposien, u. a. an der Technischen Akademie Esslingen. Beiträge, die dort vorgetragen wurden, sollen hiermit in Buchform erscheinen. Es werden vor allem der gegenwärtig erreichte Entwicklungsstand bei den einzelnen Komponenten eines Elektrofahrzeuges und Infrastruktur- und Verkehrsmanagementfragen in den Kapiteln dieses Buches dargestellt. Die Verfasser sind aufgrund ihrer Tätigkeit in der Auto-, Batterie- und Elektroindustrie, in Energieversorgungsunternehmen und an den Hochschulen mit der Entwicklung und den damit verbundenen Problemen von Elektrofahrzeugen seit vielen Jahren eng vertraut.

Das 1. Kapitel beginnt mit einer kurzen historischen Rückschau, berichtet über Praxistests mit Elektrofahrzeugen und führt in die allgemeinen wirtschaftlichen, umweltpolitischen, infrastrukturellen und verkehrspolitischen Aspekte ein, die für den Einsatz von Elektrofahrzeugen sprechen. Die Energiebereitstellung für die Stromversorgung von elektrischen Straßenfahrzeugen und deren Auswirkungen auf den Kraftwerkspark in der Bundesrepublik sowie der Energieverbrauch und die dadurch verursachten Emissionen von Elektrofahrzeugen im Vergleich zu konventionellen Fahrzeugen werden im 2. und 3. Kapitel beschrieben.

Die drei folgenden Kapitel behandeln die Batterietechnik, die eine der wichtigsten Voraussetzungen für den Betrieb von Elektrofahrzeugen darstellt. Zunächst werden die Anforderungen an die Batterien in Elektrofahrzeugen bei unterschiedlichster Belastung und Einsatzweise sowie Recyclingfragen formuliert. Erfahrungen mit den bisher am meisten eingesetzten Blei-Gel-Batterien werden beschrieben. Die Vorstellung neuer Batteriesysteme – insbesondere der Hochenergiebatterie – und deren Stand der Technik schließt diesen Bereich ab.

Im Bereich der Antriebskonzepte, die im 7. und 8. Kapitel beschrieben werden, wird über den Einsatz der bisher üblichen Gleichstrommotoren und die Chancen der robusteren Drehstrommotoren, die jetzt zunehmend eingesetzt werden, sowie über Hybridantriebe berichtet. Hybridantriebe enthalten sowohl elektrische als auch konventionelle Motoren, die jeweils in ihren energieoptimalen Drehzahl- und Lastbereichen betrieben werden können.

Im 9. Kapitel wird schließlich vom Standpunkt der Produktion von Elektrofahrzeugen auf die Frage eingegangen, ob ein konvertiertes Serienfahrzeug oder ein speziell entworfenes Fahrzeug aus der Sicht eines Großserienherstellers günstiger ist. Ein Kleinserienhersteller stellt im 10. Kapitel die Bedingungen für einen spezielleren Markt in der Schweiz dar, in der z. B. in den Orten Zermatt und Saas Fee nur Elektrofahrzeuge verkehren dürfen. Die allgemeinen Anwendungschancen für Elektrotransporter und Elektrobusse beschreibt das 11. Kapitel.

Zum Abschluß wird der Versuch einer Zusammenfassung und eines Ausblickes in die Zukunft aus der gegenwärtigen Lage und Diskussion über das Elektroauto gemacht.

Ich danke allen beteiligten Autoren für ihre bereitwillige Mitarbeit und dem Verlag für die gute Zusammenarbeit.

Berlin, im Januar 1994 Dietrich Naunin

Inhaltsverzeichnis

1 Wirtschaftliche, infrastrukturelle und verkehrspolitische Aspekte für den Einsatz elektrischer Straßenfahrzeuge

Dietrich Naunin

1.1 Elektroautos seit 100 Jahren

Im Jahre 1986 wurde der 100. Geburtstag des Autos mit Verbrennungsmotor (entwickelt durch Carl Friedrich Benz) gefeiert. Es ist den meisten entgangen, daß auch das Elektroauto 100 Jahre alt wurde, da in London im Jahre 1886 das erste mit einer elektrischen Batterie betriebene Auto vorgestellt wurde (2). Elektromotoren gab es schon vorher in Fahrzeugen: ein Oberleitungsbus 1882 in Berlin, eine Straßenbahn im Jahre 1881 und eine Lokomotive im Jahre 1879 ebenfalls in Berlin. Bekannter wurde das Elektroauto durch Thomas Edison, der es im Jahre 1889 unter dem Namen Electric Runabout in den USA vorstellte (3). Um die Jahrhundertwende gab es – vor allem in den USA (1) – mehr Elektroautos als Autos mit Verbrennungsmotor: Sie waren die Luxus-Autos der Vornehmen, da sie leise, abgasfrei und ohne Hilfskräfte (fürs Anlassen) fahren konnten. In Berlin gab es damals zeitweise 13 Firmen, die sich mit dem Elektroautomobilbau beschäftigten. Erst nach 1915, als der elektrische Anlasser erfunden war und der Betrieb der Autos mit Verbrennungsmotor auch über größere Entfernungen sicherer wurde, verschwand das Elektroauto bis auf wenige Fahrzeuge bei der Post von der Bildfläche. In den 60er und 70er Jahren sind die Bemühungen um das Elektroauto wieder aufgenommen worden, zuerst weil die Ölkrise die Notwendigkeit der Nutzung alternativer Antriebsenergien erzwang, jetzt weil man sich der Belastung der Umwelt durch Abgase und Lärm immer mehr bewußt wird. Hinzu kommt, daß die technologische Entwicklung in der Halbleiter- und Steuerungstechnik (Mikrocomputer) neue Lösungen anbietet (Bilder 1.1 bis 1.4).
Die Anzahl der vorgestellten Elektrofahrzeuge und Lösungskonzepte ist heute größer denn je. Nach einer Euphoriephase vor etwa zwölf Jahren, die sich in finanzstarken Entwicklungsprojekten in allen Industrieländern zeigte, war eine Phase der Ernüchterung aufgrund der langsamen Entwicklungen vor allem im Batteriebereich eingetreten. Jetzt hat wieder eine Aufbruchphase begonnen, da die Automobilindustrie aufgrund des „Clean Air Act" in Kalifornien (seit dem 1.1.1990 in Kraft) eine echte Marktchance für Elektroautos sieht. Der Clean Air Act sieht vor, daß 1998 beginnend 2 % und 2003 schon 10 % der neuzugelassenen Fahrzeuge ZEVs (Zero Emission Vehicles), d. h. praktisch Elektrofahrzeuge, sein müssen. Dabei werden realistisch die Möglichkeiten der Elektroautos eingeschätzt: Die Reichweite wird immer begrenzt sein, es wird vor allem ein Stadtauto sein, als Zweit- oder Drittfahrzeug im Pkw-Bereich und als Transporter im örtlichen Verteiler- und Service-Dienst.

Bild 1.1: Elektrowagen der NAG – Neue Automobilgesellschaft mbH (1903)

Bild 1.2: Elektroauto für Service-Dienste (1950)

Bild 1.3: Werbung für Elektro-Fahrzeuge (1937)

Bild 1.4: CitySTROMer (ab 1980)

1.2 Heutige weltweite Bemühungen um das Elektroauto

Die USA, England und Deutschland sind die klassischen Länder des Elektroautobaus; Frankreich, Italien, Finnland, die Schweiz und vor allem Japan sind hinzugekommen, und auch Dänemark versucht, sich im Leichtautomobilbereich mit seinem erfolgreichen Mini el (jetzt City el) im Markt zu behaupten.
In Deutschland sind der entscheidende Förderer von Elektrofahrzeugen die Rheinisch-Westfälischen Elektrizitätswerke (RWE), die durch die zwischenzeitliche Gründung der Gesellschaft für elektrischen Straßenverkehr (GES) in den letzten 25 Jahren in Zusammenarbeit vor allem mit dem Volkswagenwerk und der Daimler-Benz AG dem Elektroauto viele Impulse gab. Bis 1986 wurden neben einzelnen Prototypen verschiedenster Art folgende Fahrzeuge erprobt:

158 VW Typ 2	Transporter/Kleinbusse
15 VW LT 35	Transporter, z. T. bei der Post
60 DB LE 306	Transporter/Kleinbusse
30 DB LE 307E	Transporter/Kleinbusse, z. T. bei der Post
70 VW/GES/Auwärter	CitySTROMer
20 DB	Hybridbusse (Diesel/Batterie) im Einsatz in Wesel und Stuttgart
20 MAN	Batterie-Busse (Batterien im Anhänger) im Einsatz in Düsseldorf und Mönchengladbach.

Seit 1987 gibt es einesteils sowohl eine Weiterentwicklung der Elektrofahrzeuge in den großen Automobilfirmen, meist im Conversion-Design als umgebaute Serienfahrzeuge (z. B. VW Golf/Jetta CitySTROMer und E Van, BMW 3er, Mercedes 190 und Transporter, Opel Impuls 2, Neoplan Bus), aber auch als Purpose-Design (BMW E 1 und E 2, VW Chico), anderenteils ein durchaus bedeutendes Angebot an Fahrzeugen von Klein- und Kleinstherstellern (z. B. Colenta, Erk, ATW, Walther, ERAD, KEWET, Leo, E-Polo/Waschbusch, Elektrabi, Hotzenblitz). Die großen Automessen (IAA, AAA u.a.) zeigen mehr und mehr Elektrofahrzeuge – keine Großfirma kann es sich leisten, nichts auf diesem Gebiet zu tun, da das Elektroauto schon zum umweltbewußten Image einer Automobilfirma gehört. Die Nachfrage von potentiellen Käufern ist ebenfalls gestiegen, allerdings ist der reale Markt wegen der noch hohen Preise und der Einschränkungen in der Reichweite – die täglichen, statistisch ermittelten durchschnittlichen Fahrleistungen machen dies eigentlich nicht zu einem Problem – vergleichsweise sehr klein.
In den USA wurde die Entwicklung von Elektrofahrzeugen im wesentlichen vom Electric Power Research Institute (EPRI) mit Unterstützung des Department of Energy (DOE) mit erheblichen Beträgen (im „Boom"-Jahr 1980 38 Mio. $) gefördert. Durch den Clean Air Act ist das Hauptziel – die Markteinführung – in greifbare Nähe gerückt. Die Großfirmen General Motors (GM),

Ford und Chrysler haben sich in Verbindung mit General Electric (GE) und Batteriefirmen in einem Consortium zu einer gemeinsamen Entwicklung von Elektrofahrzeugen zusammengefunden, aber auch viele kleinere Unternehmen bemühen sich um den Einstieg in den Markt, der um die Jahrtausendwende 200.000 und mehr Elektrofahrzeuge umfassen kann. Bei der Tennessee Valley Authority (TVA) gab es umfangreiche Tests auf einer eigenen Teststrecke für Elektrofahrzeuge.
In Japan sind die Großfirmen besonders aktiv geworden: sie wollen ihren Landsleuten – aber mit Absicht auch den Amerikanern 1998 – zeigen, daß Elektrofahrzeuge die in sie gesteckten Erwartungen erfüllen können. Toyota, Nissan, Honda und Daihatsu haben die verschiedensten Prototypen mit unterschiedlichen Motor- und Batteriekonzepten vorgestellt. Japan ist aus energie- und umweltpolitischen Gründen – aufgrund der hohen Bevölkerungsdichte – besonders an der Markteinführung von Elektrofahrzeugen interessiert. Das MITI plant für das Jahr 2000 als Produktionsziel 200.000 Elektroautos.
In der Schweiz wird seit 1986 in Veltheim bzw. jetzt in Emmen jährlich ein Grand Prix für Elektroautos durchgeführt. Die Rennbedingungen sind den Fahrwerten von Elektrofahrzeugen angepaßt. Diese Veranstaltung dient vor allem zur Demonstration der Leistungsfähigkeit der Fahrzeuge und hat Testcharakter. Die Schweiz ist auch in anderer Hinsicht federführend im Einsatz von Elektrofahrzeugen: Es gibt Städte – z. B. Zermatt, Saas Fee –, in denen nur Fahrzeuge mit Elektroantrieb fahren dürfen. Darüber wird im 10. Kapitel berichtet. Die Regierung fördert vor allem Elektro-Leichtmobile. Crash-Tests zeigen deren Verkehrssicherheit.
England ist das Land mit den meisten Elektrofahrzeugen (etwa 43.000), da dort traditionell die meisten Milchlieferfahrzeuge (jährliche Produktion etwa 1.200 – 1.500) elektrisch angetrieben werden. Nachdem die geplante Serienproduktion von Bedford-Transportern nach Amerika verlagert wurde, ruhen alle Hoffnungen auf einer Produktion von Elektroautos auf der Firma Clean Air Transport, die einen Pkw für den kalifornischen Markt herstellen soll.
In Frankreich und Italien sind inzwischen Serienfertigungen von Elektrofahrzeugen begonnen worden: als Pkw der Peugeot 106 E und der Fiat Elettra, als Transporter der Peugeot J 5 bzw. der Citroen C 15. Auch die Ostblockländer zeigen Interesse am Elektroautomarkt. Es werden im Westen angeboten: Skoda aus der Tschechischen Republik und der Tavria aus Rußland, z. T. umgebaut in Ungarn.
Diese Aktivitäten zeigen, daß es „in" ist, Elektrofahrzeuge zu bauen und verschiedene Konzepte zu erproben. Dabei verfolgt man zwei Wege, wie im 9. Kapitel näher diskutiert wird: Man baut entweder Serienfahrzeuge um, um so die niedrigen Kosten einer erprobten Serienproduktion zu nutzen, oder man entwickelt neue Karosserien und erzeugt damit ein eigenes Image für Elektrofahrzeuge. Wegen der nicht geforderten hohen Fahrgeschwindigkeiten können solche Karosserien leichter – z. B. aus Kunststoff – sein und dadurch auch zu einer Minderung des spezifischen Energieverbrauchs führen. Die zweijährig ver-

anstalteten internationalen Electric Vehicle Symposien – das letzte im September 1992 in Florenz – zeigen immer wieder die große Vielfalt der Möglichkeiten und die Kreativität der Ingenieure in der ganzen Welt.
Neben den Aktivitäten auf dem Automarkt werden auch auf dem Zweiradsektor Elektrifizierungsideen verwirklicht. Hier wird zwar häufig viel gebastelt, sowohl im Mofabereich als auch im Fahrradbereich, aber inzwischen gibt es schon Serienfahrzeuge, z. B. das Leichtmofa Elektra der Nürnberger Hercules Werke in 20.000facher Auflage. Aus den neuen Bundesländern hat es mit dem Cityblitz der Diamant Werke in Chemnitz eine Konkurrenz bekommen. Gerade für den täglichen Weg zur Arbeitsstätte, aber auch für den Rekonvaleszenten, der frische Luft braucht und sich Bewegung noch nicht voll zutraut, ist das Elektro-Leichtmofa eine Entlastung.
Es zeigt sich, daß der Markt nicht allein die Einführung von Elektrofahrzeugen schaffen kann. Politische Rahmenbedingungen – durch den Gesetzgeber und durch die für den Stadtverkehr zuständigen Stadtverwaltungen – können die Markteinführung wesentlich beeinflussen, wie der Clean Air Act beweisen wird.

1.3 Praxisteste mit Elektrofahrzeugen

1.3.1 Test der Fahrzeugtechnik

Die Wirtschaftlichkeit hängt mit davon ab, wie gut sich die eingesetzte Technik, insbesondere die Batterietechnik, die bisher im wesentlichen auf den Blei-Gel-Batterien, in Zukunft auch mehr auf den Ni/Cd- und den Hochtemperaturbatterien (Na/S und Na/Ni/Cl) aufbaut, in der Praxis, vor allem in Langzeittests, bewährt.
Wissenschaftliche Untersuchungen darüber gab es schon 1912, wie aus einem Bericht (4) hervorgeht, der den auch heute immer noch hörbaren Satz enthält: „Die leichten Batterien sind schon seit mehr als einem Jahrzehnt versprochen, aber bis heute nicht vorhanden". Damals schon wurde die Wirtschaftlichkeit eng mit der Produktion und Zuverlässigkeit der Batterien verbunden. Die Testpraxis seit den letzten 20 Jahren ist sehr vielseitig. Die GES hatte ihre umgebauten 158 VW-Transporter verschiedensten Kunden und Firmen zur Verfügung gestellt, um Erfahrungen zu sammeln. Diese sind vor allem in das Projekt CitySTROMer eingeflossen, in dem die neuartige Batterie-Service-Technik – anfangs eine Klimatisierung durch einen Wasserumlaufkreis und eine Elektrolytumwälzung, jetzt eine Temperierung über eine Wassertaschentechnologie, über die im 5. Kapitel berichtet wird – zu einer erheblich höheren Anzahl von Auf- und Entladezyklen, d. h. zu einer höheren Lebensdauer, führten. Die bisher mit CitySTROMern und Colenta-Fahrzeugen erfolgreich gefahrenen mehrere Mio. Kilometer zeigen dies. Solche erfolgreichen Untersuchungen sind Voraussetzungen für eine Serienproduktion.

Die Bundesregierung hat die Entwicklung von Elektrofahrzeugen u. a. mit 15 Mill. DM für einen Praxistest zwischen 1980 und 1983 in Berlin mit 50 Elektrotransportern in Privathand, d. h. unter realen Verkehrs- und betrieblichen Einsatzbedingungen, im Rahmen des BMFT-Programms „Alternative Energien für den Straßenverkehr" unterstützt. Ziel des Projektes war es „herauszufinden, welche Transportaufgaben von Elektrostraßenfahrzeugen mit heutiger Technologie übernommen werden können, welcher Energieaufwand dazu notwendig ist und wie sich die zur Verfügung stehenden Batterien im Dauereinsatz bewähren". Der Schlußbericht stellt u. a. fest: „Die eingesetzten Fahrzeuge wurden überwiegend in gleicher Weise genutzt wie konventionell betriebene Serienfahrzeuge. Lediglich bei Einsatzformen mit kurzen Be- und Entladezeiten (Lieferdienste u. ä.) ohne Möglichkeit der Zwischenladung mußte der Fahrzeugeinsatz an die begrenzte Reichweite angepaßt werden. Dieser Sachverhalt wird dadurch bestätigt, daß nach Abklingen der anfänglich aufgetretenen technischen Probleme die mittlere wöchentliche Fahrleistung je Fahrzeug mit ca. 140 km einen stabilen Wert erreichte". „Elektrische Antriebssysteme, Ladeeinrichtungen und Fahrzeugtechnik erwiesen sich nach Optimierungsmaßnahmen während der Fahrzeuginbetriebsetzung hinsichtlich der Betriebssicherheit und Zuverlässigkeit aus der Sicht der Versuchserprobung als durchaus zuverlässig."

Der durchschnittliche Energieverbrauch — d. h. die aus dem Netz bezogene Energie — lag bei 0,21 kWh/t/km für die etwas schwereren Fahrzeuge, die eine höhere Bremsenergierückgewinnung (auch unter 30 km/h) hatten bzw. bei 0,23 kWh/t/km. Diese Werte sind abhängig von der Fahrweise, von der Tagesfahrleistung und von der Jahreszeit. Sie lassen im Vergleich mit anderen Fahrzeugen den Trend erkennen: Pkw (CitySTROMer mit 1,65 t) haben einen Verbrauch von 0,24 kWh/t/km (6), Busse kommen bei durchschnittlicher Besetzung auf etwa 0,14 kWh/t/km (6).

Die zurückgewonnene Nutzbremsenergie — ein Vorteil elektrisch betriebener Fahrzeuge — liegt zwischen 4 und 10 % je nach technischer Ausrüstung und Fahrweise. Für die Batterieheizung, die zur Erhaltung der Kapazität im Winter notwendig ist, wurde im Jahresdurchschnitt etwa 6 % der Energie verbraucht. Das Verhalten der Batterien, das sowohl durch den täglichen Einsatz als auch durch Prüfstandsuntersuchungen getestet wurde, zeigte noch Schwächen, die zu Kapazitätsmangel und Reichweitenproblemen führten.

Über den Energieverbrauch heutiger Fahrzeuge wird im 3. Kapitel berichtet.

Daß die Batterien — ohne die oben schon erwähnten Batterie-Service-Maßnahmen — der Schwachpunkt in der Elektroautomobiltechnik sind, zeigt auch der 4-jährige Praxistest mit einer Flotte von 34 Elektrotransportern im Paketzustelldienst der Stadt Bonn. Aufgrund der Tradition bei den Postfahrzeugen ist nach allgemeiner Vorstellung dieser „stop-and-go"-Betrieb der klassische Anwendungsfall für Elektrofahrzeuge. Die Ergebnisse entsprachen allerdings nicht den Erwartungen: der Energieverbrauch lag deutlich höher als in anderen Praxistesten (0,36 kWh/t/km), wobei sich der Verbrauch im Winter von dem im

Sommer durch Mehrverbrauch bei den Hilfsaggregaten (u. a. Batterieheizung) um 15,6 % unterschied; die Ausfallrate von Batteriemodulen lag ebenfalls höher. Eine genaue Untersuchung ergab, daß dieser „stop-and-go"-Betrieb wegen der relativ niedrigen Geschwindigkeiten (d. h. hauptsächliches Fahren im Ankerstellbereich) zu sehr häufigen kurzzeitig hohen Strombelastungen und damit u. a. auch zu ungleichmäßigen Temperaturverteilungen in den Batterietrögen führte. Dies war eine sehr harte Betriebsweise für Batterien, die zu hohen Verlusten und zu häufigeren Modulausfällen führte, wobei sich dann auch Fabrikationsfehler (Montage- und Konstruktionsfehler im Plattenbereich als auch bei den Rekombinatoren) eher auswirkten als im „Normal"-Betrieb. Diese Erfahrungen waren wertvolle Anregungen für die Batteriehersteller.
Daß die oben erwähnten Batterie-Service-Maßnahmen einen wesentlichen Gewinn für die Verlustverringerung und vor allem für die Modulzuverlässigkeit brachten, zeigt ein weiterer Test mit Elektrobussen, die im Linienbetrieb in Düsseldorf und Mönchengladbach eingesetzt wurden (3) und deshalb auch einen „stop-and-go"-Betrieb durchliefen. Die in diesem Fall unerwartet hohe Lebensdauer ($>$ 120.000 km $\cong$ 1.900 Zyklen) ist auf die Zwischenladungstechnik an den Endstationen zurückzuführen, die zu einem täglichen Kapazitätsverlauf führte, wie er in Bild 1.5 für einen typischen Tag dargestellt ist.
Die durch periphere Maßnahmen effektivere Nutzung und erhöhte Lebensdauer der Batterie sowie eine differenzierte Ladetechnik, die die unmittelbare Vorgeschichte der Batterie berücksichtigt (auch dies ist in der Entwicklung), sind Voraussetzungen für eine befriedigende Wirtschaftlichkeit der Elektrofahrzeuge. Die peripheren Maßnahmen erhöhen zwar den Investitionsaufwand, verlängern aber die Lebensdauer wesentlich und verringern dadurch die Gesamtkosten.
Neue Batteriesysteme – im 6. Kapitel beschrieben – treten zunehmend in Konkurrenz zu der traditionellen Bleibatterie. Diese zu testen ist vor allem das Ziel des im Oktober 1992 begonnenen Praxistests auf der Halbinsel Rügen mit 60 Fahrzeugen (Pkw, Kleintransporter und -busse, Midibusse) der Firmen BMW, Mercedes-Benz, Neoplan, Opel und Volkswagen. Er umfaßt einen Aufwand von 40 Mio. DM und wird mit ca. 22 Mio. DM vom BMFT gefördert. Die beteiligten Batteriesysteme sind 22 Na/S-, 13 Na/NiCl-, 23 Ni/Cd- und zum Vergleich 2 Blei/Gel-Systeme. Die Ergebnisse werden sicherlich in die für diese Batteriesysteme vorgesehene Serienfertigung eingehen, die zu akzeptablen Marktpreisen führen muß.

1.3.2 Akzeptanz der Elektrofahrzeuge

Der von 1980 bis 1983 vom BMFT unterstützte Praxistest enthielt auch eine Akzeptanzuntersuchung (5). Da die Transporter in Klein- wie in Großbetrieben/Fuhrparks eingesetzt wurden, ergab sich sowohl ein breites Einsatzspektrum als auch ein sehr unterschiedliches Fahrpersonal. Nach anfänglichen

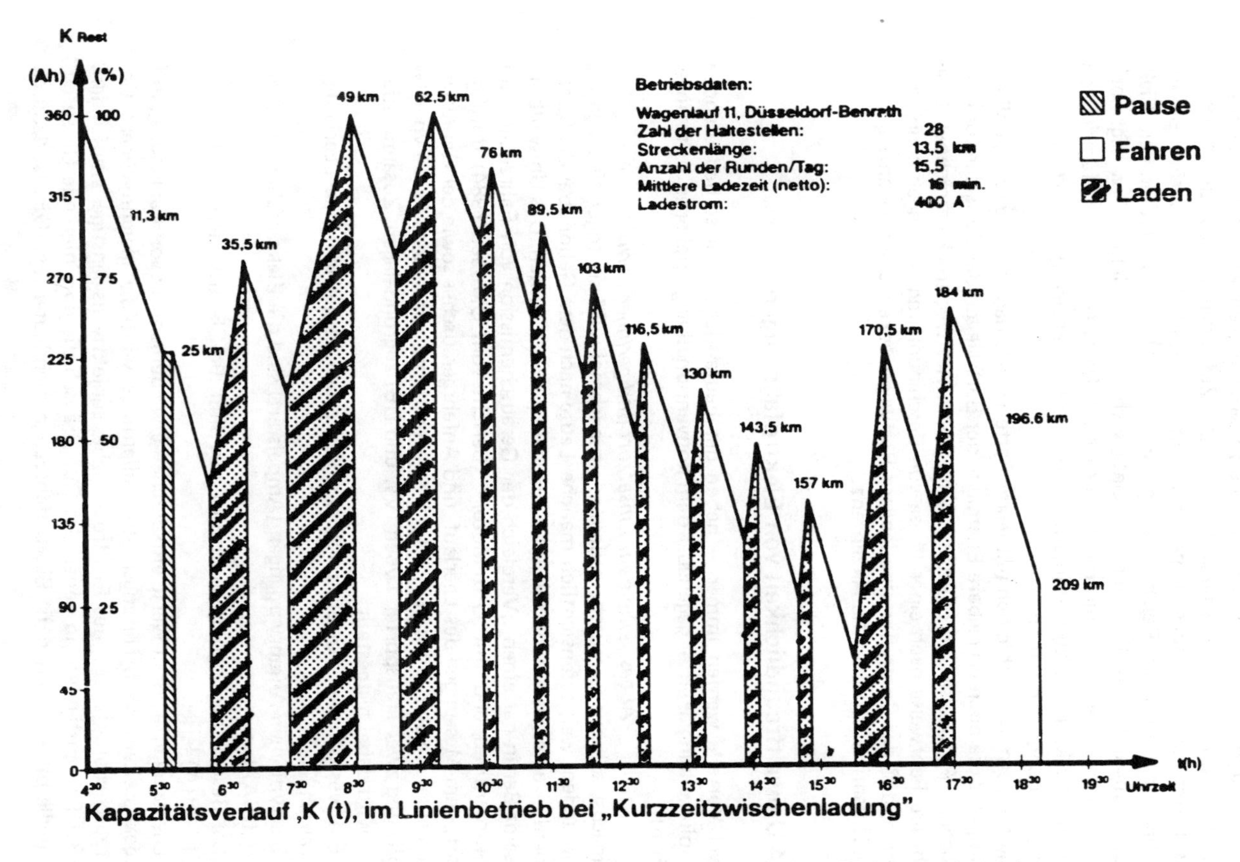

Bild 1.5: Kapazitätsverlauf bei Kurzzeitzwischenladungen während eines Elektrobusbetriebstages

Schwierigkeiten mit der Technik als auch nach der nicht immer erfolgreichen Eingewöhnungsphase der Fahrer wurden die Fahrzeuge akzeptiert. Für den Kunden- und Montagedienst wurde die Einsatzfähigkeit voll bejaht, beim Personentransport und Lieferdienst bedingt. Die Zufriedenheit lag zum Abschluß des Testes bei 59 % (noch heute fahren einige Testfahrzeuge in Berlin). Bei Erfüllung einer erhöhten Reichweite läge sie höher. Nur 20 % wollten kein Elektroauto mehr fahren. Eine ähnliche Untersuchung über Elektro-Pkw liegt noch nicht vor, aber es ist aufgrund der bisherigen Resonanz in der Öffentlichkeit eine hohe Akzeptanz zu vermuten. Das neue BMFT-Projekt wird dazu ebenfalls Untersuchungen enthalten.
Ängsten vorm Stehenbleiben mit leerer Batterie wird dadurch begegnet, daß ein Computer die noch verfügbare Energie in der Batterie auf der Basis der vorangegangenen Fahrweise und die damit erreichbare Restwegstrecke errechnet. Eine ruhigere Fahrweise nach einer Phase von Beschleunigungsvorgängen kann dazu führen, daß der Computer eine längere Restwegstrecke als vorher anzeigt. Solche Hilfsmittel erhöhen die Akzeptanz.

1.4 Umweltfreundlichkeit von Elektrofahrzeugen

Zwei Vorteile werden immer – neben der heute nicht mehr so bedeutenden Erdölunabhängigkeit – gegenüber dem konventionell angetriebenen Auto angegeben:

Abgasfreiheit am Einsatzort und geringer Lärm.

Zunächst soll zur Geräuscherzeugung – manchmal wird sie sogar als zu gering empfunden, weil offensichtlich manche Leute nach dem Gehör über die Straße gehen! – eine wissenschaftliche Untersuchung zitiert werden. Das Umweltbundesamt Berlin hat einen „Vergleich der Geräuschemission von Fahrzeugen mit Elektroantrieb und mit Otto-Motor" (Bericht vom Oktober 1984) durchgeführt, dem Messungen des Leerlauf- und Anfahrgeräusches sowie der Geräusche bei beschleunigter Vorbeifahrt und Konstantfahrt von einem Pkw-Typ (VW Golf) und zwei Transporter-Typen (VW und DB) zugrundelagen. Zusammenfassend wird dabei festgestellt:

- Ein wesentlicher Vorteil der Elektrofahrzeuge ist das fehlende Leerlaufgeräusch.
- Bei typischen Anfahrvorgängen (Ampelstart) sind die Elektrofahrzeuge 3 bis 6 dB(A) leiser.
- Bei Beschleunigungsvorgängen in Fahrt sind die Elektrofahrzeuge um 2 bis 10 dB(A) leiser.
  Die dabei erreichten Werte entsprechen etwa denjenigen von Fahrzeugen mit gekapseltem Verbrennungsmotor, allerdings wird die gleichmäßigere Geräuschcharakteristik des Elektroantriebes subjektiv als günstiger empfunden.
- Bei Fahrzuständen, in denen das Rollgeräusch die dominierende Geräuschquelle bildet, können die Elektrofahrzeuge auch lauter sein. Dies ist dadurch

begründet, daß bisherige Elektrofahrzeuge wegen des höheren Leergewichtes (+50 bis +70 %) und der deshalb meist erforderlichen breiteren Reifen ein höheres Rollgeräusch aufweisen können.

– Die nach ISO/DIS 7188.2 bestimmten, für stadtüblichen Betrieb typischen Geräuschemissionen sind bei Elektrofahrzeugen um 3 bis 8 db(A) niedriger als bei den entsprechenden Ottomotorfahrzeugen.

Zur Beurteilung dieser Werte muß man wissen, daß eine Reduzierung der Geräuschenergie um 3 dB(A) einer Halbierung dieser Energie – das würde eine Halbierung des normalen Verkehrslärms bedeuten – entspricht. Der Anteil des Straßenverkehrs bei der Lärmbelästigung beträgt dabei 50 %, wie Bild 1.6 zeigt. Moderne Elektrofahrzeuge haben aufgrund von neuartigen Reifen keine erhöhten Rollgeräusche mehr.

Die Abgasfreiheit der Elektrofahrzeuge am Einsatzort erscheint noch einleuchtender als Vorteil vor allem für die Menschen, die in den Stadtzentren wohnen. Allerdings darf man nicht vergessen, daß die Erzeugung elektrischer Energie – außer in Wasser-, Atom- und Alternativ-Energie-Kraftwerken – auch Abgase, wenn auch in anderer Zusammensetzung und nicht ganz so nah im unmittelbaren Atemluftbereich der Bevölkerung, hervorruft. Aus dem 3. Immissionsschutzbericht der Bundesregierung (1984) ist dazu die Tabelle 1.1 entnommen, in der die Anteile der vier Energieverbrauchssektoren an den Gesamtemissionen enthalten sind. Diese haben sich seither nicht wesentlich geändert.

Aus ihr geht hervor, daß die Kraftwerke weniger Tonnen Abgase emittieren als die Verkehrsfahrzeuge. Hinzu kommt, daß die Elektrofahrzeuge sicherlich anteilig einen geringeren Abgasausstoß bei den Kraftwerken hervorrufen werden, wenn man annimmt, daß die Batterieladung hauptsächlich nachts bei Nutzung der abgasärmeren Grundlastkraftwerke stattfindet.

Ein Vergleich der absoluten Emissionen von konventionellen Pkw mit denen von Elektrofahrzeugen wird eingehend im 3. Kapitel angestellt. Die wichtigsten Emissionsanteile sind CO_2, CO, HC, NO_x und SO_2. Welche einzelnen Einflüsse diese Emissionen auf Menschen und Pflanzen haben, ist in Tabelle 1.2 zusammengefaßt, die (8) entnommen wurde. Die Wirkungsmechanismen und Langzeitwirkungen von NO_x und SO_2 auf Pflanzen sind sehr komplex und teilweise noch unbekannt.

Das Elektroauto, das bei den CO-, HC- und NO_x-Emissionen sehr vorteilhaft ist, fällt durch seinen SO_2-Anteil auf. Durch die hohen Schornsteine der Kraftwerke werden diese Anteile allerdings um den Faktor 10^3 verdünnt (10). Neuere Vorschriften für Kraftwerke werden sie wesentlich verringern. Dies zeigt, daß die durch Elektroautos verursachten Emissionen immer durch den neuesten Stand der Technik kontrolliert werden, wohingegen dieser bei den konventionellen Fahrzeugen erst nach der Lebensdauer – d. h. nach 10 Jahren – wirksam wird.

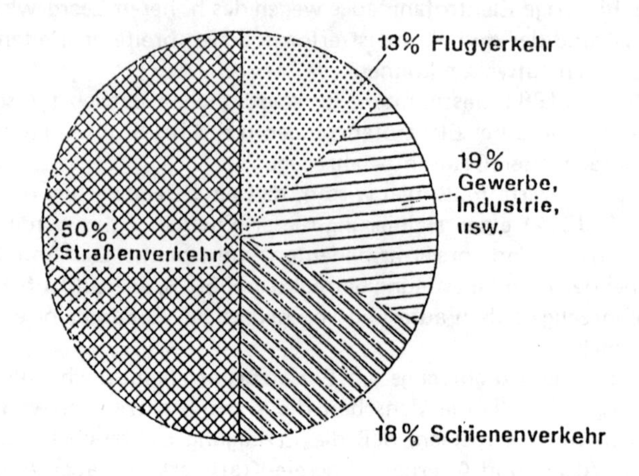

Bild 1.6: Anteile an der Lärmbelästigung

Tabelle 1.1: Gesamtemissionen und Anteile der vier Energieverbrauchssektoren in der Bundesrepublik

		CO	CH	NO_x	SO_2	Staub
Gesamtemissionen kt/a		8200	1600	3100	3000	700
Kraftwerke/Fernheizwerke	%	0,4	0,6	27,2	62,1	21,7
Industrie	%	13,6	28,0	14,0	25,2	59,7
Haushalte und Kleinverbraucher	%	21,0	32,4	3,7	9,3	9,1
Verkehr	%	65,0	39,0	54,6	3,4	9,4

Tabelle 1.2: Schadstoffe in der Atmosphäre und ihre möglichen Schadenswirkungen

Schadstoff	Beispiele für die Schadenswirkung für Menschen	Beispiele für die Schadenswirkung für Pflanzen
Kohlenwasserstoffe C_nH_m	Reizwirkung auf Augen, Schleimhäute und Lunge durch Bildung von photochemischem Smog (Photooxidantien), kanzerogen (einige)	Schäden an landwirtschaftlichen und gärtnerischen Kulturen durch Photooxidantien
Kohlenmonoxid CO	Vergiftung durch Störung der Sauerstoffzufuhr	
Stickstoffoxide NO_x (NO: farblos, oxidiert in Luft zu NO_2: rotbraun, giftig)	Einschränkung der Atemfunktion (Schleimhäute, Lunge)	Baumsterben (O_3-Bildung durch photochemische Spaltung von NO_2)
Bleiverbindungen Pb	Schädigung des Zentralnervensystems (Stoffwechselbeeinflussung)	
Schwefeldioxid SO_2	Reizgas für die Atemwege	Baumsterben (Saurer Regen)
Ruß/Staub	Verstärkung der Wirkung von Reizstoffen, kanzerogen	

1.5 Wirtschaftlichkeit und wirtschaftliche Auswirkungen

Die Wirtschaftlichkeit kann unter betriebswirtschaftlichen und volkswirtschaftlichen Gesichtspunkten betrachtet werden.

1.5.1 Betriebswirtschaftliche Gesichtspunkte

Die Kosten für den Betrieb eines Elektroautos setzen sich aus den direkten Betriebsenergiekosten – die gegenwärtig niedrigen Erdölpreise lassen die Vorteile geringer werden –, den Wartungskosten und den Abschreibungskosten zusammen.
Die Betriebsenergiekosten sind, wie eine Abschätzung in (9) und (10) aussagt, beim Elektro-Pkw niedriger als beim normalen Pkw – im wesentlichen bedingt durch die Mineralölsteuer. Die Abschreibungskosten sind wegen der hohen Herstellungskosten (noch keine Serienproduktion) höher. 1982 wurde zu den Gesamtkosten eine vergleichende Abschätzung gemacht, die Jahresproduktionszahlen und jährliche km-Leistung berücksichtigt und tendentiell heute noch gilt. Sie ist in Bild 1.7 enthalten (aus (11) entnommen).

Jahresproduktion Pkw mit E-Motor: 10 000 (schraffiert) / 50 000 (gepunktet)

	Fahrleistung [km/Jahr] 6000	9000	12000	15000
Kostendifferenz bei einem Benzinpreis von 1,16 DM/l (ohne MWSt.) [Pfg/km]	32,7 / 11,4	18,9 / 4,7	13,3 / 2,2	10,1 / 1,0
Um gleiche Kosten zu erreichen müßte der Benzinpreis c. p. steigen um [DM]	3,52 / 1,23	2,03 / 0,51	1,43 / 0,24	1,09 / 0,11
Das ergäbe einen Benzinpreis (ohne MWSt.) von [DM/l]	4,68 / 2,39	3,19 / 1,67	2,59 / 1,40	2,25 / 1,27
Wenn diese Benzinpreissteigerung nur durch die Steigerung des Rohölpreises begründet sein soll, muß der Rohölpreis steigen um [%]	686 / 240	396 / 99	279 / 47	212 / 21

Bild 1.7: Kostendifferenzen zwischen KFZ mit Elektromotor und Verbrennungsmotor

Ein Kostenvergleich zwischen konventionellen und elektrisch betriebenen Fahrzeugen, basierend auf der Kostensituation im April 1992, ist in (12) aufgestellt worden. Eine Kostenprognose kommt selbst bei einer Stückzahl von 100.000 Elektrofahrzeugen pro Jahr auf ein Kostenplus von 11 %, das allerdings noch durch eine Kostendegression bei den Batterien beeinflußt werden kann. Sowohl bei den Bleibatterien als auch bei den Na/S-Batterien wird ein Preis von 350 DM/kWh angestrebt.
Betriebskosten von Transportern und Kleinbussen sind detailliert im 11. Kapitel enthalten.
Als Ergebnis ist festzustellen, daß Elektrofahrzeuge gegenüber den anderen Fahrzeugen noch nicht eine höhere Wirtschaftlichkeit allein unter betriebswirtschaftlichen Gesichtspunkten erreichen konnten.

1.5.2 Volkswirtschaftliche Gesichtspunkte – Energieverbrauch, Kraftwerkseinsatz, Steueraufkommen und soziale Kosten

Bei einer Einführung von Elektrofahrzeugen in größerer Zahl gibt es gesamtwirtschaftlich gesehen folgende Wirkungen abzuschätzen:
Auswirkungen auf
– den Energieverbrauch
– den Kraftwerkseinsatz und die Infrastruktur
– das Steueraufkommen und den Außenhandel
– die sozialen Kosten für die Umwelteinwirkungen.
Aussagen hierzu sind in (9), (10), (12) und (14) angegeben, die in den folgenden Abschnitten kurz wiedergegeben sind.
Der *Energieverbrauch* von Elektrofahrzeugen wird im einzelnen im 3. Kapitel behandelt. Elektrofahrzeuge haben im allgemeinen Motore mit geringeren Nennleistungen als konventionelle Fahrzeuge, da ihr Drehmoment-Drehzahl-Verhalten günstiger ist, und sie sind leichter. Sie verbrauchen vor allem im unteren Geschwindigkeitsbereich weniger Energie. Für Untersuchungen über den Energieverbrauch von Fahrzeugen hat sich der „Europa-Test-Zyklus" (ECE-Zyklus) durchgesetzt. Der Netzenergiebedarf im ECE-Zyklus (ohne Standzeitenergieverluste und Zusatzheizung) beträgt lt. (12) für einen vergleichsweise schweren Golf CitySTROMer

28,2 kWh/100 km,

der noch durch verbesserte Ladeverfahren um bis zu 20 % verringert werden kann, wie wissenschaftliche Untersuchungen an der RWTH Aachen zeigen.
Ein zum Vergleich herangezogener VW Golf mit Ottomotor verbraucht unter gleichen Testbedingungen 8,3 l/100 km. Das entspricht

74,8 kWh/100 km.

Der Primärenergiebedarf stellt sich im Vergleich nicht ganz so günstig für Elektrofahrzeuge dar, da der Energiebedarf für die vorgelagerte Prozeßkette, der im wesentlichen die Förderung, den Transport, die Aufbereitung und die Verteilung des Energieträgers beinhaltet, berücksichtigt werden muß. Für die Erzeugung elektrischer Energie ist dabei der schlechte thermische Wirkungsgrad in den thermischen Kraftwerken entscheidend, der in modernen Kraftwerken Werte über 40 % erreicht, aber im Kraftwerksmix mit 33,3 % frei Haus angenommen werden muß, wodurch der hohe Wirkungsgrad des elektrischen Antriebsstranges verringert wird. Der Primärenergiebedarf liegt damit bei

84,6 kWh/100 km.

Ein VW Golf mit Ottomotor verbraucht 9,3 l/100 km, d. h.

84,2 kWh/100 km.

Damit ist der Primärenergieverbrauch praktisch gleich. Die schwere Batterie im Fahrzeug macht den leichten Vorteil durch den besseren Wirkungsgrad bei gleichgebauten Fahrzeugen wieder zunichte.

Der *Kraftwerkseinsatz* für den Energiebedarf von Elektrofahrzeugen in verschiedenen Varianten wird im 2. Kapitel beschrieben. Eine Daumenregel ist, daß 1 Mio. Elektrofahrzeuge mit einer Tagesfahrleistung von 40 km etwa 1 % der gegenwärtig täglich in Deutschland verbrauchten Elektroenergie benötigen. Das liegt im Toleranzbereich des Verbrauchs und sagt damit aus, daß neue Kraftwerke nicht benötigt werden, selbst wenn 15 % der Elektrofahrzeuge während der Spitzenlastzeiten „tanken". Eine genaue Analyse ist in (14) enthalten.

Infrastrukturfragen beim Stromtankstellen werden im Abschnitt 1.7 behandelt.

Aussagen über *steuerliche Auswirkungen*, d. h. auf die Steuereinnahmen und -ausgaben, sind sehr schwer zu machen. Die Besteuerung der Energie (Mineralölsteuer) und der Fahrzeuge (Kraftfahrzeugsteuer) ist immer ein politisches Element zur Beeinflussung des Verkehrsaufkommens und der Verteilung auf die verschiedenen Verkehrsträger. Elektrofahrzeuge sind z. B. zur Zeit von der Kraftfahrzeugsteuer befreit, weil deren Umweltfreundlichkeit hoch eingeschätzt wird.

Der *Außenhandel* wird einen Minderbedarf an Rohöl und einen Mehrbedarf an Materialien für die Batterie, zunächst für Blei und Nickel, aufweisen. Andere Einflüsse werden als gering angenommen.

Die Berechnung der *sozialen Kosten*, d. h. der Schäden durch Lärm und Emissionen auf die Menschen und auf die Umwelt, ist ein sehr komplexes und mit vielen Unsicherheiten behaftetes Gebiet. In (10) ist eine eingehende Modellrechnung durchgeführt worden. Die Ergebnisse sollen hier zitiert werden-

„Der Einfluß auf den Verkehrslärm wird im gesamtwirtschaftlichen Maßstab gesehen vernachlässigbar gering sein, da der Anteil der durch Elektroautos substituierten Fahrzeuge in den Verkehrsströmen nicht ausreichen wird, quantitativ erfaßbare Entlastungen größeren Ausmaßes mit volkswirtschaftlich meßbaren Kostenwirkungen hervorzurufen."

Dies gilt nur für den allgemeinen Straßenverkehr. In verkehrsberuhigten Zonen, z. B. Kurorten, ist der Einfluß auf den Verkehrslärm sicherlich beachtlich.

Weiter heißt es in (10):

„Durch den abgasfreien Betrieb der Elektrofahrzeuge sind hingegen monetarisierbare Entlastungswirkungen erzielbar, die mit Hilfe unterschiedlicher Bewertungsansätze modellhaft abgeschätzt wurden. Die sozialen Zusatzkosten durch Abgase des Straßenverkehrs könnten demnach durch die Realisierung des Anwenderpotentials für Elektrofahrzeuge jährlich um 60 – 170 Mio. DM verringert werden. Das Ausmaß der Entlastung hängt stark von der räumlichen Verteilung des Anwenderpotentials auf einzelne Einsatzgebiete ab: Konzentriert sich der Elektrofahrzeug-Einsatz weitgehend auf Großstädte und Ballungsräume, sind wesentlich größere Schadensminderungen zu erwarten als bei gleichmäßig über das gesamte Bundesgebiet verstreutem Einsatz.
Alle Zahlenangaben zur Monetarisierung der Umweltwirkungen von Elektrofahrzeugen sollten als Tendenzaussagen verstanden und nicht hinsichtlich der absoluten Höhe überbewertet werden."

1.6 Einsatzpotential, Marktpotential und Marktchancen

Wirtschaftlichkeit bestimmt einesteils das Marktpotential einer Ware, anderenteils ist aber auch der zuerst aufzubringende Kaufpreis entscheidend. Grundsätzlich muß aber zunächst einmal ein Einsatzpotential – auch Anwendungspotential genannt – vorhanden sein.
Das Marktpotential ist dann ein Teil davon.
Das *Einsatzpotential* wiederum ist derjenige Teil des Gesamtbestandes an Kraftfahrzeugen, der unter Berücksichtigung der technischen Einschränkungen – im wesentlichen der beschränkten Reichweite – einerseits und des Nutzungsverhaltens der Fahrzeughalter andererseits durch Elektrofahrzeuge ersetzt werden könnte.
Zum Einsatzpotential von Pkw gibt es eine Studie (13) des Instituts für angewandte Verkehrs- und Tourismusforschung, Heilbronn. In der Zusammenfassung heißt es:
„Die Studie kommt auf der Grundlage umfangreicher Analysen von Daten zur Verkehrsmobilität und Pkw-Nutzung zu dem Resultat, daß gegenwärtig in Deutschland rund 5 Mio. Pkw aus Privathaushalten durch Elektroautos substituiert werden könnten, ohne daß die Fahrzeugnutzer nennenswerte Einschränkungen ihrer individuellen Mobilität hinnehmen müßten. Vor allem wegen der wachsenden Zahl von Haushalten mit mehreren Pkw steigt das Einsatzpotential von Elektroautos bis zum Jahr 2010 auf gut 7 Mio. Fahrzeuge an. Würden bis dahin noch gewisse infrastrukturelle Maßnahmen zur Förderung von Elektroautos realisiert (Auflademöglichkeiten in privaten Sammelgaragen, auf öffentlichen Parkplätzen, in Parkhäusern usw.), so wäre für 2010 ein Elektroautobestand von ca. 8 bis 9 Mio. Fahrzeugen aus Privathaushalten vorstellbar."
Die 5 Mio. substituierbare Pkw sind:
– 5 % der Pkw aus 1-Pkw-Haushalten, d. h. 5 % von 55,5 % aller Pkw
– 40 % der Pkw aus 2-Pkw-Haushalten, d. h. 40 % von 35,6 % aller Pkw

– 55 % der Pkw aus Haushalten mit 3 und mehr Pkw, d. h. 55 % von 8,9 % aller Pkw.

Voraussetzung ist eine Reichweite von 100 km. Bei höheren Reichweiten steigt die Substitutionsquote nur relativ unbedeutend an. Diese Zahlen gelten nicht nur für Ballungsräume, sondern auch für Gemeinden unter 20.000 Einwohnern, da in ihnen 53 % der Haushalte mit 2 und mehr Pkw liegen.

Ohne gewisse infrastrukturelle Maßnahmen könnte dieses Einsatzpotential allerdings nicht voll ausgeschöpft werden, da etwa nur 70 % der Haushalte mit substituierbaren Fahrzeugen schon jetzt eine Lademöglichkeit für Batterien ohne größeren Aufwand installieren könnten.

Weitere Ergebnisse unterstützen diese Thesen. Z. B. sind 60,5 % aller Fahrten mit einem Pkw kürzer als 10 km; 66,8 % der Pkw fahren weniger als 50 km pro Tag, nur in 0,6 % aller Tage pro Jahr kommt es vor, daß beide Pkw eines 2-Pkw-Haushalts über 100 km fahren und es somit zu einem Konflikt kommt, der häufig genug durch eine gute Planung vermieden werden kann.

Das *Marktpotential* und damit die *Marktchancen* abzuschätzen, ist zur Zeit noch Spekulation. Der Kaufpreis ist von der Größe der Serie in der Fertigung eines Automobilherstellers abhängig, wobei eine höhere Anzahl von Herstellern die Serie verkleinert und damit einen niedrigeren Preis verhindert. Eine Verringerung des Preises wird aber auch durch Konkurrenz bewirkt. Eine Kostenabschätzung und Kostenprognose ist in (12) enthalten.

Es ist jedoch jetzt schon zu sehen, daß ohne gesetzliche Maßnahmen das Elektrofahrzeug aus seinem Nischeneinsatz, den es jetzt schon in bescheidener Weise hat, nicht herauskommt. Gesetzliche Maßnahmen führen zu Chancen, die genutzt werden sollten.

1.7 Infrastruktur für Stromtankstellen

Dank des engmaschigen elektrischen Verteilungsnetzes bedarf es nur einer geeigneten Steckdose, um die Batterie eines Elektrofahrzeuges wieder aufzuladen. Eine Ladestation, auch Stromtankstelle genannt, besteht demnach im einfachsten Fall aus einer Steckdose, ggf. mit einem Energiezähler.

Man unterscheidet

Hauptladestationen und Nachladestationen.

Hauptladestationen werden vorzugsweise auf privatem Boden installiert sein, um die Batterie nachts mit Energie für die gesamte Reichweite zu füllen. In (13) wurde statistisch festgestellt, daß 80,6 % aller Pkw während der Nacht auf privatem Boden, nur 17,3 % auf der Straße und 1,4 % auf öffentlichen Parkplätzen parken, so daß zunächst davon ausgegangen werden kann, daß private Steckdosen zum Laden genutzt werden können. Dies wird in noch höherem Maße auf Elektrotransporter und Kleinbusse zutreffen, die von Privatfirmen mit eigenen Parkmöglichkeiten gefahren werden.

Nachladestationen werden während des Tages zur Erhöhung der Reichweite dienen oder dafür, daß dem Nutzer die Angst vor dem Stehenbleiben genommen wird. Arbeitgeber könnten sie für ihre Mitarbeiter aufstellen. Sie können ebenfalls als Serviceleistungen von Einkaufszentren, Restaurants und Freizeiteinrichtungen aufgebaut werden, wobei die Energie entweder als Anreiz verschenkt werden oder in den Parkgebühren enthalten sein könnte. Die stündlich ladbare Energie wird bei etwa 3 kWh liegen und damit unter 1 DM kosten – bei heutigen Parkgebühren ein kleiner Betrag. Die Mehrzahl von Ladestationen auf öffentlichem Grund werden Nachladestationen mit Bezahleinrichtungen für die entnommene Energie sein. Sie werden vor allem in Stadtzentren installiert werden, um die Einführung von Elektroautos durch Parkprivilegien zu fördern.
Die elektrische Ausstattung einer Stromtankstelle wird der Haushaltssteckdose mit 230 V und einer 10 A- oder 16 A-Sicherung, d. h. eine maximal entnehmbare Leistung von 2,3 kW bzw. 3,5 kW, entsprechen. Damit kann während der Nachtstunden bequem Energie für die Tagesfahrstrecke, die selten 100 km erreicht, getankt werden.
Nachladestationen mit höherer Leistung wären für eine gewünschte Schnelladung notwendig. Einige Batterien – nicht Blei-Batterien – sind schnelladefähig, d. h. in einer knappen halben Stunde zu 90 % ladbar. Der Wirkungsgrad sinkt allerdings um 10 %, und es muß eine teure elektrische Ausrüstung sowohl im Auto als auch in der Stromtankstelle vorhanden sein.
Bezahleinrichtungen werden wahrscheinlich nur in öffentlichen Stromtankstellen, z. B. auf öffentlichen Parkplätzen, installiert werden. Münz-, Magnetkarten- und Chipkartensysteme – wie bei der Post und den Banken – sind erprobte Systeme, die genutzt werden können. Ihre Vor- und Nachteile sowie Kosten werden in (14) eingehend diskutiert. Ein Pauschalsystem mit Chipkarten erscheint aus Kostengründen in der Einführungsphase das günstigste zu sein. Die Stromtankstellen müssen gegen Mißbrauch und Vandalismus geschützt werden. Eine gute Handhabbarkeit erhöht die Akzeptanz. Ein Beispiel einer Stromtanksäule mit Bedienung durch eine Chipkarte zeigt Bild 1.8.

1.8 Verkehrspolitische und verkehrsplanerische Aspekte

Die gegenwärtige Verkehrssituation

An einer Berliner Brücke steht:

„Sie stehen nicht im Stau – Sie sind der Stau!"

Dies soll die Autofahrer darauf aufmerksam machen, daß sie nicht nur Opfer in einem Verkehrsstau sind, sondern auch als Täter diesen Verkehrsstau mit beeinflussen. Die Verkehrsteilnehmer spüren immer mehr, daß nicht nur die Zahl der Autos zunimmt, sondern daß auch die Belastung der Umwelt durch Abgase und Lärm größer wird. Und diese Belastung wird weiter zunehmen, wenn nicht

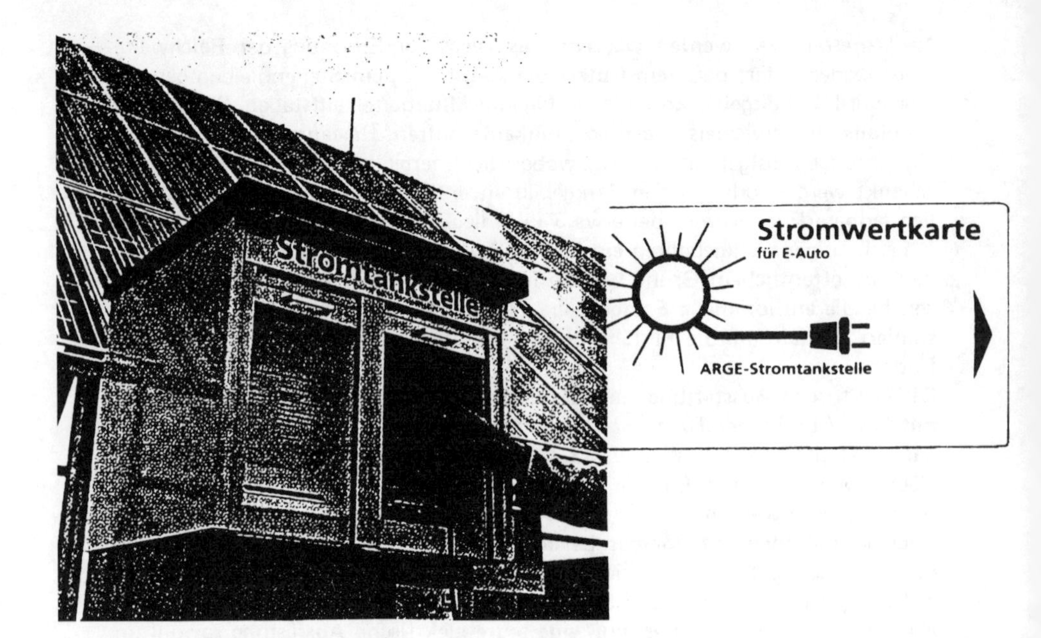

Bild 1.8: Ausgeführtes Beispiel einer Stromtanksäule und einer Speicherchipkarte

etwas geschieht, denn in der Bundesrepublik gab es

Ende 1991 37,7 Millionen Kraftffahrzeuge,

und es wird voraussichtlich

im Jahre 2005 etwa 45 Millionen Kraftfahrzeuge

geben.

Diese Zahlen geben Anlaß, über das zukünftige Verkehrssystem nachzudenken. Viele Gemeinde- und Stadtparlamente tun dies, und auch im Deutschen Bundestag befassen sich mehr und mehr Abgeordnete mit den Auswirkungen der Mobilität, die von uns allen – vor allem von den neuen Bundesbürgern – als ein wesentliches Merkmal der Freiheit angesehen wird.

Frederic Vester und andere entwerfen neue Szenarien, insbesondere in Hinsicht auf die Reduzierung des CO_2-Ausstoßes, die der Deutsche Bundestag beschlossen hat.

Alle sind sich einig, daß eine radikale Änderung, z. B. eine völlige Verlagerung des Stadtverkehrs auf den öffentlichen Nahverkehr, nicht möglich ist, da der Verkehr als Teil des gesamten Wirtschaftssystems nicht isoliert betrachtet werden kann; es bestehen netzartige Verflechtungen zwischen allen Wirtschaftsteilen, die Beeinflussungen sind nicht rückwirkungsfrei. Für den Verkehr heißt das, daß Individualverkehr (IV) bestehen bleiben wird, wenn auch der öffentliche Personen-Nahverkehr (ÖPNV) attraktiver gemacht werden muß.

Integrierte Verkehrskonzepte

Die verstopften Innenstädte und Autobahnen zwingen zum Überdenken der bisherigen Verkehrskonzepte nach umweltverträglichen Gesichtspunkten. Wegen der Netzstruktur aller Maßnahmen und Wirkungen sind alle Schritte nur stufenweise vorzunehmen, aber diese Schritte müssen durch gesetzliche Rahmenbedingungen und ordnungspolitische Maßnahmen initiiert werden. Das Elektroauto sollte aufgrund seiner umweltbeeinflussenden Vorteile darin einen Platz haben. Der ÖPNV – zum großen Teil schon elektrisch, die Straßenbahn z. B. erlebt eine Renaissance, weil sie den Verkehrsfluß zu ihrem Vorteil, z. B. durch Ampelsteuerungen, beeinflussen kann – wird mit dem IV kooperieren. Parkmanagementsysteme müssen hinzukommen, wobei vielfach überlegt wird, dem Elektroauto Parkprivilegien zuzugestehen. Einige Stadtverwaltungen, z. B. in Wiesbaden, praktizieren Parkmanagement. Andere überlegen Verkehrsrestriktionen im Innenstadtbereich – wie in Bologna/Italien – unter Einsatz von Elektrobuslinien, wie in Berchtesgaden und Oberstdorf. Car-Pooling-Modelle und Leasing-Systeme sollten einbezogen werden.
Integrierte Verkehrskonzepte müssen alle Verkehrsträger einbeziehen. Einseitige Bevorzugungen z. B. führen nicht zur Zufriedenheit der Verkehrsteilnehmer.

1.9 Gesetzliche Rahmenbedingungen und ordnungspolitische Maßnahmen

Ein umweltfreundlicher Verkehr entwickelt sich nicht von allein, wie die Erfahrungen bei der Einführung des Katalysators zeigen: Wenn gesetzliche Vorschriften und staatliche Unterstützungen vorhanden sind, ist die Industrie in der Lage, die Technik in die vorgesehene Richtung weiterzuentwickeln und einzusetzen, und der Verbraucher bereit, auch teurere Produkte zu kaufen. Das gleiche gilt für die Einführung von Elektrofahrzeugen. Der Staat kann folgende Rahmenbedingungen schaffen:
- Befreiung von der Kfz-Steuer (wie z. Zt. praktiziert)
- Vorschriften wie im Clean-Air-Act von Kalifornien
- Vorschriften für integrierte, umweltverträgliche Verkehrskonzepte in Ballungszentren
- Vorschriften für die Einhaltung bestimmter durchschnittlicher Emissionswerte der Fahrzeugflotte eines Herstellers
- Unterstützung von Demonstrationsvorhaben (wie z. Zt. auf der Insel Rügen)
- Initiierung von Markteinführungshilfen
- beispielhaftes Verhalten in staatlichen Unternehmen (z. B. elektrische Postverteilfahrzeuge).

Ordnungspolitische Maßnahmen, die Elektrofahrzeuge bevorzugen, müssen von den jeweiligen Stadt- und Gemeindeparlamenten beschlossen werden. Dazu können als Teile eines integrierten Verkehrsmanagements gehören:

– Sperrung von Innenstadtbereichen mit Ausnahmegenehmigungen
– Parklizenzen in Stadtkernen
– Stromtankstellen auf bevorzugten Parkplätzen (z. B. an Rathäusern, Bahnhöfen, Flugplätzen)
– bürgerfreundliche Genehmigungsverfahren bei der Installierung von privaten Ladeeinrichtungen
– Nachtauslieferungen mit Elektrofahrzeugen
– Straßenservicedienste mit Elektrofahrzeugen (z. B. Müllsammelfahrzeuge in der Düsseldorfer Altstadt).

Gesetzliche und ordnungspolitische Maßnahmen sind notwendig, um dem Elektrofahrzeug zu einem wirtschaftlichen Erfolg zu verhelfen und damit zu einem wirksamen umweltfreundlichen Verkehrsträger zu machen. Schon heute sind durch Verkehr erzeugte Bedingungen gegeben, wie z. B. in (15) für die Berliner Innenstadt beschrieben, die die Stadtverwaltungen zu Maßnahmen zwingen werden.

Literatur zu Kapitel 1

1) S. R. Schacket: The complete Book of electric vehicles. Domus Books, Chicago 1979 bzw. 1985 (Revised).
2) H.-Chr. Skudelny: Untersuchungen an Drehstromantrieben für Elektrospeicherfahrzeuge. Wiss. Veröffentlichungen des Instituts für Stromrichtertechnik und Elektrische Antriebe, RWTH Aachen 1983.
3) Bulletin des Schweizerischen Elektrotechnischen Vereins, Band 75 (1984) Heft 18 mit Aufsätzen von W. Klingler, P. J. Brown et al., F. Günter, H. Gerndt und H. Kahlen.
4) Untersuchung eines Mercedes-Elektromobils. Wissenschaftliche Automobil-Wertung, Berichte VI-X, Teil 2, Berlin 1912.
5) Alternative Energien für den Straßenverkehr – Bereich Elektrotraktion, Schlußbericht für das BMFT, 1985.
6) Deutscher Bundestag, Drucksache 10/5823 – 4.7.86. Zweite Fortschreibung des Berichtes über die Förderung des Einsatzes von Elektrofahrzeugen.
7) G. Breuer: Das grüne Auto. Kösel Verlag, München 1983.
8) E. Sauer: Elektroauto. Verlag TÜV Rheinland, Köln 1985.
9) Forschung Stadtverkehr Heft 28 (1981) , Sonderheft für Elektrostraßenfahrzeuge – Materialien für den Bericht über die Förderung des Einsatzes von Elektrofahrzeugen.
10) Forschung Stadtverkehr Heft 32 (1983) als Sonderheft für Elektrostraßenfahrzeuge – Einsatzbereiche sowie Anwendungs- und Marktpotential von batteriebetriebenen Elektro-Pkw im Straßenverkehr.
11) Energiewirtschaftliche Tagesfragen, Dez. 1983, Heft 12 mit Aufsätzen von E. Kill, C. Bader, H. G. Müller, H. A. Kiehne W. Fischer, H. C. Skudelny, J. Hoch.
12) Vierte Fortschreibung des Berichtes über die Förderung des Einsatzes von Elektrofahrzeugen, Deutscher Bundestag, Drucksache 12/3222 vom 7.9.1992.
13) H. Hautzinger u. a.: Elektroauto und Mobilität. Das Einsatzpotential von Elektroautos. Bericht aus dem Institut für angewandte Verkehrs- und Tourismusforschung, Heilbronn, im Auftrag des BMV, Januar1992.
14) D. Naunin u. a.: Potentiale zur Integration von Elektrofahrzeugen in innerstädtische Verkehrsstrukturen. Bericht aus dem Institut für Elektronik der Technischen Universität Berlin im Auftrag des BMV, April 1992.
15) VDI-Bericht 985: Elektro-Straßenfahrzeuge. Tagungsbeiträge Dresden, 1992.

2 Stromversorgung von Elektrostraßenfahrzeugen in der Bundesrepublik Deutschland

Bernd Sporckmann

Die zunehmende Luftverschmutzung vor allem in Ballungsräumen fordert auch im Verkehrssektor neue Lösungen zur Luftschadstoffreduktion. Wie das Beispiel Kalifornien zeigt, hat auch die Mitte der 70er Jahre begonnene Einführung des Katalysators im Pkw-Bereich nicht dazu geführt, daß die gesteckten Umweltziele in der Luftreinhaltung erreicht wurden. Als Konsequenz daraus ist die Einführung von am Einsatzort emissionsfreien Fahrzeugen, sogenannten „Zero-Emission-Vehicles", mit steigendem Anteil an den Neuzulassungen ab 1998 gesetzlich vorgeschrieben.
Auch in Europa wird die Einführung von emissionsfreien Fahrzeugen diskutiert. Emissionsfreie Fahrzeuge lassen sich nach heutigem Kenntnisstand nur als Batterie-Elektrofahrzeuge realisieren. Batterie-Elektrofahrzeuge, und nur solche werden betrachtet, bieten zudem den Vorteil einer bereits bestehenden Infrastruktur zur Energieversorgung.
Für die alten Länder der Bundesrepublik Deutschland wird untersucht, wie sich Elektrofahrzeuge in größerer Anzahl in die bestehende Stromversorgungsstruktur einfügen. Die bestehenden Netzanschlußmöglichkeiten mit ihren Auswirkungen auf die Ladung von Elektrostraßenfahrzeugen werden aufgezeigt.

2.1 Leistungsbereitstellung

Elektrische Energie läßt sich im großtechnischen Maßstab nicht speichern. Dies führt in Stromversorgungsnetzen aus Kostengründen zur zeitgleichen Bereitstellung der auf der Kundenseite angeforderten elektrischen Leistung. Speicherkraftwerke, die nahezu ausschließlich Energie als potentielle Energie des Wassers speichern, sind an der Leistungsbereitstellung am Tage der Höchstlast in den alten Bundesländern mit weniger als 2 % beteiligt und werden deshalb hier nicht berücksichtigt.
Die unterschiedlichen Nutzergewohnheiten verschiedenster elektrischer Geräte führen insgesamt für die alten Bundesländer zu Tagesganglinien der elektrischen Leistung, wie sie in Bild 2.1 für einen typischen Winterwerktag des Jahres 1989 dargestellt sind (1). Es ist jedoch zu beachten, daß das Einschalten eines einzelnen elektrischen Gerätes nicht unmittelbar zur Erhöhung der Kraftwerksleistung führt, weil an anderer Stelle im elektrischen Versorgungsnetz zur gleichen Zeit andere Geräte gerade ausgeschaltet werden.
Nicht die einzelne Stromanwendung, sondern das stochastische Verhalten großer Kollektive bestimmt die Leistungsanforderung auf der Erzeugerseite. Für

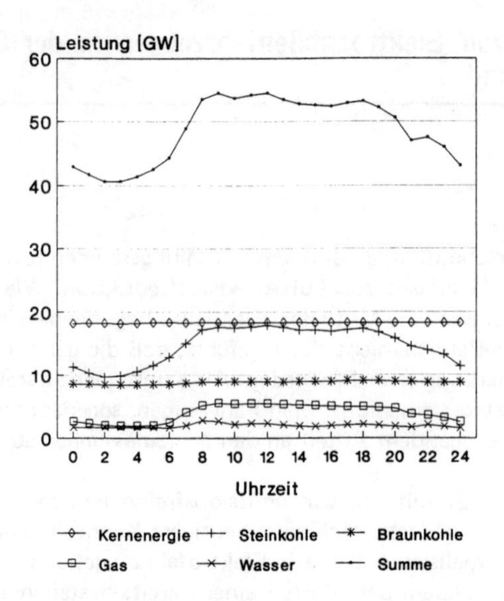

Bild 2.1: Kraftwerkseinsatz und Gesamtstromerzeugung der öffentlichen Stromversorgung am 20.12.1989

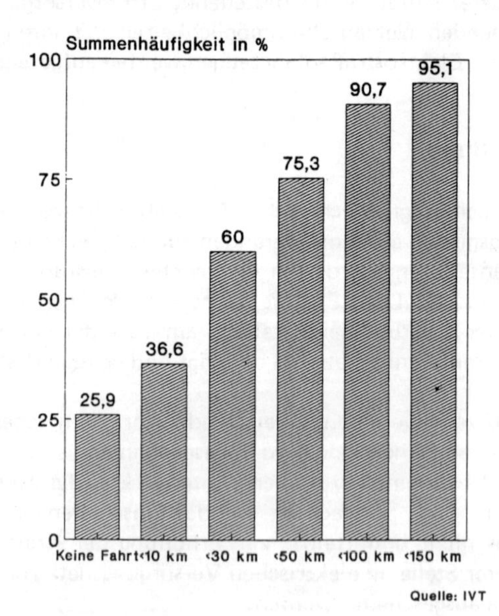

Bild 2.2: Summenhäufigkeit der Pkw-Tagesfahrleistungen in den alten Bundesländern

viele Stromanwendungsarten lassen sich jedoch charakteristische Tagesganglinien angeben.
Beim Elektroauto sind wegen der Batterie zu den meisten anderen Stromanwendungen abweichende Charakteristika zu erwarten. So ist die Nutzung des Fahrzeuges zeitlich von der Energielieferung aus dem Versorgungsnetz entkoppelt. Da in den Standzeiten des Fahrzeuges genügend Zeit zum Laden der Batterie zur Verfügung steht, kann die Leistung des Ladegerätes erheblich niedriger als die mittlere Antriebsleistung und erst recht deutlich geringer als die Maximalleistung gewählt werden. So liegt die Anschlußleistung von Bordladegeräten üblicherweise in der Größenordnung von 2 kW, um Kosten und Gewicht für das im Fahrzeug mitgeführte Ladegerät niedrig zu halten. Bei stationären Ladegeräten kann die Anschlußleistung jedoch auch deutlich höher liegen.
Um den Einfluß einer größeren Zahl von Elektrofahrzeugen auf die Stromversorgung untersuchen zu können, muß die Zahl der Fahrzeuge sowie die Verteilung der Tagesfahrleistungen abgeschätzt werden. Die neue Shell-Studie (2) erwartet für das Jahr 2010 unter bestimmten Randbedingungen 2 Mio. Elektro-Pkw. Die Verteilung der Pkw-Fahrleistungen in den alten Bundesländern nach (3) zeigt Bild 2.2. Elektrotransporter und Elektrobusse werden in ihrem Einfluß auf die Stromversorgung wegen ihrer wesentlich niedrigeren Bestandszahlen vernachlässigbar sein. So ist im Jahre 1992 das Verhältnis konventioneller Pkw zu Nutzfahrzeug etwa 20 : 1.
Ausgehend vom Nutzungsmuster nach Bild 2.2 wird angenommen, daß Elektro-Pkw nur für Tagesfahrleistungen von maximal 100 km benutzt werden. Dabei werden 2 Typen von Elektro-Pkw betrachtet. Variante 1 soll mit einer konventionellen Bleibatterie und einer Reichweite von ca. 70 km nur Tagesfahrleistungen von maximal 50 km zurücklegen. Der Anteil dieser Fahrzeuge am Gesamtbestand wird auf 25 % geschätzt. Die restlichen 75 % der Elektro-Pkw sollen mit einer Batterie ausgestattet sein, die Tagesfahrleistungen von 100 km gestattet. Mit diesen Annahmen ergibt sich eine Verteilung der Tagesfahrleistungen nach Bild 2.3. Die mittlere Tagesfahrleistung liegt hier bei 32,8 km, was einer Jahresfahrleistung von rund 12.000 km entspricht. Gegenüber der mittleren Tagesfahrleistung konventioneller Pkw bedeuten die 32,8 km eine Reduktion um rund 10 km.
Der Elektroautovariante 1 wird ein mittlerer Verbrauch von 20 kWh/100 km, der Elektroautovariante 2 ein mittlerer Verbrauch von 15 kWh/100 km zugeordnet. Diese Werte sind als obere Grenzwerte zukünftiger Elektrofahrzeuge zu verstehen. So weist z. B. der Opel Impuls II, der mit Bleibatterien ausgestattet ist und eine Reichweite von ca. 70 km pro Batterieladung erreicht, einen Verbrauch von 17 kWh/100 km im ECE-Stadtzyklus auf. Für die Variante 2 wird zusätzlich ein Energiebedarf für die Heizung der Batterie von 2,4 kWh/Tag angenommen, der je nach Tagesfahrleistung aus den Batterieverlusten oder aus dem Netz mit 500 W-Anschlußleistung gedeckt wird.
Von allen Stromversorgern in der Bundesrepublik Deutschland wird ein Schwachlasttarif mit deutlich geringeren Stromkosten in der Nacht über 6

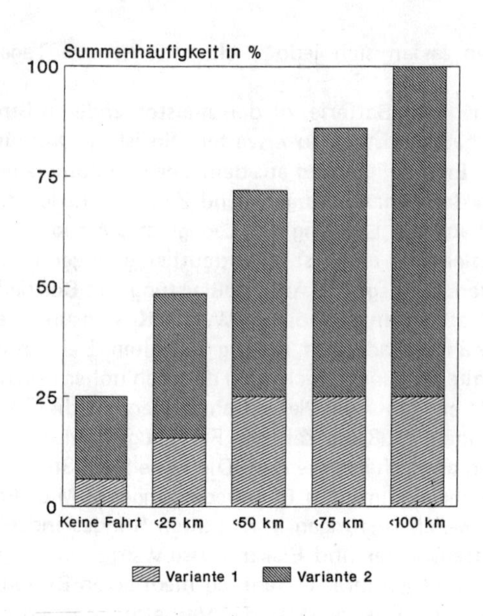

Bild 2.3: Summenhäufigkeit der Tagesfahrleistungen von Elektro-Pkw für Fahrzeuge mit max. Tagesfahrleistung von 50 km (Variante 1, Anteil 25 %) und max. Tagesfahrleistung von 100 km (Variante 2, Anteil 75 %)

Tabelle 2.1: Anschlußleistung von Normsteckdosen sowie Energiebereitstellung in 6 Stunden

	230 V Steckdose (10 A)	230 V Steckdose (16 A)	Drehstromanschluß 400 V/16 A	Drehstromanschluß 400 V/32 A
Anschlußleistung (kVA)	2,3	3,7	11	22
Netzenergieentnahme in 6 h (kWh)	13,8	22,1	66,5	133

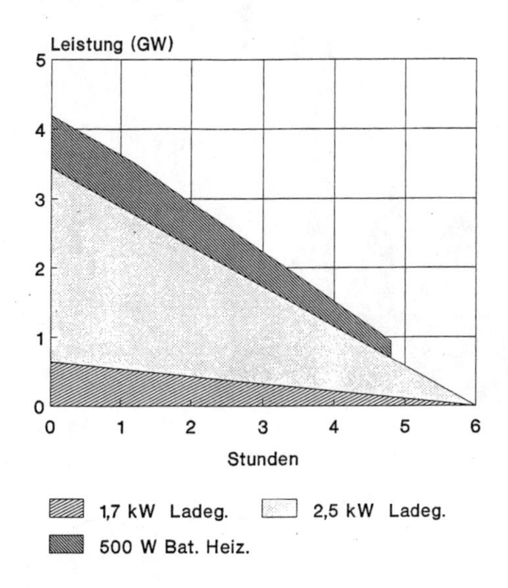

Bild 2.4: Netzbelastung durch 2 Mio. Elektro-Pkw bei einer Verteilung der Tagesfahrleistungen entsprechend Bild 2.3 und Ladegeräteleistungen von 1,7 und 2,5 kW sowie 500 W Batterieheizung

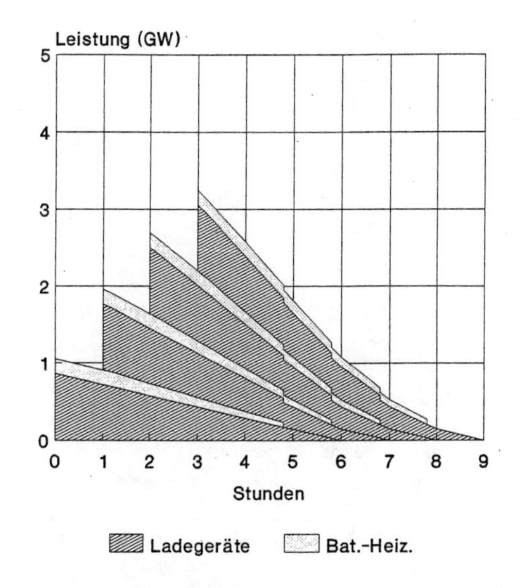

Bild 2.5: Netzbelastung durch 2 Mio. Elektro-Pkw mit Spreizung der Einschaltzeiten

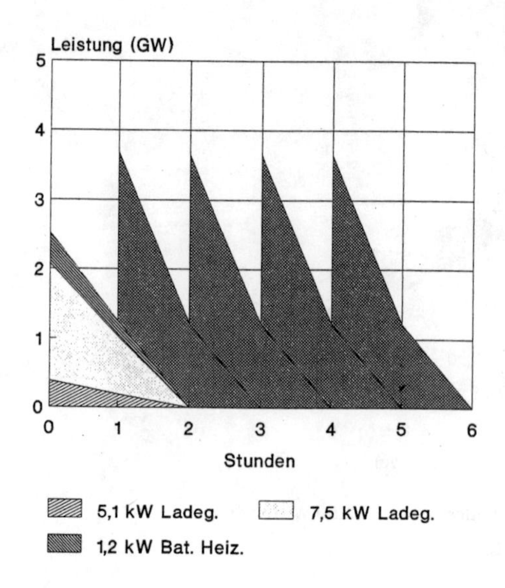

Bild 2.6: Netzbelastung durch 2 Mio. Elektro-Pkw bei Verdreifachung der Ladegeräteleistung und Spreizung der Einschaltzeiten

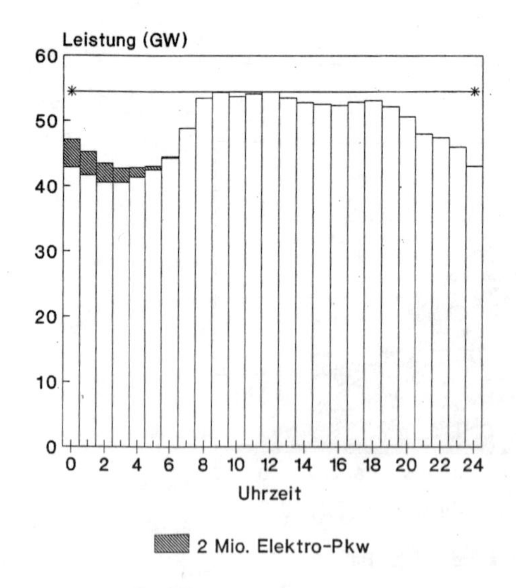

Bild 2.7: Einfluß von 2 Mio. Elektro-Pkw auf die Tagesganglinie der öffentlichen Stromversorgung am 20.12.1989

Stunden angeboten. Benutzt man diese 6 Stunden als obere Grenze für die Ladezeit, so kann damit die minimale Ladegeräteanschlußleistung berechnet werden. Für die Elektroautovariante 1 mit einer maximalen Tagesfahrleistung von 50 km erhält man damit eine minimale Anschlußleistung für das Bordladegerät von 1,7 kW, für die Variante 2 2,5 kW. Die so ermittelten Anschlußleistungen der Ladegeräte passen sich gut in die bestehenden Netzanschlußvarianten ein, wie aus Tabelle 2.1 zu entnehmen ist. Dort sind die wichtigsten genormten Steckersysteme aufgeführt.
Nimmt man an, daß alle Ladegeräte gleichzeitig eingeschaltet werden, so erhält man die in Bild 2.4 dargestellte Netzbelastungskurve. Üblicherweise wird jedoch die Freigabe des Schwachlasttarifes zeitlich gestaffelt, so daß nicht alle Geräte gleichzeitig ans Netz gehen. Bei einer Spreizung der Einschaltzeit beispielsweise über 3 Stunden ergibt sich der in Bild 2.5 gezeigte Verlauf.
Bei einer Verdreifachung der Ladegeräteleistung und damit einer Verkürzung der Ladezeit auf 2 Stunden – die Veränderung des Batterienutzungsgrades sei hier vernachlässigt – läßt sich bei gleicher Spreizung sogar eine Reduktion der maximalen Leistungsspitze erreichen, wie in Bild 2.6 gezeigt.
Wie sich diese Elektroautolast im Winter 1989 ausgewirkt hätte, ist in Bild 2.7 dargestellt. Selbst wenn alle Ladegeräte um 0.00 Uhr eingeschaltet worden wären, hätte sich die Leistung nur um rund 9 % erhöht, sie läge aber immer noch um rund 14 % unter der Tageshöchstlast von 12.00 Uhr mittags. Eine Spreizung der Einschaltzeiten auch bei höheren Ladegeräteleistungen würde diese Werte nochmals reduzieren. Das energetische Potential des Nachttales hätte zur Versorgung von mehr als 10 Mio. Elektro-Pkw ausgereicht.
Aus dieser Betrachtung wird deutlich, daß der in der Shell-Studie optimistisch prognostizierte Elektro-Pkw-Bestand im Jahre 2010 auch dann noch ohne Zubau neuer Kraftwerksleistung versorgt werden kann, wenn andere Stromanwendungen in die Nacht verlagert werden.

2.2 Stromlieferung und Primärenergiezuordnung

Für die benötigte jährliche Strommenge für 2 Mio. Elektrofahrzeuge ist die mittlere tägliche Reichweite bzw. die Jahreskilometerleistung entscheidend. Bei einer mittleren täglichen Fahrstrecke von 32,8 km/d entsprechend 12.000 km/a errechnet sich ein Gesamtbedarf an elektrischer Energie von rund 4 TWh/a. Dies entspricht einem Anteil von rund 1 % an der im Jahre 1989 in den alten Bundesländern erzeugten Elektrizitätsmenge.
Diese Größenverhältnisse sind zu beachten, wenn dem Elektroauto Primärenergiearten und darüber Emissionen von Schadstoffen bzw. klimawirksamen Gasen zugeordnet werden. Da das Elektroauto am Einsatzort ja bekanntlich abgasfrei fährt, kann es Emissionen nur bei der Erzeugung der elektrischen Energie bzw. bei der Primärenergieaufbereitung als Vorstufe für den Einsatz im Kraftwerk verursachen.

Will man einer bestimmten Stromanwendung Primärenergieträger zuordnen, so ist eine quantitative Aufteilung der erzeugten Strommengen auf die unterschiedlichen Kraftwerkstypen erforderlich. Zwar läßt sich die durch die Nutzung eines Gerätes benötigte Strommenge exakt messen, jedoch ist in einem vermaschten Stromversorgungsnetz eine eindeutige physikalische Zuordnung der Erzeugung zu unterschiedlichen Kraftwerken nicht möglich. Deshalb müssen Modellvorstellungen bemüht werden. Zuordnungsmodelle müssen nicht nur für Verbrauchergruppen, sondern auch auf einen konkreten Einzelfall anwendbar sein.

Eine häufig vor allem bei neuen Stromanwendungen zu findende Zuordnungsvorschrift ist die Zuwachsbetrachtung. Dabei wird versucht, allen neu hinzukommenden Stromanwendungen die zusätzlich zu erzeugende Strommenge zuzuweisen. Diese Betrachtung führt jedoch bei der Zuordnung von einzelnen Kraftwerksarten zu bestimmten Stromanwendungen auf unlösbare Widersprüche. Eine Zuwachsbetrachtung erfordert eine zeitliche Fixierung. Das bedeutet, daß die bis zu einem bestimmten Zeitpunkt bereits existierenden Geräte bzw. Anwendergruppen anders als die noch hinzukommenden bewertet werden.

Beispielsweise wären dem Betrieb zweier identischer Mikrowellengeräte abhängig vom Tag ihrer ersten Inbetriebnahme unterschiedliche Kraftwerke zuzuordnen. Das gleiche würde auch für Abrechnungseinheiten, wie z. B. Haushalte, gelten. Ab einem bestimmten Zeitpunkt wären die neu hinzukommenden Haushalte als Zuwachs zu betrachten. Da jedoch praktisch zeitgleich andere Haushalte aufgelöst werden, ist eine Zuordnung einer zuwachsenden oder auch einer abnehmenden Elektrizitätsmenge zu einzelnen Haushalten unmöglich.

Auf das Elektroauto übertragen, besäßen die bereits existierenden Elektrofahrzeuge – im Jahre 1989 rund 2.000 – eine andere Umweltverträglichkeit als die hinzukommenden. Ferner wäre zu klären, welchen neuen Stromanwendungen z. B. die durch Energiesparmaßnahmen bei den meisten Haushaltsgerätearten freiwerdenden Kraftwerkskapazitäten zuzuordnen wären.

Da dies weder für den konkreten Einzelfall noch für eine Stromanwendungsart lösbar ist, kann hier nur der Grundsatz der Gleichheit greifen: Alle Stromanwendungen werden gleichwertig auf alle am Netz befindlichen Kraftwerke aufgeteilt. Dabei ist sehr wohl der Zeitpunkt der Stromnutzung zu berücksichtigen. So wird z. B. in der Nacht die elektrische Energie mit einem anderen Primärenergiemix erzeugt als am Tag. Auf dem Gleichheitsprinzip beruht auch die Energieabrechnung, die insbesondere auf eine Weitergabe der zuwachsenden Kosten nur auf neue Stromanwendungen wegen des oben dargelegten Sachverhaltes verzichten muß, sehr wohl jedoch den Zeitpunkt der Nutzung mitberücksichtigt.

Die Vereinigung Deutscher Elektrizitätswerke (VDEW) hat in einem sehr aufwendigen Verfahren die Primärenergieanteile für Elektrofahrzeuge basierend auf dem Jahre 1990 ermittelt (4). Im Rahmen dieser Untersuchung wurde auch eine Prognose bis zum Jahre 2010 für die Primärenergieanteile zur Versorgung von Elektrostraßenfahrzeugen ermittelt. Das Ergebnis ist in Bild 2.8 dargestellt.

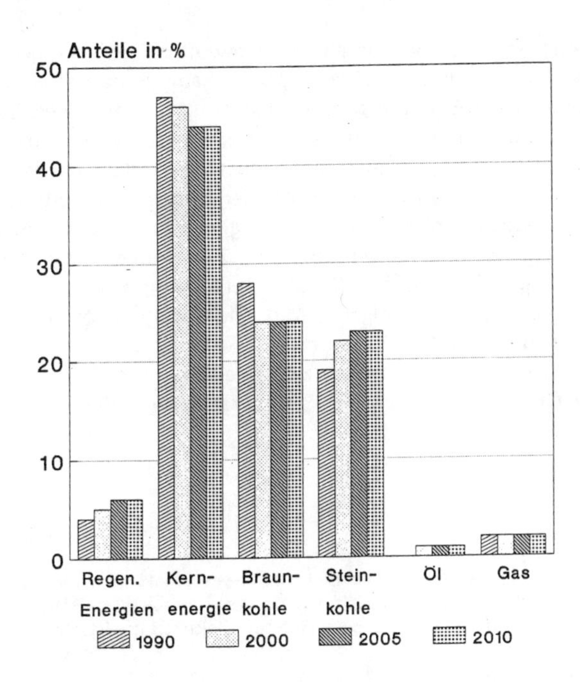

Bild 2.8: Primärenergieeinsatz der öffentlichen Stromversorgung für Elektroautos nach einer VDEW-Untersuchung

Bei diesem Verfahren wurde davon ausgegangen, daß mindestens 90 % der Batterieladung nachts erfolgte und höchstens 10 % während des Tages.
Die Berechnungen basieren auf einer Umfrage unter einer Reihe von Mitgliedsunternehmen der VDEW, die mehr als 80 % der Stromerzeugungskapazität der alten Bundesländer repräsentieren. Zugrunde lag die erwartete Kraftwerkseinsatzplanung in dem beteiligten Stromversorgungsunternehmen. Als Ergebnis bleibt festzuhalten, daß für die Strombereitstellung von Elektrostraßenfahrzeugen rund 50 % auf CO_2-freier Stromerzeugung beruht. Dieser Anteil wird auch bis zum Jahre 2010 nahezu konstant bleiben, da die Zunahme des Anteils der regenerativen Energie den Rückgang des Anteils der Kernenergie nahezu ausgleicht.

2.3 Zusammenfassung

Das heute vorstellbare Anwendungspotential für Elektroautos ist in der Bundesrepublik Deutschland (alte Bundesländer) mit dem bestehenden Kraftwerkspark zu versorgen, neue Kraftwerkskapazitäten für Elektrofahrzeuge sind nicht erforderlich. Dabei ist aufgrund der Nutzungsgewohnheiten heutiger Pkw die Nachtladung ausreichend, für Tagnachladungen ist kaum Bedarf erkennbar. Elektrofahrzeuge sind am Einsatzort emissionsfrei und im niedrigen Geschwindigkeitsbereich nahezu geräuschlos. Ihr vermehrter Einsatz wird dazu beitragen, die Luftqualität vor allem in Ballungsräumen entscheidend zu verbessern. Dennoch sind mit ihrer Nutzung Emissionen bei der Energieaufbereitung verbunden, die bei einer globalen Betrachtung im Vergleich mit anderen Antriebssystemen berücksichtigt werden müssen (5). Eine Zuordnung dieser Emissionen kann nur, wie gezeigt, über alle bei der Stromerzeugung eingesetzten Primärenergiearten erfolgen. Dabei benötigen 2 Mio. Elektrofahrzeuge bei einer mittleren Jahresfahrleistung von 12.000 km rund 1 % der Stromerzeugung des Jahres 1989. Die durch 2 Mio. Elektrofahrzeuge verursachten Emissionen liegen bezogen auf die Gesamtemissionen der Stromerzeugung natürlich in der gleichen Größenordnung.

Literatur zu Kapitel 2

1) R. Kemper, H. Jung, A. Wnuk: Die Elektrizitätswirtschaft in der Bundesrepublik Deutschland im Jahre 1989, Elektrizitätswirtschaft, Jahrgang 89 (1990), Heft 21, und ergänzende Informationen aus dem Referat Elektrizitätswirtschaft im Bundesministerium für Wirtschaft.
2) Shell-Studie: Aufbruch zu neuen Dimensionen, Aktuelle Wirtschaftsanalysen, Jahrgang 9/91, Heft 22.
3) H. Hautzinger, B. Tassaux, R. Hamacher: Elektroauto und Mobilität, Untertitel: Das Einsatzpotential von Elektroautos, Ergebnisbericht zum Forschungsprojekt FE-Nr.: 70379/91 des BMV, IVT Heilbronn, 1991.
4) Arbeitskreis der Vereinigung Deutscher Elektrizitätswerke (VDEW): Stromerzeugungsgrundlagen für Elektrowärme und Elektrostraßenfahrzeuge, VDEW-Argumente, Frankfurt, Mai 1992.
5) B. Sporckmann: Elektrofahrzeuge als Luftschadstoffbremse? Energiewirtschaftliche Tagesfragen, Heft 96.

3 Energieverbrauch und Emissionen von Elektrostraßenfahrzeugen im Vergleich zu konventionellen Fahrzeugen

Helmut Schaefer, Ulrich Wagner

3.1 Einführung

Die ständig steigende Immissionsbelastung der Ballungsäume stammt zu erheblichen Teilen aus den Emissionen des motorisierten Individualverkehrs. Die Einführung neuer, umweltverträglicher Verkehrstechniken ist daher eine vordringliche Maßnahme zur Minderung der verkehrsbedingten Luftbelastungen und deren Wirkungen auf Mensch und Natur in den Verdichtungsräumen. Eine solche Technik stellt das Elektro-Straßenfahrzeug dar, das im Vergleich zu konventionellen Fahrzeugen lärmarm und weitestgehend frei von Emissionen am Einsatzort ist. Auch unter Einbezug der vorgelagerten Stromerzeugung liegen die spezifischen Emissionen nahezu aller Luftschadstoffe sowie des Klimagases CO_2 beim Elektroauto außerordentlich günstig.
Der dominierende Einsatz von Verbrennungskraftmaschinen im Verkehr führt zu Schadstoffemissionen, die in ihrer Zusammensetzung von denen anderer Sektoren signifikant abweichen. Dem Verkehrssektor mit einem Anteil von über 28 % am Endenergieverbrauch der Bundesrepublik Deutschland steht im Energieumwandlungsbereich ein Anteil an den NO_x-Emissionen von über 60 %, an den CO-Emissionen von ca. 80 % und an den HC-Emissionen von rund 90 % gegenüber (1).
Solange die hohen Mobilitätsansprüche des einzelnen bestehen bleiben und eine Verringerung des Verkehrsaufkommens im großstädtischen Individualverkehr nicht in Sicht ist, können die damit im Zusammenhang stehenden negativen Auswirkungen auf Mensch und Natur nur durch umweltentlastende Verkehrstechniken gemildert werden. Das Elektro-Straßenfahrzeug, das heute einen hohen Stand der Technik erreicht hat und in vielen Varianten getestet wird, trägt dazu bei.

3.2 Heutige Fahrzeuge

Die Reichweite eines Elektro-Pkw wird durch Batterietyp und -größe bestimmt und liegt bei heute realisierten Fahrzeugen im Bereich zwischen 40 und 120 km. Wegen des begrenzten Aktionsradius und des im Vergleich zum Betanken eines konventionellen Pkw sehr viel zeitintensiveren Nachladens kommt das Elektrofahrzeug überwiegend nur für den innerstädtischen Kurzstreckenverkehr in Frage, also genau dort, wo eine Emissionsentlastung am dringendsten ist.

Aus dem Nutzungsprofil für den gesamten Pkw-Bestand der Bundesrepublik Deutschland, wie es in Bild 3.1 dargestellt ist, ist ersichtlich, daß ca. 90 % aller Fahrten (Fahraufkommen) bei Fahrstrecken unter 30 km liegen. Diese Entfernungen sind mit dem Elektroauto problemlos zu bewältigen. Die Summe aller Fahrten unter 30 km Fahrstrecke entspricht ca. 44 % aller gefahrenen Kilometer im Privatverkehr (Fahrleistung).
Die Palette der heute auf dem Markt erhältlichen Elektro-Straßenfahrzeuge erstreckt sich von Klein- über Mittelklassefahrzeuge bis zu Transportern und Omnibussen. Tabelle 3.1 gibt einen Überblick über die Bandbreite wesentlicher technischer Daten moderner Elektrofahrzeuge. Es lassen sich grundsätzlich zwei unterschiedliche Fahrzeugkonzeptionen – Conversion-Design und Purpose-Design – unterscheiden. Über sie wird im 9. Kapitel im einzelnen berichtet.
Fahrzeuge nach dem Conversion-Design werden der laufenden Großserienfertigung entnommen und auf Elektrotraktion umgerüstet. Diese Variante ist relativ kostengünstig, verlangt jedoch Kompromisse im Hinblick auf die konstruktive Abstimmung der einzelnen Fahrzeugkomponenten. Hierdurch ergibt sich meist ein höherer Energieverbrauch als bei speziell konstruierten Elektro-Pkw.
Beim Purpose-Design werden der elektrische Antrieb und der Speicher bei der Konstruktion in die Gestaltung des Fahrzeugs mit einbezogen. Diese Fahrzeuge sind daher meist deutlich verbrauchsgünstiger. Die für eine komplette Neuentwicklung typischen hohen Entwicklungskosten schlagen sich jedoch in den Anschaffungskosten nieder.
Eine interessante Variante zum hier näher analysierten reinen Elektrofahrzeug stellt das Hybridfahrzeug dar. Es verbindet die Vorteile von Elektrofahrzeugen mit denen von konventionellen Kraftfahrzeugen. Neben der batterieelektrischen Betriebsweise für eine emissionslose Fortbewegung in der Stadt nutzt das Hybridfahrzeug im verbrennungsmotorischen Betrieb den Vorteil der großen Reichweite. Nachteilig dabei sind das höhere Leergewicht, der höhere spezifische Energieverbrauch und die höheren Anschaffungskosten, bedingt durch das zweifach ausgeführte Antriebskonzept.

3.3 Vergleichsgrundlagen für die Berechnung der Emissionen

Das Elektroauto ist ein für den Stadtverkehr optimiertes Fahrzeug. Es bietet aufgrund seiner speziellen Antriebscharakteristik die Möglichkeit, mit wesentlich geringeren Motorleistungen im Stadtverkehr „mitzuschwimmen". Die maximale Motorenleistung von konventionellen Kraftfahrzeugen wird im Stadtverkehr kaum jemand in Anspruch nehmen, da sie erst nahe der Maximaldrehzahl erreicht wird; die von der Automobilindustrie empfohlenen Schaltpunkte liegen erheblich niedriger. Für die Beschleunigungswerte im Stadtverkehr stellt das bei niedrigen Drehzahlen verfügbare Drehmoment eine wesentlich aussagekräftigere Vergleichsgröße dar.

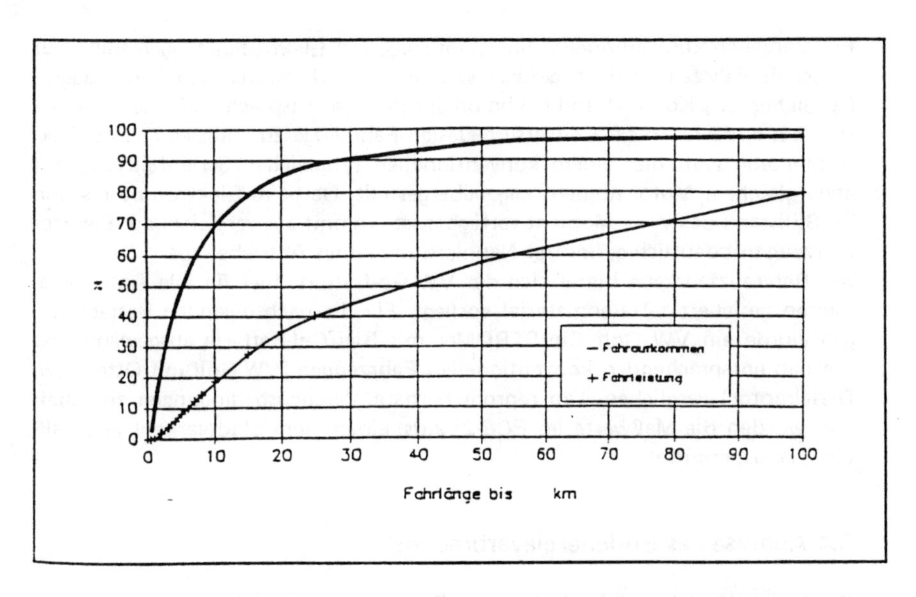

Bild 3.1: Häufigkeit von Fahraufkommen und Fahrleistung im privaten Individualverkehr der BRD in Abhängigkeit von der Fahrtstrecke (2)

Tabelle 3.1: Technische Daten heutiger Elektro-Straßenfahrzeuge

Fahrzeug-typ	Nennleistung (kW)	zul. Gesamtgewicht (kg)	Leergewicht (kg)	Reichweite (Stadt) (km)	Höchst-geschwindigkeit (km/h)
Klein-Pkw	1,5 bis 44	400 bis 1 400	285 bis 1 060	30 bis 150	40 bis 120
Pkw	11 bis 75	1 450 bis 1 900	1 150 bis 1 600	30 bis 140	65 bis 120
Transporter	11 bis 40	1 640 bis 4 300	1 270 bis 3 300	50 bis 70	44 bis 110
Omnibusse	15 bis 45	7 500 bis 10 000	4 240 bis 6 500	50 bis 100	30 bis 80

Ein Vergleich konventioneller Stadtfahrzeuge mit Elektrofahrzeugen sollte nur zwischen Fahrzeugen durchgeführt werden, die sich hinsichtlich Fahrzeuggröße, Sicherheit, Komfort und Drehmoment in etwa entsprechen. Diese Kriterien sind am einfachsten für Conversion-Design-Fahrzeuge zu realisieren. Das Elektrofahrzeug wird hier einem konventionellen typgleichen Serienfahrzeug mit etwa gleichem Motormoment gegenübergestellt. Da beim Elektromotor schon im Stillstand das volle Moment verfügbar ist, kommt das vergleichbare Elektrofahrzeug mit deutlich geringerer Nennleistung seines Antriebes aus.
Als Referenzfahrzeug bietet sich der VW Golf an, da hier für alle Antriebsvarianten gesichertes Datenmaterial vorliegt. Für die nachfolgenden Betrachtungen wurde ein VW Golf CitySTROMer mit Blei/Gel-Batterie ausgewählt und mit den entsprechenden konventionellen Fahrzeugen (VW Golf mit Otto- bzw. Dieselmotor) verglichen. Um reproduzierbare Versuchsbedingungen zu schaffen, wurden die Meßwerte im ECE-Zyklus, einem dem Stadtverkehr angepaßten Zyklus, ermittelt.

3.4 Analyse des Endenergieverbrauchs

Die Höhe des fahrstreckenbezogenen Endenergieverbrauchs läßt sich in einen wegstreckenabhängigen und einen standzeitabhängigen Anteil aufgliedern und wird sowohl beim konventionellen Pkw als auch beim Elektroauto durch eine Reihe von Parametern bestimmt.
Der wegstreckenabhängige Anteil wird von den fahrzeugtechnischen Daten wie dem c_W-Wert, der Querspantfläche, der Fahrzeugmasse, der Fahrweise, den Fahrzyklen, der Nutzungsfrequenz, dem Straßenzustand u. a. m. bestimmt.
Der standzeitabhängige Anteil ist abhängig von der Stillstandszeit zwischen zwei Fahrzyklen. Ihm werden diejenigen Energiemengen zugerechnet, die nach Beendigung der Hauptladung bis zum erneuten Gebrauch des Fahrzeugs anfallen. Diese energetischen Aufwendungen entstehen im wesentlichen zur Ladungserhaltung und/oder zur Temperierung der Batterie, abhängig vom Batterietyp und der Außentemperatur.
Wie in Bild 3.2 ersichtlich, besteht eine Abhängigkeit des spezifischen Endenergieverbrauchs von der Fahrstrecke. Dies liegt im standzeitabhängigen Energieverbrauch begründet, der bei größeren Wegstrecken spezifisch geringer ins Gewicht fällt. Das bis heute realisierte Entwicklungspotential wird deutlich bei einem Vergleich der gestrichelten Kurve (zehn Jahre alter VW Golf CitySTROMer) mit der untersten Kurve nach Daten von (3), die den heutigen Stand der Technik (neueste Version des VW Golf CitySTROMer in Verbindung mit einem neuen Ladeverfahren) widerspiegelt. Durch ein jüngst an der RWTH Aachen entwickeltes Ladeverfahren wurde eine Verbesserung des mittleren Lade-Gesamtwirkungsgrades von 51 % auf 72 % erzielt. Es läßt sich durch die Entwicklung eines konzeptionell an die eingesetzte Blei/Gel-Batterie angepaßten Ladegerätes voraussichtlich noch weiter verbessern.

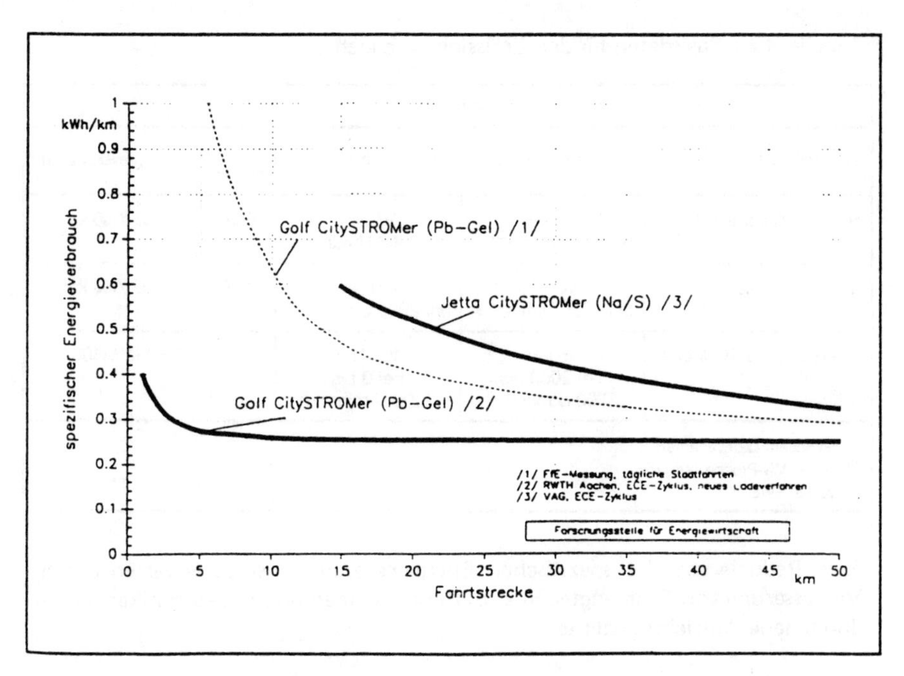

Bild 3.2: Vergleich des spezifischen Endenergieverbrauchs verschiedener Elektro-Straßenfahrzeuge (4)

Der standzeitabhängige Anteil für Fahrzeuge mit Hochtemperaturbatterien liegt wegen der thermischen Verluste und dem resultierenden Heizenergiebedarf deutlich über dem von Fahrzeugen mit Blei-Batterien. Erst bei Wegstrecken oberhalb von 60 km nähern sich die Kurven einander an.
Auch Fahrzeuge mit Otto- bzw. Dieselmotor weisen für Kurzstrecken (Kaltstartphase) wegen des fahrstreckenunabhängigen Aufwandes für thermische und kinetische Speicherenergie einen von der Wegstrecke und der Nutzungsfrequenz abhängigen spezifischen Energiebedarf auf. Die genannten Versuchsbedingungen des ECE-Zyklus mit Umgebungstemperaturen von 20°C tragen jedoch diesem Umstand keine Rechnung. Dies muß auch bei der Interpretation des nachfolgenden Emissionsvergleichs berücksichtigt werden.
Beim Elektroauto wurde in den nachfolgenden Emissionsbetrachtungen zusätzlich der Heizenergiebedarf für die Fahrgastzelle, der meist aus einer Kraftstoff-Zusatzheizung gedeckt wird und im Ganzjahresmittel bei rund 0,3 l/100 km liegt (5), mit eingeschlossen. Beim Fahrzeug mit Ottomotor wird eine Beheizung aus dem Kühlkreis und damit keine zusätzlichen Emissionen angesetzt. In Tabelle 3.2 sind die Energieverbrauchswerte und technischen Basisdaten der Vergleichsfahrzeuge zusammengestellt.

Tabelle 3.2: Basisdaten für den Emissionsvergleich

Basisdaten				
Fahrzeugtyp	Motorenleistung	max. Drehmoment	Test-zyklus	Energieverbrauch
VW Golf (Ottomotor)	40 kW bei 5200 U min^{-1} [2]	97 Nm bei 3000 U min^{-1} [2]	ECE	8,5 l/100 km
VW Golf (Diesel)	40 kW bei 4800 U min^{-1} [2]	100 Nm bei 2900 U min^{-1} [2]	ECE	6,5 l/100 km
VW Golf CitySTROMer [1]	15 kW bei 2000 bis 5500 U min^{-1} [3]	105 Nm bei 0 bis 2000 U min^{-1} [3]	ECE	28,0 kWh/100 km

[1] mit neuem Ladeverfahren
[2] Quelle: VW-Prospektangabe
[3] Quelle: RWE

Eine Reduzierung des spezifischen Energieverbrauchs ist zu erwarten durch Verbesserung von Fahrzeugtechnik, Batteriesystemen und Ladetechniken sowie durch neue Antriebskonzepte.

3.5 Emissionsvergleich

Um Aussagen über die gesamten ökologischen Auswirkungen verschiedener Antriebsarten treffen zu können, ist eine globale Schadstoffbilanz in Form eines Emissionsvergleiches, unter Einschluß aller Energiewandlungsbereiche von der Primärenergiegewinnung über die Endenergiebereitstellung bis zur Umwandlung in Nutzenergie, notwendig.

In den folgenden Zahlenwertvergleichen wird mit dem für 1995 erwarteten Kraftwerksmix (vgl. Tabelle 3.3) gerechnet. Eine reine Zuwachsbetrachtung bei der Strombereitstellung für das Elektrofahrzeug ist aus physikalischen Gründen nicht durchführbar (vgl. hierzu auch (6)). Die Verluste bei der Stromübertragung wurden bei der nachfolgenden Ermittlung der Emissionen mit 4 % berücksichtigt.

Als Quelle für die direkten Emissionen der konventionellen Fahrzeuge (Motoremissionen) wird ein Feldversuch des TÜV Rheinland (8) herangezogen. Die Emissionen an den sogenannten limitierten Schadstoffen HC, CO und NO_x werden aus den Mittelwerten aller untersuchten Fahrzeuge mit geregeltem Katalysator bzw. aller Dieselfahrzeuge bestimmt. Dabei erfolgt eine Mittelung über jeweils alle Fahrzeuggrößen, da eine Abhängigkeit der limitierten Schadstoffemissionen von der Motorenleistung nicht signifikant nachweisbar ist. Der nicht limitierte Schadstoff SO_2 und das Klimagas CO_2 wurden aus den Schwe-

Tabelle 3.3: Strommix und Nutzungsgrade der öffentlichen Stromerzeugung in der Bundesrepublik Deutschland (Prognose für 1995)

Energieträger	Strommix[1]	η_{el} [2]
Kernenergie	40%	34%
Steinkohle	32%	37%
Braunkohle	18%	36%
Öl	2%	39%
Erdgas	4%	40%
Wasserkraft	4%	–

[1] Anteil an der öffentlichen Stromerzeugung (Prognose für 1995) nach VDEW
[2] Netto-Verstromungsnutzungsgrad nach [7]

fel- und Kohlenstoffgehalten des Kraftstoffs und den unter stadtverkehrsnahen ECE-Prüfungsbedingungen ermittelten Kraftstoffverbräuchen berechnet. Bei Fahrzeugen ohne Katalysator liegen die spezifischen CO-, HC- und NO_x-Emissionen um den Faktor 2 bis 3 höher als bei den betrachteten Fahrzeugen mit Ottomotor (8).
Die vorgelagerten Emissionen aller Fahrzeuge wurden aus den Emissionsfaktoren nach (7), unter Ansatz der bei ECE-Zyklusbedingungen gemessenen Energieverbrauchswerte, bestimmt.
Die Luftschadstoffe bzw. die CO_2-Emissionen sind in Tabelle 3.4 aufgelistet und in Bild 3.3 für die drei untersuchten Antriebskonzepte (Otto-, Dieselmotor und Elektroantrieb) dargestellt.
Der Vergleich führt zu folgenden Ergebnissen:

- Bei den CO_2-Emissionen weist der VW Golf mit Dieselmotor um etwa 9 % und der VW Golf mit Ottomotor um rund 24 % höhere Werte als der VW Golf CitySTROMer auf.
- Die CO-Emissionen des VW Golf mit Ottomotor liegen beim 157fachen und die des VW Golf mit Dieselmotor beim 25fachen der Werte für den VW Golf CitySTROMer.
- Die HC-Emissionen des Elektrofahrzeugs und des VW Golf mit Dieselmotor sind nahezu gleich und liegen beim VW Golf mit Ottomotor in etwa viermal so hoch. Die vorgelagerten HC-Emissionen beim CitySTROMer werden im wesentlichen durch die Freisetzung von Methan beim Abbau der Steinkohle verursacht.
- Die NO_x-Emissionen liegen beim VW Golf mit Ottomotor beim 4,7fachen und beim VW Golf mit Dieselmotor beim 7fachen der Emissionen des VW Golf CitySTROMer.

Tabelle 3.4: Emissionsvergleich der Referenzfahrzeuge bei ECE-Prüfzyklus

	Emissionen				
	CO_2	CO	HC [1]	NO_x	SO_2
	(g/km)				
	Emissionen am Fahrzeug				
VW Golf (Ottomotor)	195,1 [3]	6,270	0,810	0,590	0,037 [2]
VW Golf (Dieselmotor)	171,8 [3]	1,000	0,170	0,910	0,152 [2]
VW Golf (Diesel 1996)	171,8 [3]	1,000	0,170	0,910	0,054 [5]
CitySTROMer [6]	6,9	0,003	0,002	0,003	0,001
	vorgelagerte Emissionen				
VW Golf (Ottomotor) [4]	18,8	0,011	1,264	0,054	0,046
VW Golf (Dieselmotor) [4]	15,9	0,009	0,288	0,046	0,039
VW Golf (Diesel 1996) [4]	15,9	0,009	0,288	0,046	0,039
CitySTROMer [4]	165,8	0,037	0,480	0,133	0,137
	gesamte Emissionen				
VW Golf (Ottomotor)	213,9	6,281	2,074	0,644	0,084
VW Golf (Dieselmotor)	187,9	1,009	0,458	0,956	0,192
VW Golf (Diesel 1996)	187,9	1,009	0,458	0,956	0,094
CitySTROMer	172,7	0,040	0,482	0,136	0,138

1) Summe aus CH_4 und NMVOC
2) berechnet aus Schwefelgehalt des Kraftstoffs (Normal-Benzin: 0,03 Gew.-%; Dieselkraftstoff: 0,14 Gew.-%) und Kraftstoffverbrauch; vollständige Oxidation des Schwefels angesetzt
3) berechnet aus Kohlenstoffgehalt des Kraftstoffs (Normal-Benzin: 85,5 Gew.-%; Dieselkraftstoff: 86,2 Gew.-%) und Kraftstoffverbrauch; vollständige Oxidation des Kohlenstoffs angesetzt
4) berechnet aus Verbrauchsmessungen und Emissionsfaktoren für „vorgelagerte Prozesse, neu" und für „öffentliche Kraftwerke, neu" nach [7]
5) berechnet mit dem für 1996 zu erwartenden EG-Grenzwert (Schwefelgehalt von Dieselkraftstoff: 0,05 Gew.-%)
6) Emissionen aus Benzin-Zusatzheizung (0,3 l/100 km)

- Die SO_2-Emissionen sind beim VW Golf mit Dieselmotor um etwa 39 % höher und beim VW Golf mit Ottomotor wegen des geringeren Schwefelgehaltes im Vergleich zu Benzin um rund 39 % niedriger als beim VW Golf CitySTROMer.

Bei der Interpretation der oben genannten Ergebnisse ist zu beachten, daß die nach den Bestimmungen von Prüfzyklen ermittelten Emissionen nur eine grobe Näherung des realen Emissionsverhaltens darstellen. Das Emissionsverhalten von konventionellen Kraftfahrzeugen unterscheidet sich bei einer Umgebungstemperatur von 20°C (ECE-Prüfvorschrift) zum Teil drastisch von dem bei Kurzfahrten nach Kaltstart und extrem niedrigen Außentemperaturen. Ursache

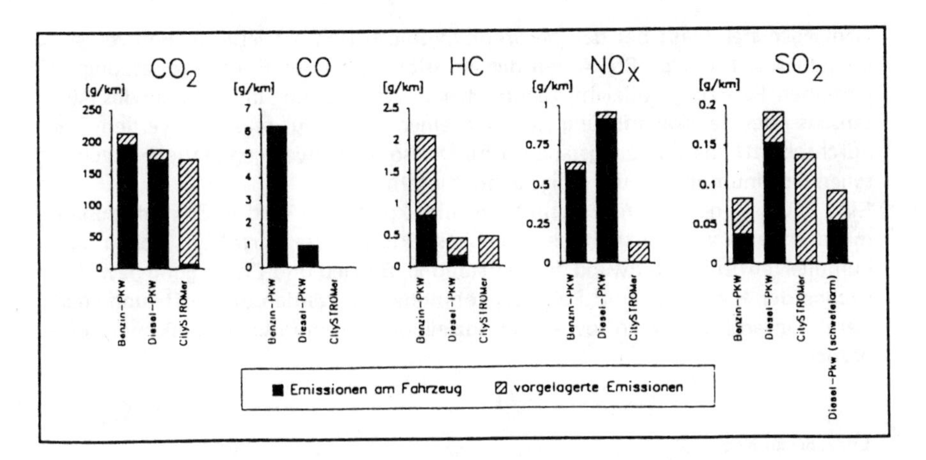

Bild 3.3: Emissionsvergleich für unterschiedliche Antriebsarten (VW Golf im ECE-Zyklus; Benzinfahrzeug mit geregeltem Katalysator; Elektrofahrzeug inkl. Heizung)

hierfür ist der um ein Vielfaches höhere Kraftstoffverbrauch bei Kaltstarts und die erst nach einigen Fahrkilometern einsetzende Schadstoffreduzierung des Katalysators.
Da diese Betriebsweise einen hohen Anteil an den gesamten Fahrten einnimmt – 50 % der innerstädtischen Fahrten weisen Fahrstrecken von weniger als 5 km auf – muß dieser Umstand um so größere Beachtung finden.

3.6 Zusammenfassung

Der entscheidende Vorteil von Elektrofahrzeugen gegenüber konventionellen Fahrzeugen liegt in der Reduzierung innerstädtischer Immissionen. Abgesehen von einer zeitweise betriebenen kraftstoffgefeuerten Fahrzeugheizung erfolgt die emissionsbehaftete Energiewandlung von Primär- zu Endenergie überwiegend zentral in Kraftwerken. Die Endenergiebereitstellung aus Kraftwerken führt zudem zu einer auch energiepolitisch wichtigen Diversifizierung des Primärenergieeinsatzes im Verkehrssektor. Der Einsatz von Kernenergie und der zunehmende Einsatz von erneuerbaren Energien, die keine klima- oder vegetationsrelevanten Emissionen aufweisen, verstärken diesen Vorteil.
Jede energie- und umwelttechnische Verbesserung im Bereich der Kraftwerke, wie beispielsweise der Einsatz von GuD-Großanlagen, wirkt sich unmittelbar auf den spezifischen Primärenergieverbrauch und die spezifischen Emissionen aus. Energietechnischer Fortschritt kommt also rasch und ohne Zutun des Elektrofahrzeug-Betreibers zum Tragen.

Demgegenüber kann bei den verbrennungsmotorisch betriebenen Fahrzeugen, bei denen sich der größte Anteil der emissionsbelasteten Energieumsetzung im einzelnen Fahrzeug vollzieht, technischer Fortschritt nur im Rahmen des Austauschs oder der Nachrüstung jedes einzelnen Fahrzeugs realisiert werden. Der durchschnittliche Fahrzeugstandard hinkt also dem jeweiligen aktuellen technischen Optimum immer um einige Jahre hinterher.

Eine Beurteilung von Verkehrsmitteln und -konzepten wird in Zukunft zunehmend anhand von ganzheitlichen Lebenszyklusanalysen erfolgen. Neben dem kumulierten Energieaufwand für Herstellung, Betrieb und Entsorgung bzw. Recycling der Fahrzeuge und Fahrzeugkomponenten werden die stoff- und energierelevanten Emissionen sowie auch soziale und ökonomische Aspekte mit einbezogen.

Literatur zu Kapitel 3

1) Badenwerk AG (Hrsg.): Elektrofahrzeuge – Alternative für den Verkehr von morgen. Fachbericht 91.2 der Badenwerk AG, Karlsruhe 1991
2) Deutsches Institut für Wirtschaftsforschung (DIW) (Hrsg.): Entwicklung der Verkehrsnachfragen im Personen- und Güterverkehr und ihre Beeinflussung durch verkehrspolitische Maßnahmen, Berlin, Juni 1990.
3) P. Mauracher: Ermittlung des Energiebedarfs von Elektrofahrzeugen, RWTH Aachen: Institut für Stromrichtertechnik und elektrische Antriebe, Aachen, Januar 1992.
4) FfE, München: Eigene Untersuchungen.
5) Umweltbundesamt (Hrsg.): CO_2 und Schadstoffausstoß durch den Betrieb von Batterien-, Hybrid- und Verbrennungsmotor-Pkw im Vergleich, Berlin 1991.
6) B. Sporckmann: Die Stromversorgung von Elektrofahrzeugen in der Bundesrepublik Deutschland (alte Bundesländer), Elektrizitätswirtschaft, 91 (1992) 5, S. 234 ff.
7) U. Fritsche: Emissionsmatrix für klimarelevante Schadstoffe in der BRD. Studie im Auftrag der Enquete-Kommission „Vorsorge zum Schutz der Erdatmosphäre" des Deutschen Bundestages, Öko-Institut: Büro Darmstadt, Darmstadt, August 1989.
8) D. Hassel, F.-J. Weber: Ermittlung des Abgasemissionsverhaltens von Pkw in der Bundesrepublik Deutschland im Bezugsjahr 1988, Zwischenbericht zum Forschungsvorhaben des UBA, TÜV Rheinland, Berlin, Mai 1991.

4 Erwartungen an die Batterie von elektrischen Straßenfahrzeugen in verschiedenen Einsatzgebieten

Heinz-Albert Kiehne

4.1 Einleitung – ein Rückblick

Vor etwa 20 Jahren begann man sich in aller Welt erneut Gedanken zu machen, ob Batterien hinreichend Entwicklungspotential besitzen – dies bei den modernen Möglichkeiten von Forschung und Entwicklung – ein Elektrostraßenfahrzeug mit zufriedenstellender Reichweite zu schaffen. Selbstverständlich dachte man dabei auch an die Kosten und die erforderliche Wirtschaftlichkeit. Den Aspekt der Umweltfreundlichkeit wollte wohl keiner dem Elektrostraßenfahrzeug absprechen. (Je nach Standort werden die unterschiedlichen Emissionen eines „Stromerzeugungsmix" zum Vorteil oder zum Nachteil des Elektroantriebes dargestellt.) Besonderes Augenmerk richtete man auf die Auswahl der möglichen Systeme, die eine erfolgreiche Entwicklung zu versprechen schienen, sowie auf die Verfügbarkeit der Materialien und deren Gestehungskosten. Die theoretisch erreichbaren Energiedichten, wie sie in Tabelle 4.1 für verschiedene Batteriesysteme angegeben sind, boten sich für eine Vorauswahl an.
Wohl wußte man, daß von dieser theoretisch möglichen Energiedichte nur ein Bruchteil (ca. 1/5 . . . 1/10) für einen praktisch anwendbaren wiederaufladbaren Speicher nutzbar zu machen ist, wie das Beispiel Bleiakkumulator zeigt (Bild 4.1). Das aktive Elektrodenmaterial kann meist nur zu einem Teil genutzt werden, und jeder Energiespeicher benötigt Materialien, die nicht an der elektrochemischen Reaktion beteiligt sind, wie z. B. die Zellgefäße, die Stützgerüste für die Elektroden und die Stromableiter. Es wurden Zielvorstellungen definiert – vielfach mit übergroßem Optimismus.
So manches erfolgreich aussehende Entwicklungsvorhaben blieb auf der Strecke, weil sich die Systeme der Hauptanforderung für ihre Einsatztauglichkeit, der Reversibilität der Entladereaktion – gemeint ist die einwandfreie Wiederaufladeмöglichkeit nach jeder Entladung – über eine lange Lebensdauer entzogen. Daß das momentane Leistungsvermögen (hohe Stromstärke bei hoher Entladespannung) die Hürde Nummer zwei sein kann, haben dann viele Entwickler bei ihren Versuchen an Prototypen feststellen müssen. Brennstoffzellen-Batterien der verschiedensten Systeme und Konzeptionen erreichten Prototyp-Reife, erwiesen sich aber als zu teuer. Andere Elektroden-Kombinationen, wie z. B. Brom/Zink, Nickel/Zink, Lithium-Aluminium/Eisensulfid, Aluminium/Luft und andere erreichten zwar beachtliche Fortschritte, doch die Reife für einen praktischen Einsatz konnte noch nicht erreicht werden.
Der altbewährte Bleiakkumulator – erfunden im Jahre 1859 durch Gustav Planté, also vor mehr als 125 Jahren –, in der Fertigung seit nunmehr einem

Tabelle 4.1: Theoretische Energiedichte einiger Batteriesysteme

PbO_2/Pb	167 Wh/kg
Ni/Fe	260 Wh/kg
Ni/Zn	333 Wh/kg
Cl_2/Zn	833 Wh/kg
FeS/LiAl	450 Wh/kg
S/Na	795 Wh/kg
im Vergleich Benzin	12 000 Wh/kg

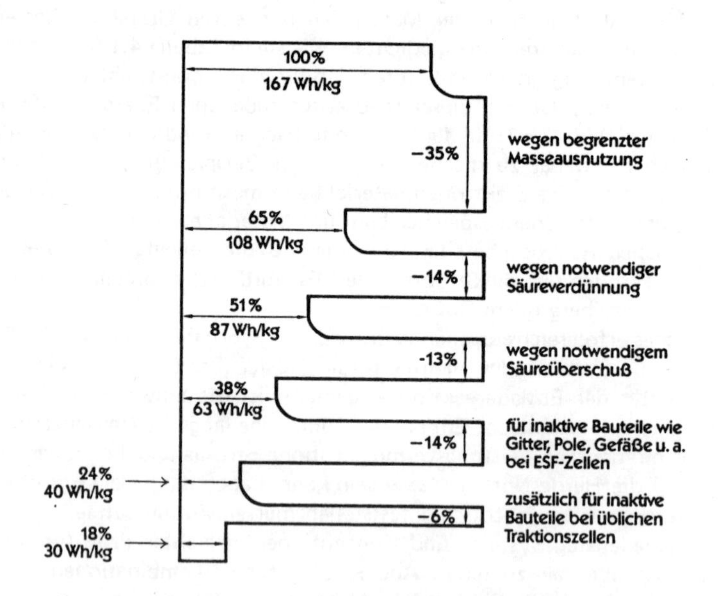

Bild 4.1: Theoretisches und praktisches Energiegewicht beim Blei-Akkumulator

Jahrhundert, reizte in erster Linie die etablierten Batteriehersteller zur Weiterentwicklung.
Doch im Laufe des Jahres 1984 konnte man feststellen, daß in aller Welt eine Vielzahl der Projekte eingestellt wurde. Soweit noch staatliche Fördermittel gewährt wurden, flossen diese spärlicher und wurden auf wenige aussichtsreiche Entwicklungsvorhaben konzentriert. Es stellte sich heraus, daß sich der altbewährte Bleiakkumulator einfach nicht verdrängen ließ. Bis heute ist er das einzige für die Praxis verfügbare System. Neuerdings finden auch moderne Konstruktionen von Nickel-Cadmium-Akkumulatoren, auch solcher in gasdichter Ausführung, Interesse für die Anwendung; Prototypen werden z. Zt. erprobt (siehe auch Kapitel 6). In Japan, USA und Europa wurden zwar mit Nickel-Eisenbatterien beachtliche Fortschritte erreicht, doch die Erprobung von Prototypen im mehrjährigen Straßeneinsatz ist gerade erst angelaufen. Sind diese Versuche erfolgreich, so stünde ein System zur Verfügung, das etwa die doppelte Reichweite im Vergleich zum heutigen Bleiakkumulator mit einer Entladung zuläßt. Von den Hochtemperaturbatterien sind die Entwicklungen am System Natrium/Schwefel am weitesten fortgeschritten, wobei in Deutschland die ABB Hochenergiebatterie GmbH neben den Arbeiten in England (Silent Power) und den USA (General Elektric u. a.) zu nennen sind. Das System Natrium/Nickelchlorid wird von der AEG Opto- und Vakuumelektronik entwickelt. Die mögliche Reichweite liegt bei vergleichbaren Batteriegewichten beim 3- bis 4fachen.

4.2 Die naturgesetzlichen Grenzen für die Entwicklung von elektrochemischen Stromspeichern

Wie schon eingangs angedeutet – es sei an Bild 4.1 erinnert, dieses zeigte ausgehend vom theoretischen Energiegewicht das letztlich verfügbare Energiegewicht für den Bleiakkumulator – gibt es naturgesetzliche Grenzen, die Reichweitenräume, erzielbar mit neu zu entwickelnden Batterien, ins Reich des Utopischen verbannen. Sie werden am Beispiel des Energieinhaltes, der Ladezeit und der Leistung erläutert.
Der Energieinhalt: Der naturgesetzlich bedingte niedrige Energieinhalt aller elektrochemischen Stromspeicher im Vergleich zum Benzin begrenzt die mögliche Reichweite. Praktisch erreichbare Energieinhalte liegen bei Batterien zwischen 40 Wh/kg und 160 Wh/kg. Der Energieinhalt für Benzin beträgt hingegen 12 000 Wh/kg bis 13 000 Wh/kg. Damit kann ein Batterie-elektrisch angetriebenes Fahrzeug nur für den Einsatz im Kurzstrecken- und Nahverkehr in Frage kommen. Für diesen Anwendungsbereich stellt die Reichweite kein Problem dar.
Die Ladezeit: Einer schnellen Nachfüllmöglichkeit des Benzintanks steht die lange Ladezeit der Batterien gegenüber. Die Nachtzeit und die Standzeiten der Fahrzeuge können für die Nachladung und für Zwischenladungen genutzt werden, wodurch sich die für den Kurz- und Nahstreckenverkehr erforderliche Ver-

fügbarkeit der Fahrzeuge darstellen läßt. Hierzu liegen Praxiserprobungen vor, vornehmlich mit Bleiakkumulatoren.
Die Leistung: Die Batterie begrenzt die Leistungsabgabe. Erkenntnisse, die in konstruktiven Maßnahmen an Fahrzeugen und Batterien umgesetzt wurden, bringen jedoch heute eine nahezu gleichmäßige Leistungsabgabe während der gesamten Entladezeit (≙ Fahrzeit). Als Maßnahmen sind hier beispielsweise die Wärmeisolierung und die Temperierung der Batterien (s. Kapitel 5) sowie die Elektrolytumwälzung bei Batterien mit flüssigem Elektrolyt zu nennen.
Dennoch läßt sich die Leistungsabgabe ohne Verlust an Lebensdauer nicht beliebig steigern. Besonders interessiert die pulsförmige Abgabe hoher Leistung.
Die Grundeigenschaften von Batterien sind in Tabelle 4.2 nebeneinandergestellt, und zwar neben den theoretischen Werten für Energie- und Leistungsdichte auch die Zielwerte für Forschung und Entwicklung sowie die praktisch erreichten Werte, insbesondere die der die Wirtschaftlichkeit bestimmenden Lebensdauer bzw. Haltbarkeit, gemessen im Laborversuch. Es soll damit demonstriert werden, daß bei allen Systemen, die konkurrierend in der Entwicklung sind, der Forderungskomplex Nr. 1 der nach möglichst hoher Reichweite ist und damit das Ausreizen des Entwicklungspotentiales eines Batteriesystemes bis an die Grenzen des Möglichen.
An 2. Stelle steht dann sogleich die Forderung nach hoher Leistungsabgabe über eine passable Lebensdauer, um den Fahrzeugen eine genügende Beschleunigungsfähigkeit geben zu können. Auch hinsichtlich dieser Forderung gilt hier, daß es unsinnig ist, sie extrem hoch zu schrauben, denn bald stößt man an Grenzen, die das System entweder zu teuer oder zu kurzlebig machen.
Neben diesen Grundforderungen lassen sich weitere aufstellen, deren Machbarkeit gegeben ist, wenn man Kostenbetrachtungen zunächst hintenan stellt. Einige Forderungen gelten ganz allgemein, andere beziehen sich mehr auf spezifische Anwendungen und Einsatzbereiche.

4.3 Die allgemeinen Anforderungen an die Batterie

Der in Tabelle 4.3 allgemein formulierte Anforderungskatalog gilt grundsätzlich für alle Antriebsbatterien und steht sicherlich allen Entwicklern, einerlei ob sie sich mit konventionellen Batteriesystemen wie dem Bleiakkumulator oder neuartigen Batteriesystemen befassen, vor Augen.
Dieser Anforderungskatalog läßt sich – es sei am Beispiel des Bleiakkumulators demonstriert – um solche Anforderungen erweitern, die aus den langjährigen und neuesten Erfahrungen im Umgang mit Antriebsbatterien im Praxisbetrieb resultieren:
Tabelle 4.4 zeigt die wesentlichen Einflüsse, die z. B. die Lebensdauer einer Bleibatterie mindern. Sie sind im wesentlichen durch die Antriebsweise bedingt und durch eine nicht narrensichere Systemüberwachungstechnik, die es an sich dem Anwender nicht ermöglichen soll, die Batterie groß zu mißhandeln. Man

Tabelle 4.2: Eigenschaften von Batterien

System	PbO_2/Pb	Ni/Fe	Ni/Zn	Cl_2/Zn	S/Na	FeS/LiAl
Betriebstemperatur, °C	20	20	20	50/0[1]	330	450
U. (V)	2	1,2	1,7	2,1	2,1	1,4
Energiedichte (Wh/kg)						
Theoretisch	167	260	333	833	795	466
Praktisch bei 2 Std. Entladung erreicht/erwartet	30/40	40/60	70/80	64/80	85/120	[4]/100
Leistungsdichte bei 2/3 U. (W/kg) erreicht/erwartet	95/130	90/120	100/150	60/100	120/180	[4]/150
Mittlere Lebensdauer (Zyklen) (Zellen im Labor)	>1500[2]	1000	200	1000	>1000/400[3]	400

1) 0°C = Temperatur des Chlorspeichers
2) Zyklenzahl bei Transporterbatterien um den Faktor 3 kleiner
3) an Batterien gemessen
4) bis jetzt nur Zellversuche

Tabelle 4.3: Der Anforderungskatalog an Batterien für Elektro-Straßenfahrzeuge

- Geringeres Gewicht und Volumen bei höherer Leistung und Energie als heute darstellbar
- Wartungsfrei, problemlos hantierbar
- Hohe Lebensdauer zur Erzielung der unabdingbaren Wirtschaftlichkeit
- Verfügbarkeit der verwendeten Rohstoffe
- Keine Umweltprobleme bei Gebrauch, Herstellung und Recycling

Tabelle 4.4: Einflüsse, die die Lebensdauer mindern

- Häufige Tiefentladungen (Entnahme von mehr als 80% K_N)
- Dauernde höhere Betriebstemperaturen (über 40°C)
- Laden mit unzulässig hohem Strom (nach Erreichen der Gasungsspannung)
- Stehenlassen im entladenen Zustand
- Verunreinigung des Elektrolyten
- Überbeanspruchung oder Kurzschluß

denke dabei auch an hohe und häufige Anfahrströme, bedingt durch die gegebenen Fahrspiele bei gleichzeitig nicht ausgereifter Steuer- und Antriebstechnik.
Die aus den genannten Negativ-Einflüssen hergeleiteten Anforderungen können bezüglich der zugeordneten Lösungswege wie folgt nach Schwerpunkten eingeteilt werden:

Anforderungen an die Batterie:
- Gleichförmigkeit des Produktes,
- Erhöhung der Tiefentladefestigkeit,
- Betriebssicherheit im erweiterten Temperaturbereich,
- Überladefestigkeit,
- gefahrloses Stehenlassen im entladenen Zustand,
- Wartungsfreiheit,
- funktionsfähige Peripherie.

Anforderungen an Antrieb und Steuerung sowie Nebenverbraucher:
- Minimierung des spezifischen Verbrauches.

Anforderung an die Konstruktion des Fahrzeuges:
- Service- und überwachungsfreundlicher Batterieeinbau,
- thermische Isolierung,
- Einbau, der gleichmäßige Zelltemperaturen ermöglicht.

Anforderungen an die Lade- und Überwachungstechnik:
- Schonende und zweckmäßige Ladeverfahren,
- Steuerung der Ladung nach Erfassung der Vorgeschichte der Batterie (Elektronisches Tagebuch),
- Anzeige des Restenergieinhaltes,
- Leistungsbegrenzung,

– Tiefentladeschutz,
– Spannungs- und Temperaturüberwachung.

Anforderungen an den Betreiber:
– Beachtung der Bedienungshinweise.

Anforderungen an den Systemverantwortlichen:
– Sorge für ein eingespieltes Service- und Schnellreparatursystem,
– Lademöglichkeiten (E-Tankstellen).

Vergangene Demonstrations- und Versuchsvorhaben haben gezeigt, daß der Erfolg zur Erfüllung dieser Anforderungen eine optimale Zusammenarbeit aller Beteiligten zur Voraussetzung hat.
Der Vollständigkeit halber seien noch einige kurze Bemerkungen zu den Forderungen bezüglich der verwendeten Rohstoffe zur Herstellung von Batterien und zur Recyclingfrage angefügt: Von der Materialseite her gibt es keine Probleme: Blei, Nickel, Eisen, Natrium, Schwefel und andere für die Batterieherstellung benötigten Stoffe sind in ausreichender Menge vorhanden, auch für eine Serienfertigung von Elektrostraßenfahrzeugen und deren Speicher. Für eine Produktion von 100 000 Bleibatterien, Batterien beispielsweise des CitySTROMers, liegt der jährliche Bleibedarf bei ca. 29 400 t. Das sind weniger als 10 % des heutigen Bleiverbrauches in der Bundesrepublik Deutschland. Zusätzliche Kraftwerkskapazität zur Ladung der Batterien ist nicht erforderlich (s. Kapitel 2). Das Blei verbrauchter Batterien würde, wie seit Jahrzehnten üblich, umweltfreundlich im bewährten Recyclingverfahren wiedergewonnen. Auch im Falle der Nickel-Eisen-Batterien gibt es Recyclingverfahren. Im Prinzip gilt dies auch für die Natrium-Schwefel-Batterie.

4.4 Die Einsatzgebiete von Elektro-Straßenfahrzeugen und ihre typischen Anforderungen

Während die zuvor geschilderten Anforderungen mehr oder minder allgemein gelten, gibt es auch solche, die unterschiedlich sind, je nachdem, um welches Fahrzeug und welche Einsatzweise es sich handelt. Die Tabelle 4.5 gibt einen Überblick über die Hauptgruppen batterie-elektrisch angetriebener Fahrzeuge und ihren Operationsbereich. In erster Näherung ist die mögliche Reichweite oder – ihr gleichwertig – die Transportleistung in tkm die ausschlaggebende Anforderung, sodann die spezifische Strombelastung der Batterie, die einsatz- und fahrzeugbedingt ist, und zuletzt die Einsatzdauer pro Tag.
Bei den Flurförderzeugen dominiert der Einschichtbetrieb (8 h) mit dem gelegentlichen Bedarf an einer Verlängerung der Schicht je nach Anfall von Transportgut. Die Stapler sind insofern hier ein Sonderfall, weil das Batteriegewicht als Kontergewicht benötigt wird. Leistungsstarke moderne E-Stapler liegen im

Tabelle 4.5: Fahrzeuge mit Batterieantrieb

Fahrzeugart	Verkehrsbereich: geschl. Räume	Freigelände	Straße	Schiene	Wasser	Luft
Landfahrzeuge						
Flurförderzeuge	●	●	(●)			
- Gabelstapler	●	●	(●)			
- handgeführte Stapler	●	●				
- Schlepper	●	●	(●)			
- ATS	●	(●)				
Arbeitsgeräte	●	●	●			
- Kehrmaschinen	●	●	●			
Schienenfahrzeuge				●		
Lokomotiven				●		
- Grubenlokomotiven				●		
Triebwagen				●		
Straßenfahrzeuge		●	●			
- Fahrräder, Mofas		●	●			
- Krankenfahrstühle	●	●	●			
- Kleinfahrzeuge, Golfcarts	●	●	●			
- PKW		●	●			
- Transporter		●	●			
- Lastwagen		●	●			
- Omnibusse		(●)	●			
Wasserfahrzeuge					●	
Luftfahrzeuge						●

unteren Bereich des spezifischen Energiebedarfes von 60 – 110 Wh/tkm und sind mit einer ausreichend großen Batterie bestückt, die mühelos den Schichteinsatz ermöglicht. Bei verlängerter Schicht nutzt man Pausen zur Zwischenladung, bei 2- und 3-Schichtbetrieb werden Wechselbatterien eingesetzt. Der mittlere Entladestrom liegt bei 1 – 2 x I_5 (A), der Spitzenstrom bei 5 – 6 x I_5 (A). 1 500 – 1 600 Entladungen oder eine Gebrauchsdauer von 5 – 6 Jahren bei normaler Beanspruchung sind Standard, die Wirtschaftlichkeit steht außer Zweifel.

Bei Lokomotiven und Triebwagen ist ebenfalls das Batteriegewicht von sekundärer Bedeutung, ja eher erwünscht, da zur Übermittlung der Zugkraft bestimmte Radlasten erforderlich sind. Die Einsatzzeiten liegen zwischen 8 und 16 h/Tag und sind durch Fahrpläne festgelegt, die eine Erweiterung des Fahrbereiches durch Zwischenladungen ermöglichen. Ein Batteriewechsel findet nicht statt. Die optimalen Lebensdauerergebnisse bei Antriebsbatterien wurden bei Triebwagen erzielt. Sie fahren wirtschaftlich und sind dennoch zum Aussterben verurteilt, weil der periphäre Nahverkehr sich von der Schiene wegbewegt hat zum Omnibus bzw. häufig befahrene Strecken mit Oberleitung versehen wur-

den, die Batterietriebwagen — auch Hybrid-Triebwagen — erübrigen. Eine Sonderanwendung ist noch zu nennen: die elektrische Grubenlokomotive. Es würde zu weit gehen, die Einsatz- und Betriebsbedingungen hier näher auszuführen. Sie sind jedenfalls fester Bestandteil im Transportsystem unter Tage.
Nun zu den elektrischen Straßenfahrzeugen: die Wünsche reichen hier von Einsatzzeiten weniger Stunden bis zu etwa 16 h mit und ohne Einsatzpausen.
Bei den Zweirädern gab und gibt es Lösungen, die allerdings meistens verglichen mit Verbrennungsmotor-Antrieb zu teuer waren; außerdem waren die eingesetzten Batterien nicht wartungsfrei. Die nunmehr verfügbaren wartungsfreien Blei-Antriebsbatterien können möglicherweise neue Impulse bringen, analog zum Elektro-Fahrrad, angetrieben aus gasdichten Nickel-Cadmium-Batterien. Reichweite und Lebensdauer stellen keine extremen Anforderungen dar.
Für die eigentlichen Elektro-Straßenfahrzeuge, den Pkws, den Transportern und Bussen, gilt grundsätzlich die Forderung nach uneingeschränkter Reichweite, kurzer Tankbefüllungszeit und gleichen Fahreigenschaften wie bei den Fahrzeugen mit Verbrennungsmotor. Nur die Forderung nach gleichen Fahreigenschaften kann heute erfüllt werden. Dies ist wohl allen, die sich mit der Materie Elektro-Auto befaßt haben, hinreichend bekannt. Der Versuchung, dennoch mit batterie-elektrischen Fahrzeugen hier in Konkurrenz zu treten, konnten manche nicht widerstehen, so daß Hoffnungen und Erwartungen geweckt wurden, die nicht erfüllbar sind. Es hat sich gezeigt, daß die positiven Einsatzergebnisse aus den Anwendungsbereichen Flurförderzeuge und Triebwagen nicht einfach auf Elektrostraßenfahrzeuge übertragbar sind. Dafür gibt es die folgenden wesentlichen Gründe:

1. Die spezifische Beanspruchung der Batterien ist im Mittel etwa doppelt so hoch wie beim Flurförderzeug oder Triebwagen:
   $I_{mittel} = 2{,}5 \times I_5$ (A).
2. Die Leistungsabgabe wegen der erforderlichen Beschleunigung ist gleichfalls — etwa um das 1,5fache — höher:
   $I_{max} = 7 - 10\, I_5$ (A).
3. Der Einfluß der Außentemperatur.
4. Der Einfluß der individuellen Beanspruchung.

So ist es erklärlich, daß beim Fahrplanbetrieb mit Bussen nach Einführung der Zwischenlade-Technik (s. Kapitel 1) die besten Lebensdauer-Ergebnisse erzielt wurden, vergleichbar mit denen von Staplern und Triebwagen, was den Energiedurchsatz betrifft. Erkauft wurde dies allerdings durch zusätzliche Techniken (Peripherie, Nachbehandlung der Speicher, Lade- und Überwachungstechnik), die ihren Preis haben.
Vergleichbare Lebensdauerergebnisse an Pkw und Transportern sind nur erzielbar bei Umsetzung der Betriebserfahrungen in Form von System- und Konstruktionsverbesserungen in die Praxis.

4.5 Der Anpassungsprozeß in der Entwicklungsarbeit an die Anforderungen

Bei den unzähligen Anwendungsgebieten von Batterien konnte immer wieder festgestellt werden, daß sich Anpassungsprozesse dahingehend vollzogen, daß die neuen Anforderungen, die an Batterien und Batteriesysteme gestellt sind, auch erfüllt wurden. Beim Auto gibt es praktisch kein Wartungsproblem mehr für die Starterbatterien. Die vielfältigen elektronisch betriebenen Geräte werden durch eine Vielzahl angepaßter „Batterie-Spezialisten" bedient, von der wiederaufladbaren Nickel-Cadmium-Batterie bis zur langlebigen Lithium-Primärzelle. Für die Notstromversorgung stehen Batterien höchster Zuverlässigkeit zur Verfügung. Nicht so leicht stellt sich der Anpassungsprozeß bei den Batterien für den Antrieb von elektrisch angetriebenen Straßenfahrzeugen dar, obwohl in aller Welt bezüglich dieser Anwendung von einem Zukunftsmarkt gesprochen wird.
Für alle, die sich mit der Entwicklung von Elektrostraßenfahrzeugen beschäftigen, war von Anfang an die Batterie das Sorgenkind Nr. 1. Es gab sehr negative Erfahrungen, auch beim Einsatz von Bleiakkumulatoren. Die Störungsstatistiken weisen aus, daß zwar viele Störungen auf Schwachstellen der Energiespeicher zurückzuführen waren, jedoch muß man dabei stets bedenken, daß alle Fehler des gesamten Fahrzeugsystems, der Lade- und der Einsatzweise sich nachteilig auf die Leistungsfähigkeit und Lebensdauer des Energiespeichers auswirken. Viel Lehrgeld wurde von allen Beteiligten gezahlt. Heute weiß man, daß eine gute thermische Isolation der Batterien mit optimaler Temperierung, Elektrolytumwälzung, verbesserten Separatoren, die Erhaltung der Spreizmittelwirkung in der negativen aktiven Masse und eine angepaßte Ladetechnik, die unnötige Überladung vermeidet, unabdingbar sind, um die erforderliche Lebensdauer und dauernde Leistungsfähigkeit zu erreichen. Die erforderliche Anpassung an die Forderungen ist weitestgehend erfolgt (s. Kapitel 5). Die Entwicklung und die Versuchsergebnisse mit den fortschrittlichen Bleiakkumulatoren gestatten heute, aufgrund der vorliegenden Erfahrungen, Elektrostraßenfahrzeuge als Pkw, als Transporter oder als Elektrobus zu technisch zufriedenstellenden Bedingungen zu betreiben, allerdings nur im Bereich eingeschränkter Reichweiten. Neuerdings gibt es die Bleibatterie für verschiedene Anwendungsgebiete in wartungsfreier, verschlossener Ausführung, z. B. für ortsfeste Anwendungen mit größeren Zellkapazitäten. Die Anwendung für Antriebszwecke wird erprobt, denn der Wegfall jeglicher Wartung (kein Wassernachfüllen) und eine Peripherie, die der Wartungserleichterung dient (Rekombinatoren, Wassernachfüllsysteme), bieten neue Aussichten. Wie sich der Vorteil der absoluten Wartungsfreiheit in den Kosten darstellen wird, wird das Marktgeschehen zeigen, zumal die Frage einer wirtschaftlichen Lebensdauer noch offen ist.
Über das Erreichte im einzelnen, sowohl bei der Bleibatterie als auch bei Batteriesystemen, die eine Vergrößerung der Reichweite im Vergleich zum Bleiakkumulator ermöglichen sollen, wird in den nachfolgenden Kapiteln berichtet.

So verbleibt nur noch die Aufgabe einer Zusammenfassung, die die Entwicklungsgrenzen für die Batterien, die Anforderungen an Batterien, die Anpassungsprozesse der Entwicklung und des Erreichten mit Blick auf die Erwartungen, einerlei ob sie erfüllbar oder nicht erfüllbar sind, aufzeigen soll.

4.6 Erwartungen und ihre Erfüllbarkeit

Zu schwer, zu teuer, nicht zuverlässig sind Schlagworte, die immer wieder zu hören sind, wenn es um die Batterien für elektrisch angetriebene Straßenfahrzeuge geht. Wann kommt endlich die „Wunderbatterie", welche die erwünschte Reichweite – natürlich vergleichbar zum herkömmlichen Auto mit Verbrennungsmotor – bringt? Presse, Rundfunk und Fernsehen berichten immer wieder über Fahrzeugprojekte und Prototypen sowie über aussichtsreiche Forschungsvorhaben an neuartigen Batterien höherer Energie- und Leistungsdichten. Und immer wieder heißt es: Warten. Es wird überhört und übersehen, daß alle, die sich ernsthaft um die Zukunft des elektrisch angetriebenen Fahrzeugs bemühen, niemals den Anspruch erhoben haben, eine allgemeine Substitution der herkömmlichen Straßenfahrzeuge erreichen zu wollen.
Was sind die Fakten, woran liegt es, daß das Elektroauto bisher nirgendwo auf der Welt einen merklichen Anwendungsbereich erobern konnte? Weltweit gibt es nur einige hundert Busse, Transporter und Pkw mit Elektroantrieben neuerer Konzeption, die dazu dienen, Praxiserfahrungen zu gewinnen. Wenn man von diesen einmal absieht, so ist festzustellen, daß – mit Ausnahme vielleicht von England, wo es einen traditionellen Markt für Elektrotransporter gibt – kein Serienfahrzeug existent ist. Damit ist eine erste Voraussetzung für einen wirtschaftlichen Einsatz von Elektroautos nicht gegeben. Einzelfertigung und geringe Stückzahlen bedingen einen extrem hohen Preis solcher Fahrzeuge im Vergleich zu den in Großserien hergestellten Autos herkömmlicher Bauart. Das gleiche gilt natürlich für die Batterien, hierzu sind Hochrechnungen erfolgt unter Berücksichtigung bekannter Gesetzmäßigkeiten, die zu einer Preisreduzierung in Folge erhöhter Stückzahlen in Großserie führen.

Welche Erwartungen haben potentielle Anwender?

Erwartung 1: Wirtschaftlichkeit
Nur erfüllbar durch Serienproduktion bei allen Batterie-Systemen.

Erwartung 2: Reichweite
Nur bedingt erfüllbar, Vergleichbares zu Verbrennungskraft-Fahrzeugen ist nicht erreichbar.
- Die Bleibatterie als derzeitig allein verfügbares System ermöglicht Reichweiten von 60 – 100 km/Tag, beim Batteriebusbetrieb mit Zwischenladungen

bis zu 160 km/Tag. Eine weitere Erhöhung der Reichweite ist nicht wirtschaftlich.

- Die Nickel-Eisen-Batterie sowie auch die Nickel-Cadmium-Batterie erlauben etwa eine 2fach höhere Reichweite im Vergleich zur Bleibatterie. Die Praxiserprobung hierzu ist noch nicht abgeschlossen.
- Die Natrium-Schwefelbatterie sowie auch die Natrium-Nickelchlorid-Batterie versprechen Reichweiten von etwa 250 km/Tag. Die Praxiserprobung findet derzeit statt.
- Anderen Systemen wie den Brom-Zink-, Chlor-Zink-Batterien und Nickel-Hydrid-Batterien und Brennstoffzellen-Batterien fehlt der Nachweis der Betriebstauglichkeit im Praxiseinsatz.

Die Grenze des Optimal-Erreichbaren für die Reichweite mit einer Batterieladung dürfte nach heutigem Erkenntnisstand für „konvertierte" Fahrzeuge bei etwa 250 km/Tag liegen. Ein Leicht-Elektromobil erreichte mit einer ABB-Batterie die Rekordweite von 547 km.

Erwartung 3: Zuverlässigkeit

- Diese ist durch Qualitätsüberwachung, durch optimale Lade- und Überwachungstechniken sowie Servicesysteme erreichbar.

Ein etwas detaillierte s Bild über erfüllte und nicht erfüllbare Erwartungen gibt die Darstellung in Tabelle 4.6, die für sich selbst spricht.

Tabelle 2.6: Erwartungen an Batterien für elektrische Straßenfahrzeuge und deren Erfüllbarkeit

Problemkreise	Erfüllbarkeit			
	gegeben	möglich	bedingt	unmöglich
Reichweite			●	●
Beschleunigung	●	●		
Batterie-Design	●	●		
Rohstoffverfügbarkeit	●			
Wartungsfreiheit	●	●		
Überwachung automatisch	●	●		
Zuverlässigkeit	●	●		
Umweltfreundlichkeit	●			
Wirtschaftlichkeit			●	●

4.7 Stoffrückgewinnung aus verbrauchten Antriebsbatterien

Blei-Antriebsbatterien werden schon seit Jahrzehnten erfolgreich der Verwertung zugeführt. Der Metallhandel und die Batteriehersteller nehmen die verbrauchten Batterien zurück. Den Grad der Verwertung zeigt Bild 4.2. Für die Nickel-Cadmium-Batterien existieren ebenfalls bewährte Verwertungsverfahren, eine Entsorgungsproblematik ist für diese Batterien nicht gegeben. (19) (20) (21)
Die Hersteller und Entwickler neuartiger Batterien haben für ihre Batterien Verwertungskonzepte erstellt, die überzeugend darlegen, daß bis auf einen geringen Rest von wenigen Prozenten alle eingesetzten Materialien verwertet werden können. Dies gilt für die Natrium-Schwefel-Batterien, die Natrium-Nickelchlorid-Batterien und die Nickel-Hydrid-Batterien.

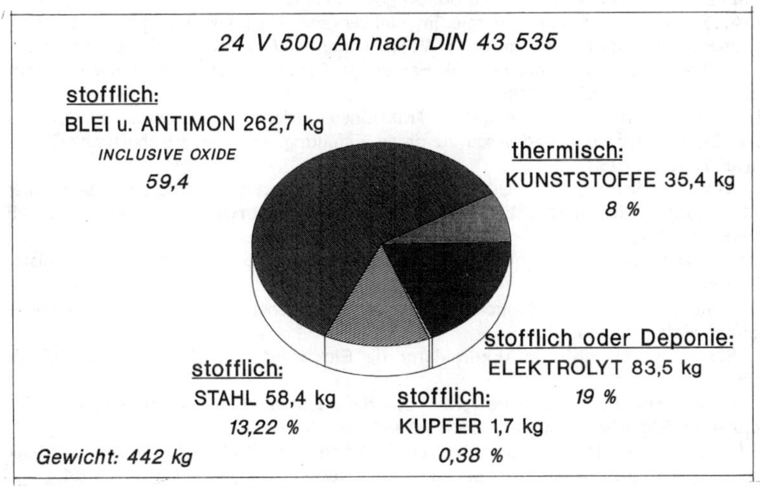

Bild 4.2: Verwertung einer Blei-Antriebsbatterie

4.8 Schlußbetrachtung

Trotz erheblicher Anstrengungen der Beteiligten und interessierter Kreise ist man noch weit von einer Marktakzeptanz von Elektrostraßenfahrzeugen entfernt. Das Erreichte ist nicht hinreichend – ob es das jemals sein wird, wird die Zukunft zeigen. Die Meßlatte der Erwartungen an die Möglichkeiten der Entwicklungen von Batterien wurde mit Sicherheit von vielen zu hoch gelegt. Es gilt deshalb derzeit das Augenmerk auf die wenigen Sonderanwendungen zu richten, wo der batterie-elektrische Antrieb seine Aufgaben voll den Erwartungen entsprechend erfüllt. Die erzielten Fortschritte in der Batterieentwicklung sind auch zum Nutzen anderer Anwendungsbereiche erfolgt.

Wer die Fortschritte, besonders der Batterie-Entwicklung, im einzelnen miterlebt und miterarbeitet hat, der kann mit Fug und Recht behaupten, daß die von den beteiligten deutschen Firmen an der Elektro-Straßenfahrzeug-Entwicklung erbrachten Ergebnisse eine Spitzenleistung im weltweiten Vergleich darstellen. Der Aufwand dafür betrug einige 100 Mill. DM, verteilt über die letzten 20 Jahre, allein in der Bundesrepublik Deutschland, wobei der Förderanteil des Bundes für die Entwicklungs- und Demonstrations-Programme nicht vergessen werden darf.

Literatur zu Kapitel 4

1) R. Thomes und E. Zander: Vorschläge für die weitere Entwicklung von Speichersystemen für Elektrofahrzeuge. etz – a Bd. 98 (1977) H. 1.
2) H.-A. Kiehne: Elektrische Energie im Nahverkehr. Vortragsveranstaltung der Forschungsgesellschaft Energie an der RWTH Aachen e. V. – 14./15.10.82 – Stand der Entwicklung bei Elektrospeichern für Fahrzeuge. Schwerpunktheft Energiewirtschaftliche Tagesfragen Heft 12/1982.
3) R. von Courbière: Anforderungen an Traktionsbatterien für betriebstaugliche elektrische Straßenfahrzeuge und Wege zu deren Erfüllung. Energiewirtschaftliche Tagesfragen Heft 12/1983.
4) A. Winsel, J. Schulz, K.-F. Gütlich u. a.: Bleibatterie mit verbesserter Lebensdauer und erhöhter Wirtschaftlichkeit für den Betrieb. Forschungsbericht BMFT T83-225 (VARTA) 1983.
5) Forschung Stadtverkehr, Sonderheft 32, 1983, herausgegeben vom Bundesminister für Verkehr.
6) D. Berndt: Grenzen und Möglichkeiten elektrochemischer Stromspeicher. Elektrische Bahnen Heft 11/1984.
7) W. Schleuter: Nickel-Eisen-Akkumulator für Elektro-Straßenfahrzeuge. etz Heft 5/1984.
8) W. Fischer: Hochtemperatur-Batterien, Stand der Entwicklung und Anwendungsmöglichkeiten. Elektrische Bahnen Heft 11/1984.
9) E. Dietrich: Batterieelektrischer Antrieb – absichernde Option für die Zukunft (Der erreichte technische Fortschritt bei Antriebsbatterien). Nahverkehrspraxis 1/84.
10) Tagungsband EVS 7. 7. Internationales Symposium für Elektrische Straßenfahrzeuge 26. – 29. Juni 1984 in Versailles.
11) Elektrofahrzeuge International – Die Entwicklung schreitet voran. Tagungsberichte: 5. Jahrestagung des DGES in Berlin 1984 und EVS 7 1984 in Versailles. Automobilwirtschaft/Autohaus 17/84.
12) BMFT – Demonstrations- und Forschungsvorhaben Alternative Energien für den Straßenverkehr Projektbereich Elektrotraktion (Forschungsbericht) 1985.
13) 2. Fortschreibung des Berichtes über die Förderung des Einsatzes von Elektrofahrzeugen. Drucksache 10/5823 vom 4.7.86. Deutscher Bundestag.
14) H.-A. Kiehne: Aussichten für den Energiespeicher von Elektrostraßenfahrzeugen. Metall 3979, H. 3 (3.85).
15) H.-A. Kiehne: Batterien in elektrisch angetriebenen Straßenfahrzeugen. etz Bd. 106 (1985) H. 11, S. 540-541.
16) B. Willer: Pilotzelle zur Steuerung von Batterien in Fahrzeugen mit Elektro- oder Elektro-Hybridantrieb. FAT Schriftenreihe Nr. 56 (1986).
17) Bericht über die 7. DGES Jahrestagung 25.4.86 in Berlin (Vortragsmanuskripte). DGES-Info-Dienst 2/86.

18) Das Elektroauto bekommt jetzt seine Chance – VARTA spezial report 5/1991 – Ergebnisbericht eines Symposiums der VARTA Batterie AG „Umweltfreundlicher Straßenverkehr mit dem Elektro-Auto".
19) Stoffrückgewinnung aus verbrauchten Akkumulatoren – VARTA spezial report 4/1992 – H. A. Kiehne.
20) Batterieentsorgung und Recycling, Tagungsband 7. Internat. Technisches Symposium Batterien 1991 in München – H. A. Kiehne.
21) Die Batterie und die Umwelt, F. Hiller und 5 Mitautoren, expert verlag 1990 (ISBN 3-8169-0594-3), 2. Auflage.

5. Verschlossene Bleibatterien für Elektrofahrzeuge

Michael Kalker und Eberhard Zander

5.1 Batterie-Elektrofahrzeuge und Solarfahrzeuge

Elektrofahrzeuge gewinnen im gleichen Maße an Attraktivität, in dem die Belastung der Atemluft durch den Individualverkehr in den Ballungszentren bewußt wird; denn sie stellen für zahlreiche Anwendungsfälle eine im Einsatzbereich abgasfreie Alternative zu Fahrzeugen mit Verbrennungsmotor dar.
Emissionsfreie Fahrzeuge lassen sich nach heutigem Kenntnisstand in naher Zukunft nur als Elektrofahrzeuge realisieren. Als Ideallösung wird manchmal das vollkommen abgasfreie, direkt von Sonnenenergie angetriebene Individualfahrzeug angesehen. Leider muß dies als nicht alltagstauglich eingestuft werden. Bei optimaler Sonneneinstrahlung, etwa im Monat Juni, sind einem Quadratmeter Solarfläche ca. 100 Watt elektrische Leistung zu entnehmen. Als Größenordnung für die Dimensionierung eines Fahrzeugantriebes ist im Vergleich dazu eine Leistung von etwa 1000 Watt pro 100 kg Fahrzeuggesamtmasse zu nennen. Bereits zum Fahrbetrieb bei intensiver Sonneneinstrahlung wären großflächige Solaranlagen an Bord zu installieren, was zu extremen Bauformen führt, wie sie von Solarfahrzeugwettbewerben bekannt sind. Bei praxisnahem Einsatz, also der Fahrt auf normalen Straßen gemeinsam mit Autos üblicher Abmessungen auch bei bewölktem Himmel, muß zur Deckung des Fahrleistungsbedarfes ein *Energiespeicher an Bord* vorhanden sein. Da zudem selbst für bescheidene Tagesfahrstrecken mehr Fahrenergie benötigt wird als von den mitgeführten Solarzellen im Laufe des Tages erzeugt werden kann, ist ein Bezug elektrischer Energie aus dem Versorgungsnetz unumgänglich und zudem wirtschaftlicher zu realisieren. Auf die mitgeführten Solarzellen kann deshalb verzichtet werden (1).
Der Energiespeicher an Bord stellt eine Komponente des Transportvorganges der Energie vom elektrischen Versorgungsnetz zum elektrischen Antrieb eines spurfreien Elektrofahrzeuges für individuelle Verkehrsaufgaben dar. Der Energiespeicher muß hinsichtlich der technischen und wirtschaftlichen Eigenschaften sowohl den Anforderungen der Fahrzeuganwendung und denen des Fahrzeugantriebes entsprechen, als auch die Regeln einer wirtschaftlichen Energieversorgung berücksichtigen. Ein für zahlreiche Anwendungsfälle einsetzbarer Energiespeicher, der diesen Anforderungen im nachfolgend beschriebenen Umfang gerecht wird, ist die verschlossene wartungsfreie Bleibatterie.

5.2 Betriebsergebnisse von Elektrostraßenfahrzeugen mit verschlossenen Bleibatterien

5.2.1 Übersicht

In den letzten 20 Jahren wurden in der Bundesrepublik fast 400 unterschiedlich ausgeführte Elektrostraßenfahrzeuge, unter maßgeblicher Beteiligung unseres Hauses fast ausschließlich mit offenen Bleibatterien ausgerüstet, über eine Fahrstrecke von insgesamt mehr als 20 Mio. Kilometer erprobt. Mehr als 2,5 Mio. Kilometer davon wurden bisher mit ca. 60 CitySTROMern bei Anwendern an verschiedenen Orten in Deutschland zurückgelegt.
Im Jahre 1986 wurde eine der ersten verschlossenen Bleibatterien, Typ dryfit traction des Herstellers Sonnenschein, in einem CitySTROMer installiert.
Die Vorbehalte gegenüber diesem Batteriesystem waren zunächst hoch. Bei gleichen Abmessungen wie offene, als dreizelliges Modul ausgeführte Bleibatterien ist die Kapazität um 8 % geringer. Hinzu kommt, daß in diesen Zellen positive Gitterplatten verwendet werden. Frühere Versuche mit Gitterplattenzellen in offenen Batterien hatten eine äußerst geringe Lebensdauer zum Ergebnis.
Demgegenüber stehen aber deutliche Vorteile beim Bau und der Betreuung dieser Batterieart: Die Batterie ist wartungsfrei, nicht nur das lästige Wassernachfüllen entfällt für den Betreiber des Fahrzeuges. Auch Hilfssysteme, wie die zentrale Wassernachfüllung und die Entgasung, sind überflüssig, der Aufwand für die Batterieraumbelüftung kann reduziert werden, die Batterieoberfläche bleibt sauber und wird nicht von Schwefelsäure benetzt.
Die ersten vielversprechenden Ergebnisse und die Tatsache, daß zu dieser Zeit keine andere Traktionsbatterie mit vergleichbaren Eigenschaften verfügbar war, führten zu einem vermehrten Einsatz der wartungsfreien Module, hauptsächlich als Ersatz für die bis dahin im CitySTROMer verwendeten Batterien. Wie Bild 5.1 zeigt, sind 60 der 78 CitySTROMer der ersten Generation heute mit wartungsfreien Batterien ausgestattet. Einige Fahrzeuge sind außer Betrieb bzw. nicht mehr von RWE Energie AG betreut, die anderen sind mit anderen Batterietypen bestückt.
Zusätzlich wurden 50 Elektrokleintransporter mit wartungsfreien Bleibatterien ausgerüstet. Umfangreiche und aktuelle Ergebnisse, insbesondere über das für die betriebswirtschaftliche Beurteilung wichtige Lebensdauerverhalten unter Betriebsbedingungen, liegen aus dem Betrieb der CitySTROMer vor.

5.2.2 Fahrzeug- und Batterieausführung

Der CitySTROMer (Bild 5.2) benutzt als Fahrzeugbasis den VW-Golf. Damit wurden die Vorteile der kostengünstigen Herstellung, der Fertigungsqualität, der Bedienungs- und Verkehrssicherheit und die eines vorhandenen Fahrzeug-Service-Netzes für den CitySTROMer übernommen.

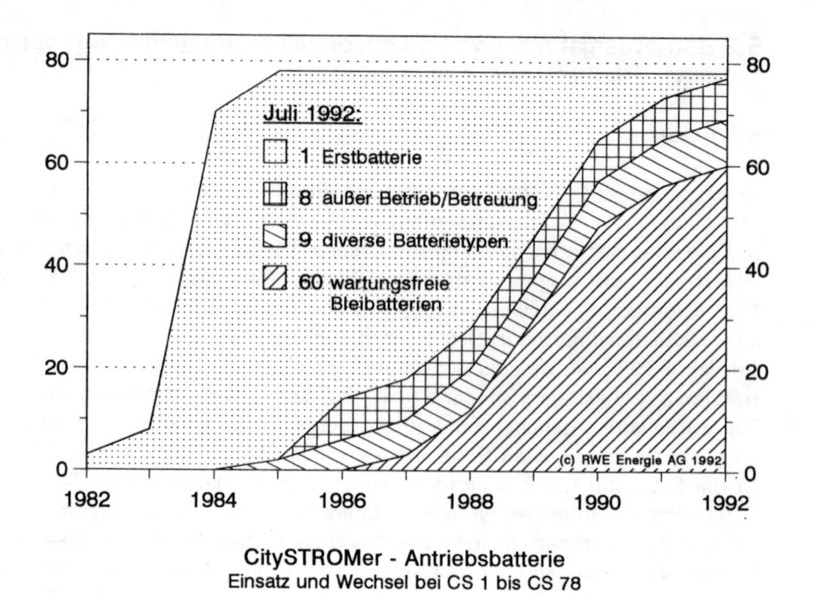

Bild 5.1: Batteriebestückung der CitySTROMer CS 1 bis CS 78

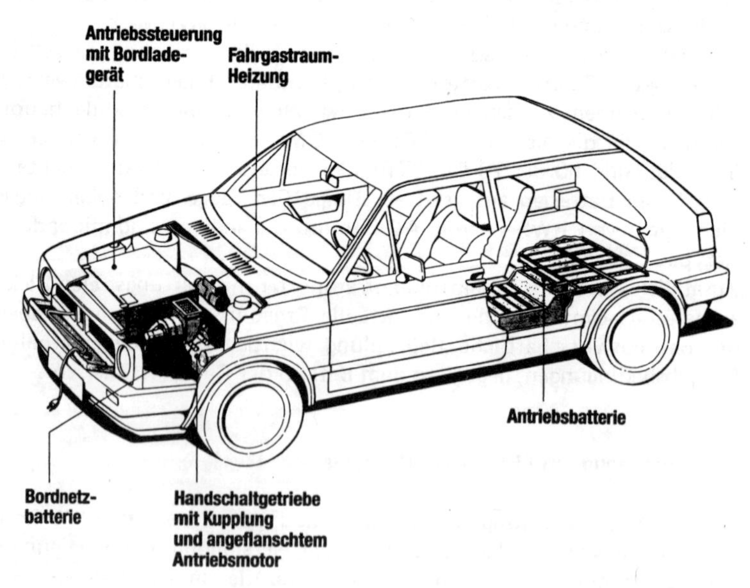

Bild 5.2: CitySTROMer Elektrokomponenten

Der elektrische Fahrmotor als fremderregter Gleichstrommotor wurde anstelle des Verbrennungsmotors an das serienmäßige Vierganggetriebe einschließlich Kupplung angeflanscht. Die vollelektronische Antriebssteuerung ist zusammen mit dem statischen Ladewandler als Lichtmaschinenersatz und dem Bordladegerät für die Antriebsbatterie in einem kompakten Komponententräger oberhalb des Fahrzeugmotors angeordnet. Die Antriebsbatterie konnte durch die Verwendung eines kompakten Troges und einer höher belastbaren Hinterachse im hinteren Bereich des Fahrzeuges eingepaßt werden. Die Versorgung des CitySTROMers mit elektrischer Energie aus dem öffentlichen Netz erfolgt durch ein im Komponententräger integriertes Bordladegerät. Die gewählte Nennanschlußleistung von 2,3 kVA gestattet die Nachladung der Antriebsbatterie an jeder mit 16 A abgesicherten Haushaltssteckdose.
Mit einer nachgewiesenen Verfügbarkeit von weniger als 1 Störungsereignis pro 10.000 Kilometer Fahrstrecke hat der CitySTROMer gute Voraussetzungen für die selektive Prüfung einer Komponente wie *der wartungsfreien* Bleibatterie. Das Betriebsgeschehen wird nicht durch das anfängliche Fehlverhalten von anderen neu entwickelten Antriebs- und Ladeeinrichtungen störend beeinflußt, der Betriebsfluß ist gewahrt und bewährte Einrichtungen zur Einstellung des Betriebsbereiches für die Batterie können verwendet werden. Eine der wichtigsten Voraussetzungen ist ein funktionssicheres Temperaturausgleichssystem für die vielzellige elektrochemische Batterie.
Unter anwendungstechnischer Betreuung der RWE Energie erprobte Fahrzeugbatterien (Bild 5.3) sind mit wasserdurchflossenen Wärmetauschern an den Modulaußenseiten ausgerüstet. Über den Flüssigkeitskreislauf wird die Batterietemperatur in angemessener Zeit ausgeglichen. Die Wärmeabstrahlung des an der Fahrzeugunterseite angeordneten Batterietroges und die belüftete Oberfläche der Batterie werden zum Kühlen im Sommerbetrieb genutzt, eine kleine netzbetriebene Heizpatrone kann der Batterie im Winterbetrieb über den Wasserkreislauf Wärme zuführen. So gelingt es, die klimatisierte Fahrzeugbatterie thermisch ausgeglichen in einem Arbeitstemperaturband von mindestens 15°C bis maximal 50°C zu halten.

5.2.3 Lebensdauerergebnisse

Bisher wurden 110 Elektrofahrzeuge mit wartungsfreien Bleibatterien ausgerüstet (Bild 5.4). Die Untersuchung vom Juli 1992 beruht auf 848 Betriebsmeldungen der Fahrzeugbenutzer und 206 Kapazitätsüberprüfungen von 95 Elektrofahrzeugbatterien mit nennenswerter Fahrleistung. Die Betriebsdaten werden vom Fahrzeugbetreiber alle 3 Monate per Postkarte übermittelt. Die jährliche Kapazitätsüberprüfung wird durch Messung aller Modulspannungen während einer Testentladung durchgeführt, dabei werden spezielle, von uns entwikkelte Meßgeräte und -verfahren eingesetzt.

Bild 5.3: Wartungsfreie CitySTROMer-Batterie

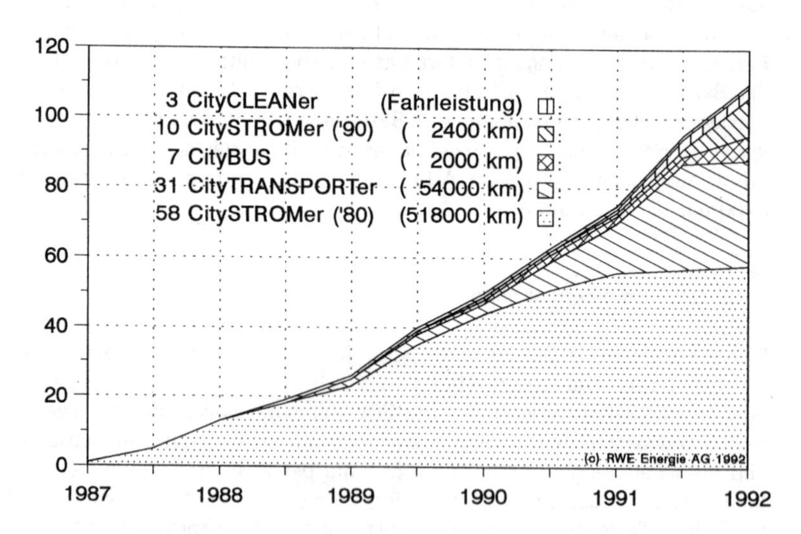

Bild 5.4: Anzahl der Elektrofahrzeuge mit wartungsfreier Bleibatterie unter Betreuung der RWE Energie AG

Die Bilder 5.5 bis 5.7 zeigen Kapazitätszustand, Fahrleistung und kumulierte Entladung über den Betriebsjahren der Fahrzeugbatterien zum Stand Juli 1992. Jeder Stern markiert eine Fahrbatterie. Für die einzelnen Jahresgruppen ist jeweils ein Mittelwert und die Anzahl der Fahrzeuge angegeben.
Das erwartete Ergebnis ist eine Lebensdauer von 4 Jahren bei einem Kapazitätszustand über 80 % der Nennkapazität. Es wird eine Fahrstrecke von 30.000 Kilometern bei einer summierten Entladung von 75.000 Ah angestrebt, das entspricht ca. 600 Vollentladezyklen bzw. 800 DIN-Zyklen.
Die älteste Batterie, geliefert im November 1986, hat dieses Ziel bereits deutlich übertroffen. Im November 1992, nach fast auf den Tag 6 Jahren Betrieb, hat die Batterie mit 115.890 Ah ihre verfügbare Kapazität 920fach durchgesetzt und legte dabei 43.370 Fahrkilometer zurück. Die Gesamtentladung entspricht ca. 1.200 DIN-Zyklen.
Die Zahl der eingesetzten wartungsfreien Traktionsbatterien ist im Laufe der Jahre stetig gestiegen. In Bild 5.8 ist die zeitliche Entwicklung des betrieblich verwendeten Modulbestandes aufgetragen. Der Hauptteil der Module ist in Batterien mit dem oben beschriebenen Temperaturausgleichssystem eingesetzt. Zu Vergleichszwecken werden aber auch wenige Fahrzeuge mit Batterien ohne Temperaturausgleich betrieben.
Die Situation im Juli 1992 zeigt Bild 5.9. Rund 95 % der Module sind in Batterien mit Temperaturausgleichssystem eingebaut oder für den Einbau vorbereitet. Etwa 2,5 % der Module entfallen auf Batterien ohne Temperaturausgleich. Die verbleibenden 2,5 % der Module mußten innerhalb von 5,5 Betriebsjahren ausgewechselt werden.
Die meisten Fehler traten an Batterien ohne Temperaturausgleich auf. Zwei von vier Batterien mußten vollständig ausgetauscht werden, da über 50 % der Module die Mindestkapazität unterschritten hatten. Bei den Batterien mit Temperaturausgleich wurde dagegen nur 1 von 140 Modulen gewechselt, also ein Modul auf neun Fahrzeuge.
Die Bilder 5.10 bis 5.12 zeigen die Anzahl der Ausfälle über Betriebszeit, Laufleistung und insgesamt durchgesetzte Ladungsmenge.
Es zeigt sich, daß Batterien ohne Temperaturausgleich durchaus eine ansprechende kalendarische Lebensdauer erreichen können. Die Fahrleistung und der Strommengen-Durchsatz sind aber weit geringer als bei den Batterien mit Temperaturausgleich und das Schadensmaß, d. h. die Anzahl der auszutauschenden Module, ist deutlich höher.
Als Ausfallursachen werden bei den Batterien ohne Temperaturausgleich langandauernde Temperaturstreuungen in der Batterie und lokale Übertemperaturen angesehen.
Zwei Fehler an Modulen in Batterien mit Temperaturausgleich können durch Fertigungsmängel und mechanische Schädigung des Modulgehäuses erklärt werden. Für die verbleibenden zehn Modulfehler gibt es keine eindeutige Erklärung. Gegenüber 1.700 installierten Modulen ist die Anzahl der Defekte jedoch erstaunlich gering, sie entspricht einem Anteil von nur 0,7 Prozent.

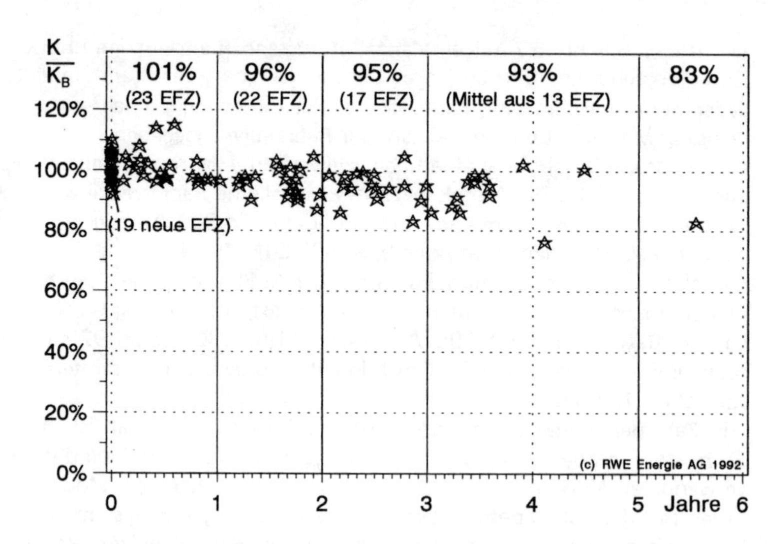

Bild 5.5: Kapazitätszustand

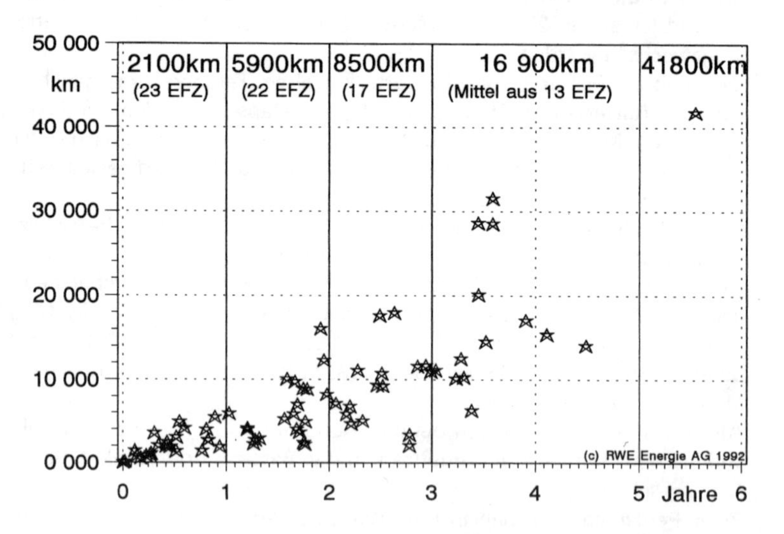

Bild 5.6: Fahrleistung

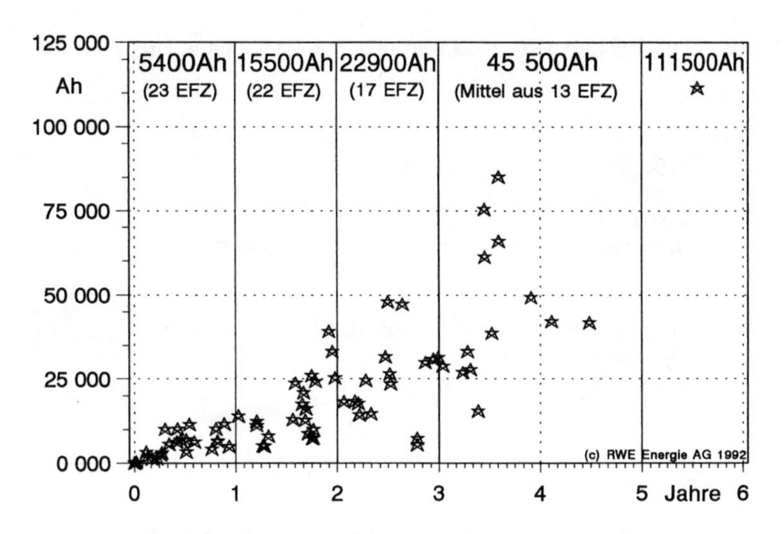

Bild 5.7: Durchgesetzte Ladungsmenge

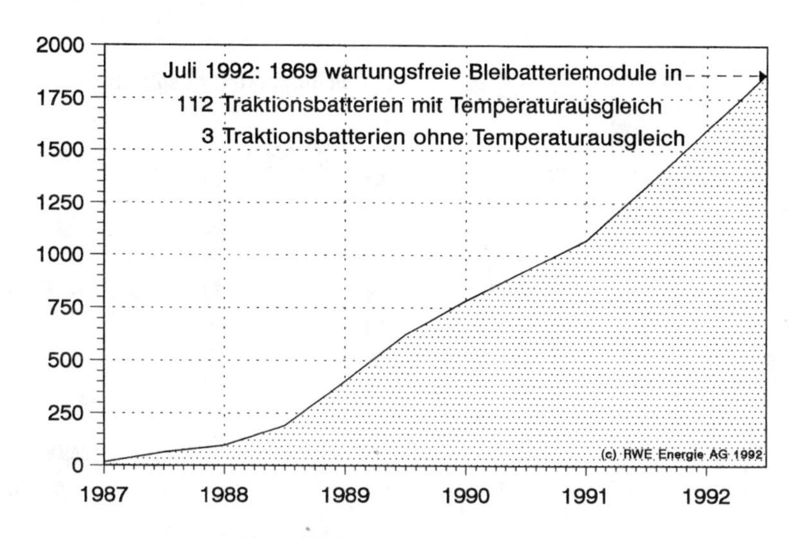

Bild 5.8: Anzahl der eingesetzten wartungsfreien Bleibatteriemodule

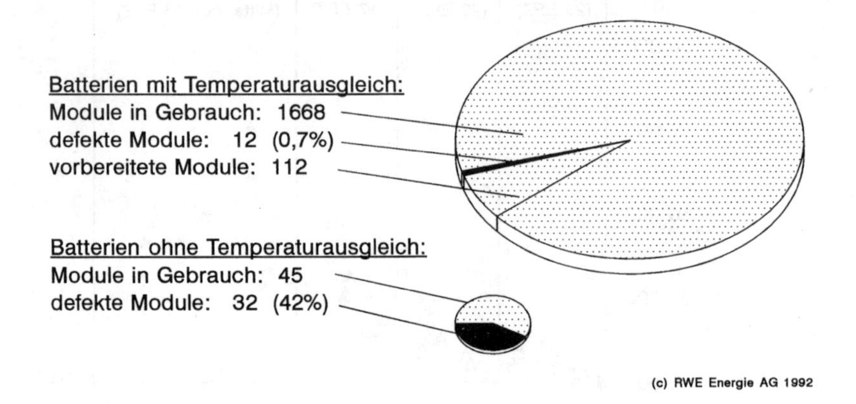

Bild 5.9: Wartungsfreie Bleibatteriemodule, Einsatz und Ausfall

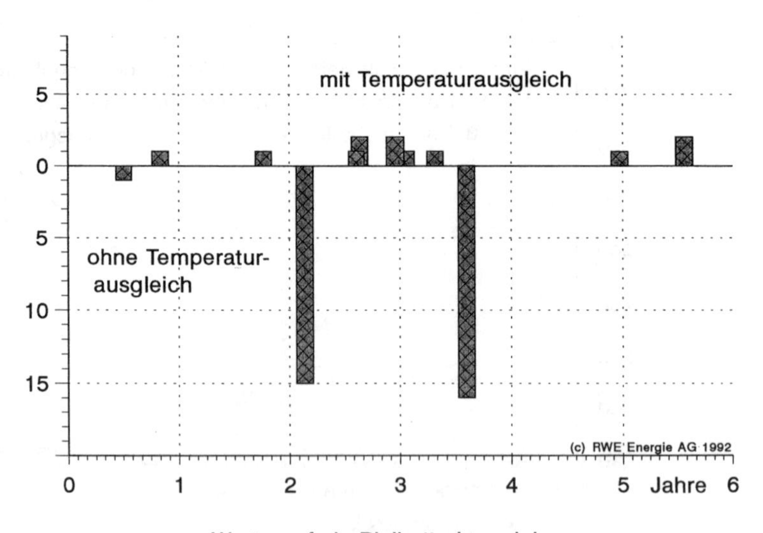

Bild 5.10: Anzahl der Modulausfälle in Abhängigkeit von der Betriebszeit

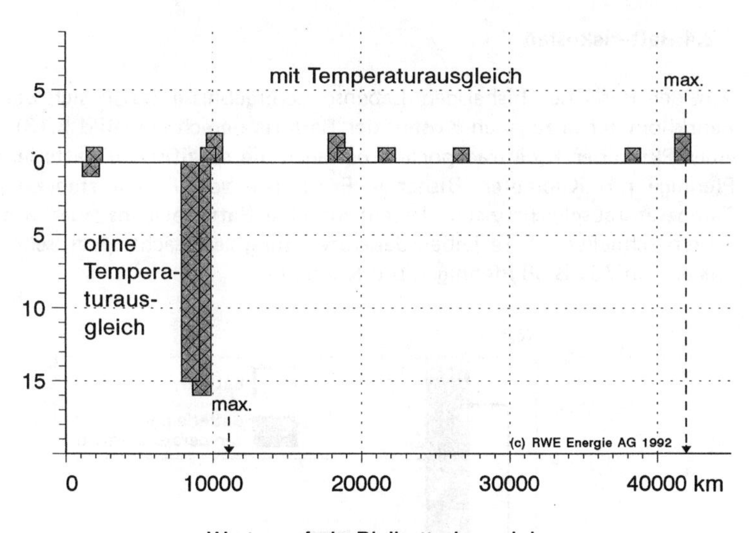

Bild 5.11: Anzahl der Modulausfälle in Abhängigkeit von der Laufleistung

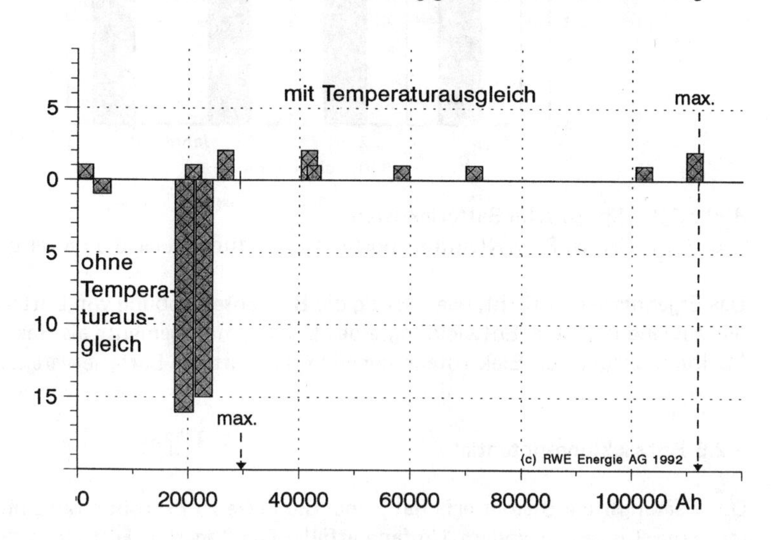

Bild 5.12: Anzahl der Modulausfälle in Abhängigkeit von der durchgesetzten Ladungsmenge

5.2.4 Batteriekosten

Auf der Basis der bisherigen Lebensdauerergebnisse lassen sich die auf den Fahrkilometer bezogenen Kosten der Batterie berechnen (Bild 5.13). Im Falle eines Pkw oder Kleintransporters betragen die spezifischen Batteriekosten 28 Pfennige pro Kilometer. Bisherige Ergebnisse von Referenzfahrzeugen ohne Temperaturausgleichssystem lassen auf eine Batterielebensdauer von 1 bis 2 Jahren schließen. Diese Lebensdauererwartung verursacht spezifische Batteriekosten von 70 bis 38 Pfennigen pro Kilometer.

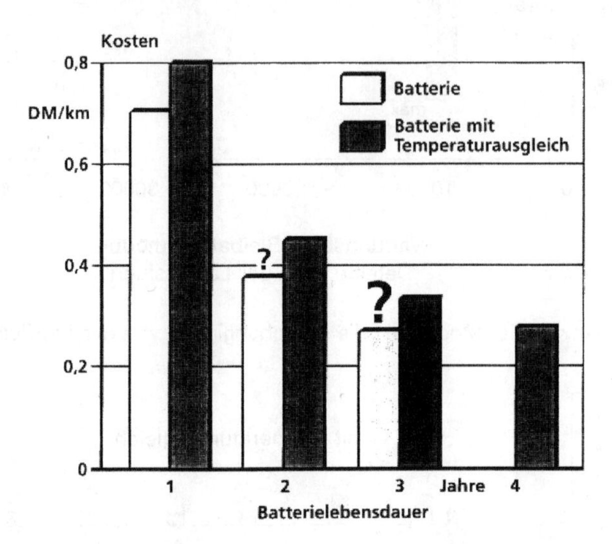

Bild 5.13: Spezifische Batteriekosten
Basis: Pkw/Kleintransporter mit wartungsfreier Bleibatterie

Das Ergebnis verdeutlicht, wie wichtig die Betriebserprobung von Batterien und die anwendungsnahe Entwicklung eines Batteriemanagements als Basis für die Markteinführung von Elektrofahrzeugen und neuartigen Batteriesystemen ist.

5.2.5 Entwicklungspotential

Die wartungsfreie Bleibatterie hat bisher die in sie zu Erprobungsbeginn gesetzten Erwartungen in vollem Umfang erfüllt: Die Tagesfahrleistungen der Elektrofahrzeuge haben sich gegenüber den konventionellen offenen Bleibatterien trotz etwas geringerer Kapazität verbessert. Das Temperaturausgleichssystem, die Ladekennlinie sowie die Temperatur- und Entladungsbegrenzungen halten die Batterie über einen angemessenen Zeitraum in ausgeglichenem Zustand,

eine gesicherte Lebensdauer von 4 Jahren und eine geringe Reparaturanfälligkeit sind die direkten Folgen.
Anregungen für zukünftige Batterien dieser Art beziehen sich daher zunächst auf die mechanische Gestaltung der Batteriemodule. Es besteht der Wunsch nach montage- und servicefreundlichen Gehäusen und einfacheren Modulverbindern. Ein zelleninterner Wärmetauscher würde den Aufbau der Antriebsbatterie vereinfachen. Dann könnte das effiziente Temperaturausgleichssystem bei geringen Zusatzkosten auf die meisten anderen Anwendungen dieser Batterieart übertragen werden.
Empfehlenswert ist es, sich auf die Weiterentwicklung weniger guter Bauformen zu beschränken und nicht für jede Fahrzeugart eine spezielle Bauart zu entwickeln.
Den Zielsetzungen, das Energiespeicher- und Leistungsvermögen der verschlossenen Bleibatterie zu steigern, stehen wir skeptisch gegenüber. Den oft genannten Wunsch nach Leistungssteigerung der Batterie können wir nach bisherigen Erprobungsergebnissen nicht unterstützen. Es macht nach unserer Auffassung wenig Sinn, mit großem Aufwand und dem Risiko, das gute Lebensdauerverhalten zu verschlechtern, die Batterie mit geringfügigen Verbesserungen, z. B. der Reichweitensteigerung von 50 Kilometer auf 55 Kilometer, auszurüsten.
Vereinfachungen bei der Inbetriebsetzung der Batterie, die Notwendigkeit dieser Maßnahme und der Umfang des Verfahrens wird später noch erläutert, würden die Kosten für die Bereitstellung betriebsfertiger Batterien reduzieren und sind deshalb anzustreben. Allerdings darf dies nicht zu einer Reduzierung des Lebensdauerverhaltens führen.
Es wäre klug, eine bewährte Batterietechnik, deren gute Eigenschaften sich erst in langjähriger Erprobung erweisen können, zu pflegen und nicht aufgrund von praxisfernen Anforderungen zu verändern. Dazu gibt es zu wenige gute Elektrofahrzeug-Antriebsbatterien.

5.3 Anwendungsmöglichkeiten verschlossener Bleibatterien

5.3.1 Erforderliche Tagesfahrstrecke

Die mögliche Reichweite des CitySTROMers mit wartungsfreier Bleibatterie beträgt im Stadtverkehr (ähnlich ECE-Zyklus) etwa 50 Kilometer. Die Anwendungsmöglichkeiten dieser Batterie lassen sich anhand einer Analyse der bestehenden Fahraufgaben im individuellen Personen- und Wirtschaftsverkehr abschätzen.
Eine Untersuchung des Tageseinsatzes konventioneller Pkw in Deutschland (2) führt zu überraschenden Ergebnissen: Ein Viertel der Pkw bleiben täglich ungenutzt. Im statistischen Durchschnitt absolvieren nur 10 % aller Pkw eine Tagesfahrstrecke von mehr als 100 Kilometer. Etwa 75 % aller Tagesfahrleistungen

sind geringer als 50 Kilometer, was einen Fahrzeugeinsatz vorwiegend im Stadtbereich erwarten läßt (Bild 5.14).
Ein Vergleich der statistischen Verteilung der Tagesfahrstrecken mit der durch wartungsfreie Bleibatterien ermöglichten Reichweite zeigt, daß 3/4 aller Tagesfahrstrecken bewältigt werden können. Als Reichweite eines Fahrzeuges ist im allgemeinen Sprachgebrauch die mögliche Fahrstrecke unter bestimmten Fahrbedingungen bis zum nächsten im Betriebsablauf problemlos möglichen Tankvorgang definiert.

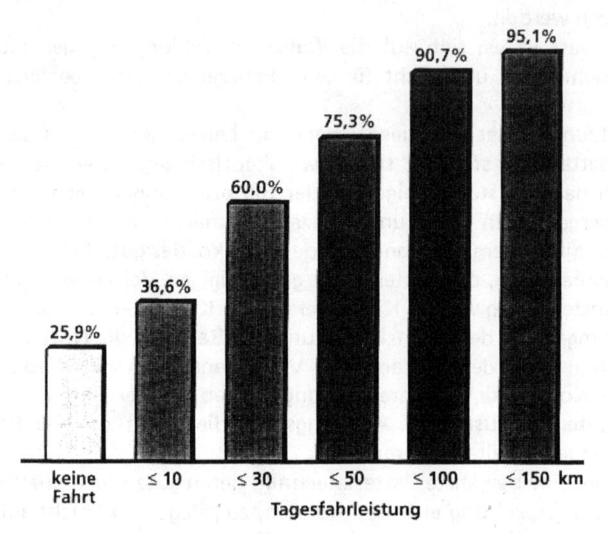

Bild 5.14: Verteilung der Tagesfahrleistungen aller Pkw (Summenhäufigkeit)

Der CitySTROMer mit wartungsfreier Bleibatterie erfordert eine „Betankung" nach 50 Kilometern Fahrstrecke. In jeder Garage oder an jedem häuslichen Abstellplatz kann ein Netzanschluß geschaffen werden, der eine Nachladung des Energiespeichers von Elektro-Pkw in der betriebsfreien Zeit über Nacht erlaubt. Also ist quasi an jedem Abstellplatz eine Tankstelle vorhanden. Deshalb ist es im Gegensatz zu Benzin- und Dieselfahrzeugen nicht erforderlich, mehr Energie an Bord des Fahrzeuges mitzuführen, als für die Tagesanwendung benötigt wird.
Die Reichweite eines Elektrofahrzeuges bzw. der Inhalt des Energiespeichers sollte aus diesem Grunde für die erforderliche Tagesfahrstrecke optimiert werden, wenn ein wirtschaftlich vernünftiger Betrieb angestrebt wird.
Fahrzeuge für den Gütertransport und Wirtschaftsverkehr in den Ballungszentren werden ebenfalls in 3/4 aller Fälle für Fahrstrecken unter 50 Kilometer eingesetzt. Im Postpaketverkehr liegen praktisch alle benötigten Tagesfahrstrecken unter 50 – 60 Kilometer (3).

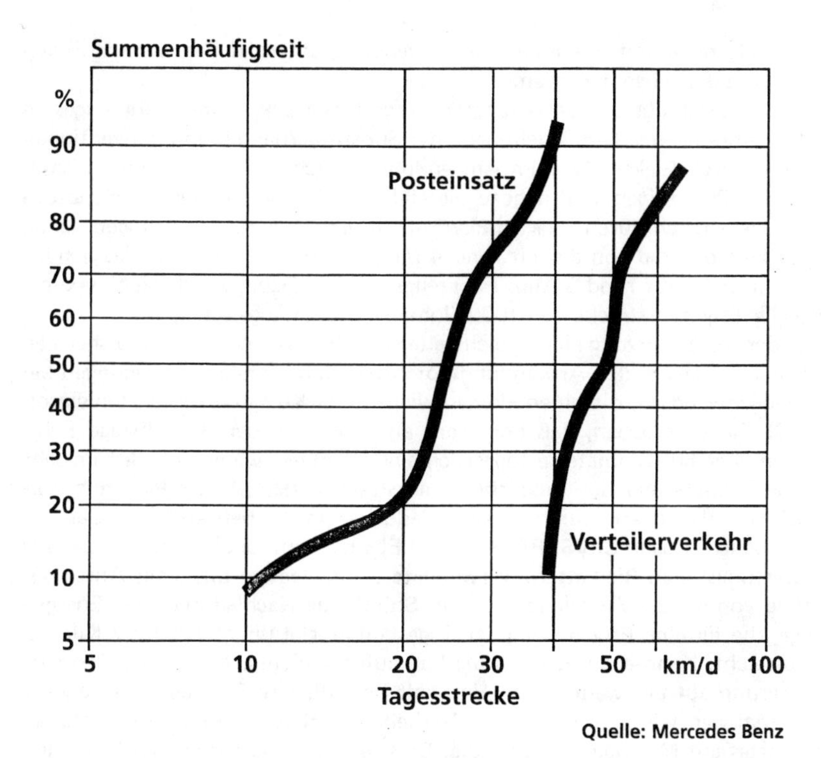

Bild 5.15: Tagesstrecken im städtischen Güterverkehr

Mit wartungsfreien Bleibatterien ausgeführte Elektrokleintransporter und Fahrzeuge für kommunale Aufgaben können für diesen Anwendungsbereich eingesetzt werden. Für die Wiederaufladung der Batterie in der betriebsfreien Zeit, meist über Nacht, sind auch im gewerblichen Bereich entsprechende Anschlüsse an das Versorgungsnetz zu nutzen oder können geschaffen werden.
Sowohl im individuellen Personenverkehr, als auch im städtischen Wirtschaftsverkehr sind zahlreiche Aufgaben vorhanden, die durch Elektrofahrzeuge mit einer Reichweite von 50 Kilometern im Stadtverkehr problemlos erledigt werden können.

5.3.2 Anwendungspotential

Aus der statistischen Verteilung der Tagesfahrleistung (2) und dem Vergleich mit der Reichweite von Elektrofahrzeugen mit wartungsfreier Bleibatterie sowie dem Nachweis der vorhandenen nutzbaren Energieversorgungseinrichtungen

kann noch nicht auf das mögliche Anwendungspotential der wartungsfreien Bleibatterie geschlossen werden.
Dies erklärt sich aus der Verteilung der Tagesfahrstrecken eines Fahrzeuges im Verlauf eines Jahres. Untersuchungen der Substituierbarkeit von konventionellen Pkw durch Elektro-Pkw im Anwendungsbereich von Haushalten mit zwei und mehr Pkw zeigen, daß nahezu die Hälfte aller Pkw aus mehrfach motorisierten Haushalten durch Elektro-Pkw substituierbar sind. Schätzungen haben ein Einsatzpotential von derzeit rund 4 Mio. Elektro-Pkw ergeben, das sich bis zum Jahr 2010 auf rund 8 Mio. Fahrzeuge erhöht. Dabei wurde eine maximal mögliche Tagesfahrstrecke von 100 Kilometer zugrunde gelegt.
Unter der Voraussetzung einer Reichweite von 50 Kilometer wurden bisher keine Untersuchungen des Anwendungspotentials durchgeführt. Befragungen bei Fahrzeuganwendern, die einen Pkw vorwiegend für Kurzstreckenfahrten einsetzen (3), haben ergeben, daß höchstens an 1 bis 2 % der Betriebstage Fahrstrecken über 50 Kilometer erforderlich sind. In diesen wenigen Fällen im Jahr ist eine Erweiterung der möglichen Fahrstrecken des Elektro-Pkw mit wartungsfreier Bleibatterie durch Zwischenladungen in der betriebsfreien Zeit am Tage möglich. Das in CitySTROMern und Elektrokleintransportern zur Ladung der wartungsfreien Bleibatterie verwendete Bordladegerät mit einer Anschlußleistung von ca. 2 kVA erlaubt in einer Stunde die Nachladung einer Energiemenge, die für eine Erweiterung der Tagesfahrstrecke um etwa 6 bis 7 Kilometer ausreicht. Kann auch dadurch die Fahraufgabe nicht erfüllt werden, ist eine Verlagerung auf ein weiteres im Haushalt befindliches Fahrzeug oder andere Verkehrsträger, wie z. B. öffentliche Verkehrsmittel oder im Falle des Materialtransportes auf Mietwagen notwendig. Dies setzt eine Änderung des Nutzungsverhaltens (1) der Fahrzeugbesitzer voraus und stellt ein Hemmnis bei der Anwendung des Elektrofahrzeuges mit wartungsfreier Bleibatterie dar.

5.3.3 Betriebsfreie Ladezeit für Elektrofahrzeuge

Die erwähnte Untersuchung (2) über das Einsatzprofil konventioneller Pkw hat auch zum Ergebnis, daß Pkw über Nacht zu rund 80 % auf privatem Grund abgestellt werden und die Standzeit dort vor der ersten Fahrt am Tage in 90 % aller Fälle länger als 6 Stunden ist (Bild 5.16).
Eine Ladung zur Deckung des Energiebedarfs für die Tagesfahrstrecke von 50 Kilometer ist in dieser betriebsfreien Zeit über Normsteckdosen und entsprechender Wahl der Ladegeräteleistung möglich (Bild 5.17).
Bordladegeräte mit einer Netzanschlußleistung von 2,3 kVA erlauben eine Aufladung der wartungsfreien Bleibatterie des CitySTROMers in 6 Stunden bis 90 % der betrieblich nutzbaren Kapazität. Eine Aufladung der entnommenen Kapazität erfordert je nach Alterungszustand der Batterie weitere 3 bis 4 Stunden, so daß eine vollentladene Batterie nach 10 Stunden Ladezeit wieder fahrbereit aufgeladen ist.

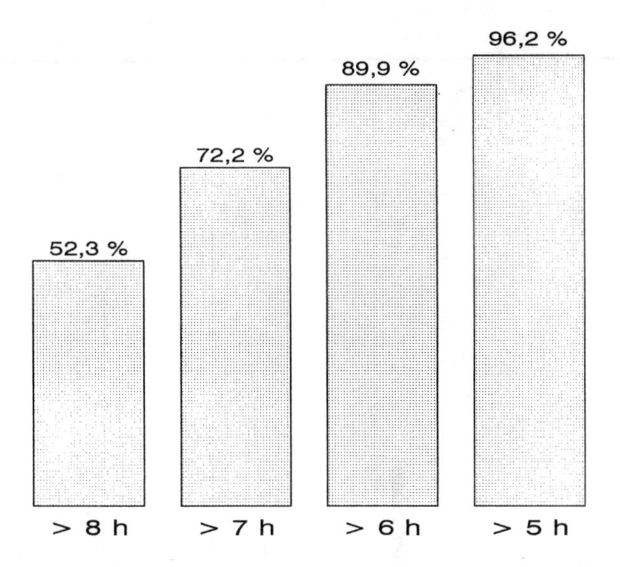

Bild 5.16: Standzeiten vor der ersten Fahrt am Tage (Summenhäufigkeit)

Installation	Anschluß-leistung (kVA)	Netzenergie-entnahme in 6 h (kWh)	theor. Tagesreichweite	
			bei spezifischem Energie-verbrauch (kWh/km)	
230 V Steck-dose (10 A)	2,3	13,8	0,20	69 km
230 V Steck-dose (16 A)	3,7	22,1	0,30	74 km

Bild 5.17: Energiebereitstellung über Normsteckdose, Beispiele für versorgbare Tagesfahrstrecken

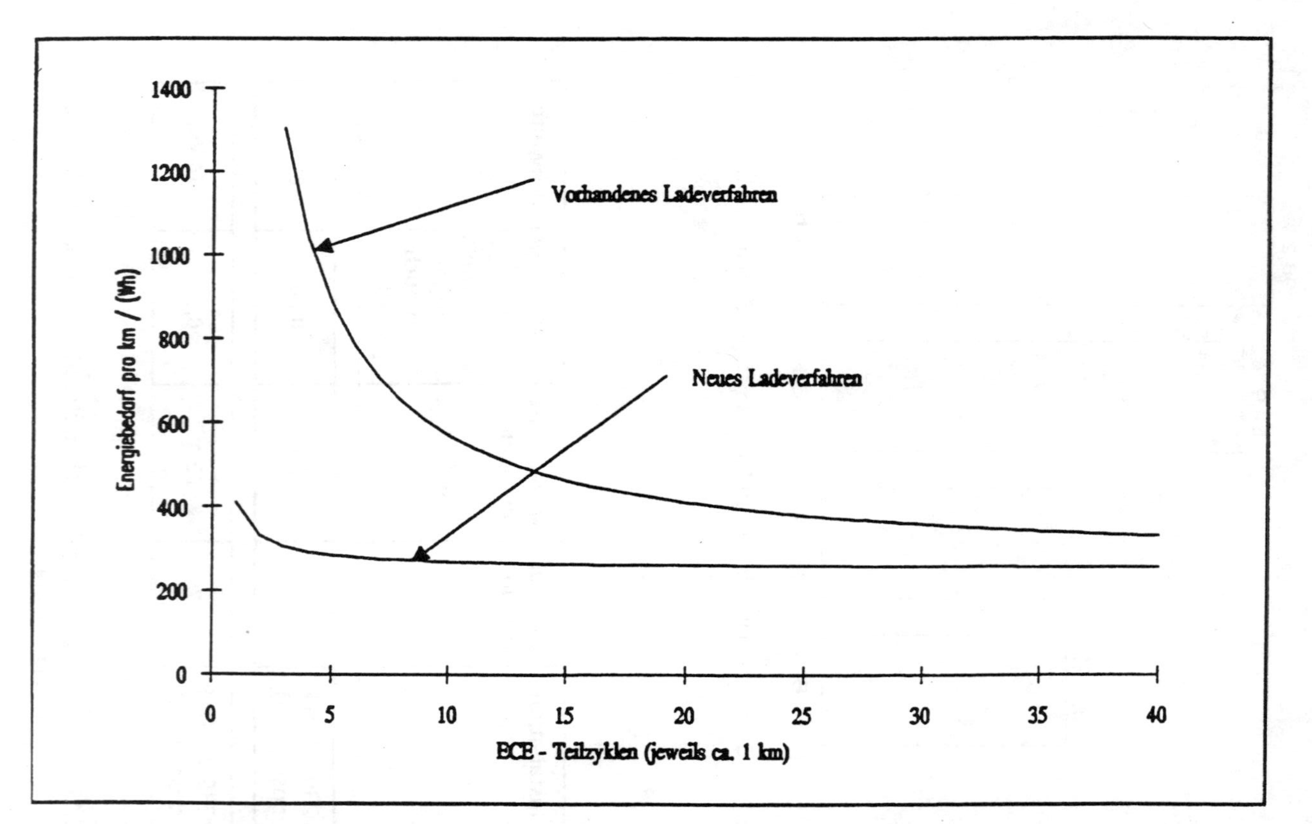

Bild 5.18: Energieverbrauch CitySTROMer mit wartungsfreier Bleibatterie in Abhängigkeit des verwendeten Ladeverfahrens

Zum Ausgleich von Verhaltens- und Ladungsunterschieden der Einzelzellen hat sich beim Laden ein Strommengenüberangebot von 3 bis 5 % als erforderlich erwiesen. Diese Strommenge wird von der Batterie in einem Ladestrombereich kleiner als 1 A verarbeitet und erfordert eine lange Nachladezeit. Es ist deshalb notwendig, das Elektrofahrzeug in der betriebsfreien Zeit beim Abstellen auf dem häuslichen Parkplatz möglichst ständig an das Versorgungsnetz anzuschließen, um bei wöchentlicher Bilanzierung der geladenen und entladenen Strommengen eine ausgeglichene Ladebilanz zu erreichen.
Leider konnten die im CitySTROMer verwendeten Ladegeräte an diese für wartungsfreie Bleibatterien notwendige Nachladephase mit geringer Ladeleistung über längere Zeit hinsichtlich Wirkungsgrad noch nicht angepaßt werden. Dies verursacht vermeidbare elektrische Verluste im Ladegerät (4), die bei Betrachtung des spezifischen Netzenergiebedarfs von Elektrofahrzeugen mit wartungsfreien Bleibatterien berücksichtigt werden müssen (Bild 5.18).
Mit entsprechend angepaßten Bordladegeräten kann die wartungsfreie Bleibatterie von Elektrofahrzeugen in der bei Nutzung konventioneller Fahrzeuge normalerweise anzutreffenden betriebsfreien Zeit über Nacht energieeffizient und kostengünstig mit elektrischer Energie für die notwendige Tagesfahrstrecke zahlreicher individueller Nahverkehrsaufgaben versorgt werden (5).

5.4 Spezifische Eigenschaften von verschlossenen Bleibatterien

5.4.1 Aufbau

In CitySTROMern und in Elektrokleintransportern erprobte verschlossene Bleibatterien bestehen aus dreizelligen Modulen mit einer Nennspannung von 6 V und einer Nennkapazität (K_5) von 160 Ah (Bild 5.19). Von konventionellen Bleibatterien unterscheidet sich die geschlossene Bleibatterie durch antimonfreie Gitterplatten, als Gel festgelegten Elektrolyt – weshalb sie auch als Gelbatterie bezeichnet wird – und ein druckabhängig öffnendes Ventil anstelle eines Verschlußstopfens.
Gelbatterien sind wartungsfrei, elektrolytdicht, haben nur wenig Gasentwicklung beim Laden, verfügen über eine geringe Selbstentladung von ca. 25 % in 2 Jahren Lagerzeit und es tritt keine Säuredichtenschichtung beim Lade-/Entladevorgang auf (6). Von offenen Bleibatterien bekannte Einrichtungen zur zentralen Wassernachfüllung, zentralen Entgasung und Vermeidung der korrosionsfördernden Säuredichtenschichtung sind bei der Gelbatterie nicht erforderlich.
Das Modul hat eine Masse von 31 kg und verfügt über elektrische Anschlüsse, die als DIN-Konuspol ausgeführt sind. Als Anschlußklemmen haben sich bei der Anwendung im Elektrofahrzeug sog. Schnabelpolklemmen bewährt. Diese Klemmen wurden hinsichtlich Formgebung und Material so ausgeführt, daß für

Bild 5.19: Dreizelliges Modul, 6 V - 160 Ah (Quelle: Sonnenschein)

den Übergangswiderstand ein geringer, über die Lebensdauer der Batterie konstanter Wert gewährleistet ist.
Gelbatterien bestehen aus den gleichen Materialien wie z. B. Starterbatterien, sie sind mit vorhandenen Einrichtungen kostengünstig zu recyclen.

5.4.2 Wartungsfreiheit

Der gelierte Elektrolyt der Gelbatterie verhindert den Vorgang der Säuredichtenschichtung. Maßnahmen zur Behebung dieses Effektes wie z. B. Überladung der Batterie in der Gasungsphase oder mechanische Durchmischung des Elektrolyten, die beide mit dem Austragen von Elektrolyt verbunden sind, werden deshalb bei Gelbatterien nicht erforderlich. Beim Laden wird die entstehende Schwefelsäure in der Gelstruktur am Reaktionsort festgehalten und es entsteht keine Säuredichtenschichtung. Durch die antimonfreie Gitterlegierung und Verwendung von Calcium als Legierungsmaterial wird bei der Gelbatterie, nach Angaben des Herstellers, die Zersetzungsgeschwindigkeit des Elektrolyten auf etwa 1/10 der Geschwindigkeit bei konventionellen Bleibatterien verringert. In dem gelierten Elektrolyt bilden sich im Verlauf der Betriebszeit feine Haarrisse, durch die bei Überladung der Batterie und Wasserzersetzung eine Verbindung

zwischen dem an der positiven Platte gebildeten Sauerstoff mit dem an der negativen Platte entstehenden Wasserstoff auf kürzestem Wege möglich ist und eine Rekombination erlaubt. Durch die geringe Zersetzungsgeschwindigkeit und die Rekombinationsmöglichkeit sind die über die gesamte Lebensdauer der Zelle auftretenden Verluste von Elektrolytwasser gering. Die Zelle kann deshalb durch ein druckabhängig öffnendes Sicherheitsventil verschlossen werden.
Dennoch vorhandene Verluste von Elektrolytwasser können nicht durch Nachfüllung ergänzt werden. Der gelierte Elektrolyt kann kein Wasser aufnehmen. Diese Eigenschaft der Gelbatterie ist vor allem bei der Einstellung und sicheren Einhaltung der Ladekennlinie zu beachten, damit ein Austrocknen der Zelle verhindert wird.

5.4.3 Ladungsverhalten

Die Ladung verschlossener Bleibatterien ist grundsätzlich mit geregelter Spannung durchzuführen, da die Ladespannungshöhe oberhalb des zur Umsetzung der aktiven Masse erforderlichen Potentials und unterhalb der Wasserzersetzungsspannung eingestellt werden muß. Die Ladespannungshöhe ist abhängig von der Zellentemperatur. Für den Ladebetrieb wird vom Hersteller für einen Zellentemperaturbereich zwischen 18°C und 40°C eine Ladespannung von 2,35 V/Zelle angegeben. Oberhalb 40°C soll die Ladespannung auf 2,25 V/Zelle verringert werden und oberhalb von 50°C ist eine Ladung nicht erlaubt. Bei Temperaturen unterhalb 18°C ist eine Ladespannung größer als 2,4 V/Zelle erforderlich, um eine Ladung durchzuführen. Da oberhalb von 2,4 V/Zelle die Gefahr einer lokal erhöhten Wasserzersetzung besteht, empfiehlt der Hersteller durch ein Erwärmen der Batterie auf Temperaturen über 18°C für eine ausreichende Ladestromaufnahme bei Ladespannungen unterhalb 2,4 V/Zelle zu sorgen.
Als maximaler Anfangsladestrom wird der I_5 Strom angesehen. Die Strombegrenzung ergibt sich aus der temperaturabhängigen Begrenzung der Ladespannung. Da die Wärmeleitfähigkeit des festgelegten Elektrolyten die Wärmetransportleistung aus der Zelle begrenzt, können auch an aktive Kühlmaßnahmen zur Erhöhung des Ladestromes mit dem Ziel einer Schnellaufladung der Batterie nur bescheidene Erwartungen geknüpft werden. Eine Ladung der Gelbatterie bis zu 90 % der entnommenen Kapazität erfordert deshalb bei dem I_5 Strom als Anfangsladestrom etwa 5 Stunden. Teilladungen wirken sich nicht nachteilig auf das Lebensdauerverhalten aus, wenn im praktischen Betrieb wenigstens einmal wöchentlich eine Volladung erfolgt.

5.5 Energiespeicher mit wartungsfreien Bleibatterien Anwendungssystem RWE Energie

5.5.1 Elektrische Belastung

Zur schonenden Behandlung der Batterie ist der elektrische Betriebsbereich, wie in Bild 5.20 dargestellt, limitiert. Der maximale Ladestrom ist vom Batteriehersteller vorgegeben. Der Beschleunigungsstrom sollte 10 x I_N nicht überschreiten. Die Ladespannung ist abhängig von der Batterietemperatur. Die entnehmbare Kapazität wird durch eine am Entladeende wirksame Reduzierung des maximalen Entladestroms in Abhängigkeit von der Batteriespannung auf 80 % der Nennkapazität beschränkt. Dieser „weiche" Entladeschluß vermeidet eine Tiefentladung der Batterie, obwohl sich das Fahrzeug noch eine Weile mit verminderter Fahrleistung fortbewegen läßt.
Das gepunktet eingezeichnete Strom-Spannungskennfeld der Belastung einer CitySTROMer-Batterie zeigt, daß die eingestellten Werte von Entladespannung und -strom die Betriebsgrenzen der Batterie nicht überschreiten. Auch das Laden ist innerhalb der festgelegten Grenzen unproblematisch. Derzeit werden abhängig vom eingesetzten Ladegerätetyp zwei Verfahren eingesetzt:

IU-Kennlinie (Bordlader)
Der Anfangsstrom liegt, durch die Regelung auf konstante Netzleistung von 2,3 kVA eingestellt, bei 15 bis 17 A. Die Ladespannung wird hier auf 2,4 V/Zelle bei Batterietemperaturen unter 40°C, bzw. 2,27 V/Zelle bei Batterietemperaturen über 40°C begrenzt. Bei Batterietemperaturen über 50°C wird die Ladung unterbrochen.
Die Erhaltungsladung wird durch Konstantspannungsladung mit 2,27 V/Zelle oder gepulste IU-Ladung mit 2,35 V/Zelle durchgeführt.
Die Ladungssteuerung erfolgt durch Zeitüberwachung der Konstantspannungsphase, 6stündig mit automatischer Umschaltung auf Erhaltungsladung.
Die IU-Ladung wird derzeit bei allen Bordladegeräten eingesetzt. Ihre Langzeitstabilität ist sichergestellt, der Einfluß auf die Batterielebensdauer ist positiv.

Pulsladung IUIa (Standlader)
Der Anfangsstrom richtet sich nach dem jeweiligen Netzanschluß, beträgt jedoch maximal I_5.
Während die U-Phase als temperaturgesteuerte Zwei-Punkt-Spannungsregelung mit unterlagerter Rekombinationszeitsteuerung erfolgt, geschieht die Nachladung durch Konstantstromladung mit ca. 10mA/Ah Nennkapazität.
Die Ladefaktorsteuerung wird über die Kalkulation der Nachlademenge aus der Hauptladung und die Erhaltungsladung durch gepulste IU-Ladung durchgeführt.
Die Pulsladung wird derzeit versuchsweise bei einigen Standladegeräten für Kleintransporter eingesetzt. Sie verspricht eine effektivere und kürzere Ladung.

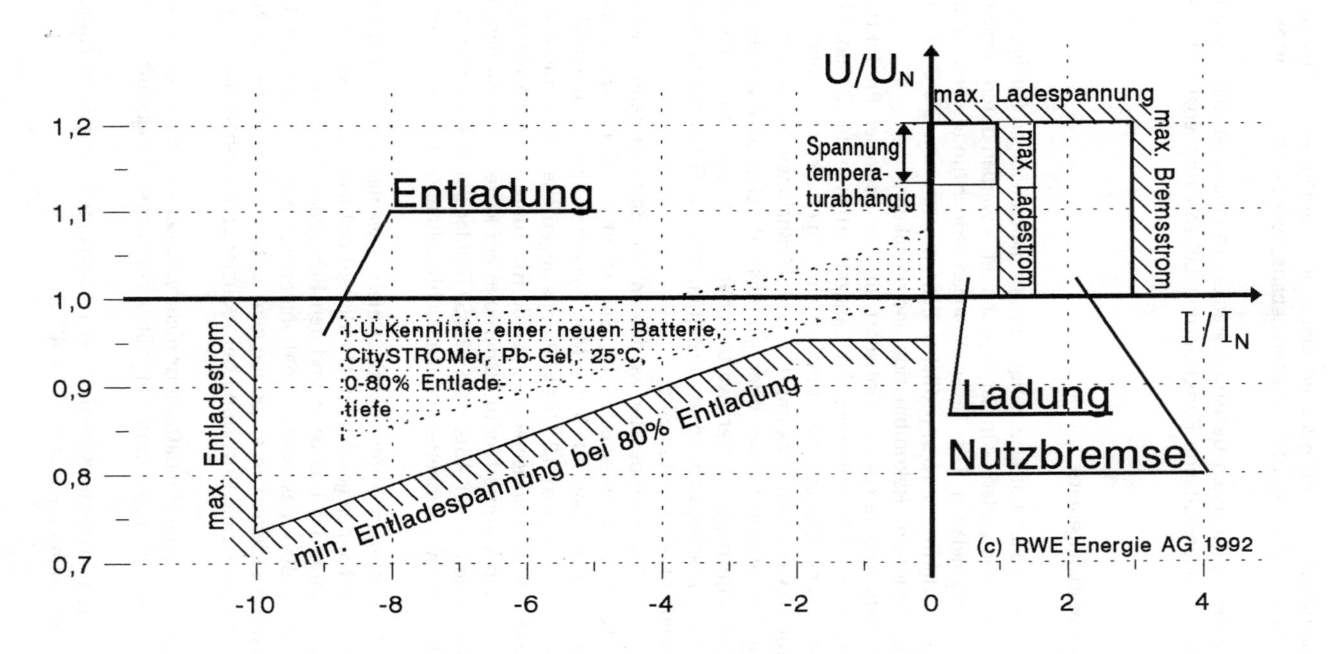

Bild 5.20: Elektrische Betriebsbereiche der verschlossenen Bleibatterie

Ihre Langzeitstabilität kann als gesichert angesehen werden. Ausreichende Erfahrungen über ihren Einfluß auf die Batterielebensdauer liegen noch nicht vor.

Die Einhaltung der elektrischen Belastungsgrenzen ist eine wesentliche Voraussetzung für die zufriedenstellende Funktion und Lebensdauer jeder Traktionsbatterie.

5.5.2 Thermisches Management

Die Qualität einer Antriebsbatterie hängt von der gleichmäßigen Fertigung der Batteriezellen ab. Diese Zellen – in Serie geschaltet – werden durch denselben Strom entladen und geladen. Die Zellspannungen jedoch unterscheiden sich, vor allen Dingen aufgrund unterschiedlicher Zelltemperaturen. Die Zelltemperatur beeinflußt die interne Rekombination und umgekehrt.
Aufgrund der Unterschiede bei der Einbauart und der normalen Produktionsstreuung ergeben sich Abweichungen im Langzeitverhalten der Zellen. Üblicherweise wird dies bei Bleibatterien durch regelmäßige Ladebehandlungen, sogenannte Ausgleichsladungen, bekämpft. Diese Maßnahmen können bei der wartungsfreien Bleibatterie schwer oder gar nicht durchgeführt werden und stellen strenggenommen eine Batteriewartung dar. Um dies zu vermeiden, wurde versucht, das Batteriesystem so zu gestalten, daß die Gleichmäßigkeit der Zellen im Langzeitbetrieb erhalten wird.
Zum Ausgleich der Zellentemperatur werden an den Batteriemodulen wasserdurchflossene Wärmetauscher angebracht. Sie haben die Form von flachen Gummitaschen und benötigen nur 8 mm Montageabstand zwischen den Modulen. Das Wasser, das von einer 12 V/9 W Pumpe angetrieben durch die Wärmetauscher zirkuliert, kann Wärmeenergie in beide Richtungen transportieren und damit gleichzeitig ein warmes Modul kühlen und ein kälteres aufwärmen. Die Temperaturdifferenzen in der 48zelligen CitySTROMer-Batterie werden so unter 5 K gehalten, in der entscheidenden Ladeschlußphase sind sie sogar fast beseitigt.
Wartungsfreie Bleibatterien – und nicht nur diese – werden durch Übertemperaturen spontan und bleiben geschädigt. Um dies zu verhindern, steuert ein Batterieüberwachungsgerät das Ladegerät und den Fahrregler. Der thermische Betriebsbereich ist auf 50°C beschränkt. Bei höheren Temperaturen wird der Entladestrom drastisch reduziert, die Ladung wird unterbrochen. Zwischen 40°C und 50°C ist lediglich eine Notladung bei reduzierter Ladespannung zugelassen.
Eine forcierte Kühlung der Bleibatterie ist nicht vorgesehen, da die Abstrahlung des metallenen Batterietroges und die Kühlwirkung der Trogbelüftung ausreicht.
Bild 5.21 zeigt die thermische Kennlinie der Ladespannung und deren Annäherung durch die Spannungsumschaltung bei 40°C.

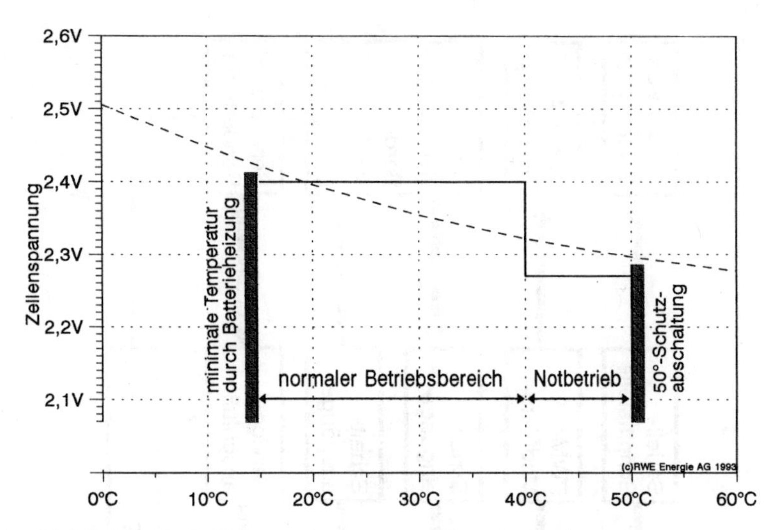

Bild 5.21: Blei-Gel-Batterie Temperaturkompensation der Ladespannung

Bis zu Temperaturen von -15°C könnte die Ladespannung auch linear angepaßt werden. Dies ist aber keine zufriedenstellende Lösung. Zwar wird wiederholtes unvollständiges Aufladen vermieden und zu jeder Fahrt steht eine zwar temperaturbedingt verringerte, aber vielleicht noch ausreichende Batteriekapazität zur Verfügung, die Ladespannung muß aber erhöht werden. Bei fester Geräteleistung bzw. Anschlußleistung wird diese Spannungsreserve durch eine Reduzierung des Ladestromes im Normalbetrieb erkauft. Beim CitySTROMer müßte der Strom auf 90 % des heutigen Wertes reduziert werden, die Ladezeit würde um 1 bis 2 Stunden verlängert.

Wirkungsvoller ist es, das Auskühlen der Batterie zu verhindern. Dies kann nicht durch eine thermische Isolation der Batterie geschehen, die Zellen würden im Sommerbetrieb zu warm. Auch das Beheizen der Batterie durch Stromwärmeverluste ist nicht möglich, da der Innenwiderstand der Batterie erfreulich gering ist.

Da nicht sichergestellt werden kann, daß das Fahrzeug ausschließlich in beheizten Räumen abgestellt und geladen wird, wird die Batterietemperatur durch eine Zusatzheizung stabilisiert. Diese, in den vorhandenen Wasserkreislauf der Batterieklimatisierung eingeschleifte netzbetriebene Heizpatrone ist so dimensioniert, daß die Batteriezellentemperatur +15°C nicht unterschreitet.

Die Begrenzung des thermischen Betriebsbereiches schützt die Batterie vor lebensdauerbegrenzenden Beschädigungen. Das Temperaturausgleichssystem sorgt für ein stabiles Batterieverhalten und beeinflußt so entscheidend die Verfügbarkeit der Fahrzeugbatterie.

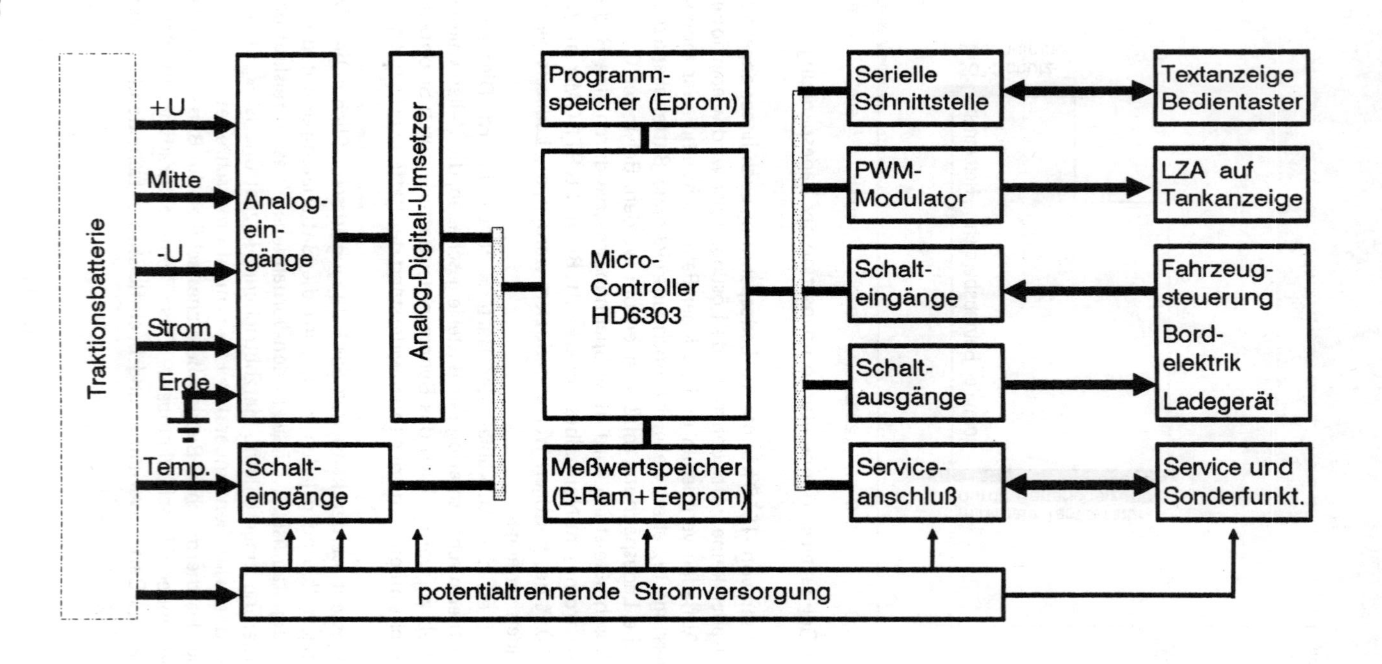

Bild 5.22: Batterie Überwachungsgerät BMS – Übersichtsbild

5.5.3 Batterie Monitor System

Das Batterie Monitor System BMS steht in der Tradition von Batteriebeobachtungsgeräten wie Amperestundenzählern, Spannungs- und Strommessern, Temperaturindikatoren und Ladezustandsanzeigern. Neben der Integration dieser Funktionen in einem Gerät wurde das BMS befähigt, dem Fahrer des Elektrofahrzeuges Betriebshinweise zu geben und ihn bei Batteriefehlern zu warnen. Für eine betriebsbegleitende Datenerfassung und für die Störungsanalyse stellt das BMS Meßwerte bereit.

Bild 5.22 zeigt den Aufbau der Batterieüberwachung: Das BMS übernimmt seine Eingangswerte von der Traktionsbatterie, mit der es, auch in engem räumlichen Kontakt steht. Dem Fahrer werden Meldungen auf einem im Armaturenbereich des Fahrzeuges installierten Anzeigegerät mitgeteilt. Die wichtigste Betriebsmeldung ist der Ladezustand der Batterie, der teils als Zahlenwert in der BMS-Anzeige erscheint, teils auf der ehemaligen Tankanzeige angegeben wird. Zu der Gruppe „Betriebsmeldungen" in Bild 5.23 gehören weiterhin die Anzeige der korrekten Ladegerätefunktion und der oben genannten Begrenzungen der Entlade- und Ladeleistung.

Ist die Funktionssicherheit der Batterie durch einen zu geringen Isolationswert, den Ausfall einer Batteriezelle oder durch eine Übertemperatur beeinträchtigt, erfolgt ein entsprechender Hinweis für den Fahrer in Klartext auf der BMS-Anzeige. Zusammen mit den abrufbaren Meßwerten für Spannung, Strom, Leistung, Energie sowie Summenentladung und -ladung dienen diese Fehlermeldungen auch der schnellen Fehlerdiagnose im Störungsfall.

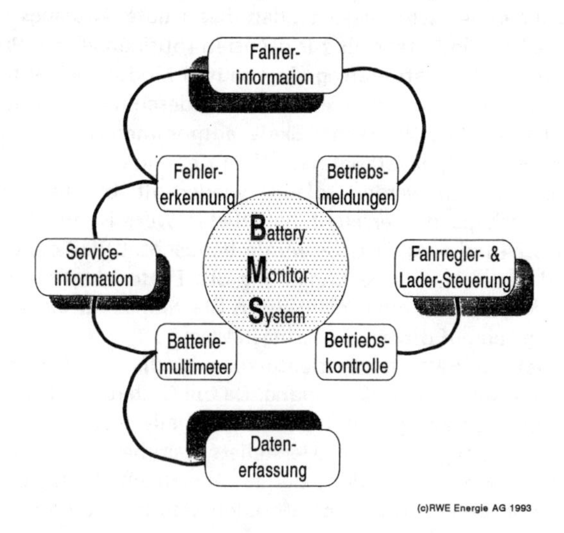

Bild 5.23: Informationsfluß der Batterieüberwachung

Die erfaßten Daten stehen für eine betriebsbegleitende Datenauswertung zur Verfügung. Ergänzt durch den Kilometerstand des Fahrzeuges ermöglichen die Ladungs- und Energiezähler des BMS eine Auswertung und Beurteilung der Fahrleistungen und der Batteriebetriebsweise.
Das der Batterie direkt zugeordnete BMS sorgt für die Einhaltung der oben beschriebenen thermischen und elektrischen Betriebsgrenzen. Die in Bild 5.23 als „Betriebskontrolle" bezeichnete Einheit kann während der Fahrt die Antriebsleistung reduzieren, falls die Batterie wärmer als 50°C ist oder zu tief entladen wird. Die Batterie wird aus Verkehrssicherheitsgründen im Fahrbetrieb nicht abgeschaltet. Die Ladung wird durch das BMS bei Übertemperatur unterbunden und bei erhöhter Temperatur (40°C bis 50°C) auf Notbetrieb geschaltet. Dabei darf das Ladegerät aktiviert sein, nach ausreichender Abkühlung der Batterie wird die Ladung vom BMS selbsttätig gestartet.
Durch diese Steueraufgaben hat das BMS den ersten Schritt vom Batterie Monitor System zum Batterie Management System getan. Zukünftig wird ein Batteriemanagement mit umfangreichen Aufgaben ein unverzichtbarer Bestandteil jeder Traktionsbatterie für Elektrofahrzeuge sein.

5.5.4 Inbetriebsetzung

Bevor eine mehrmodulige Traktionsbatterie den Fahrbetrieb aufnimmt, wird sie einer ausgiebigen Prüfung unterzogen. Dabei wird das Hauptaugenmerk auf den gleichmäßigen Startzustand aller Batteriemodule gelegt. Durch die oben beschriebenen Maßnahmen wird erreicht, daß dieser gute Ausgangszustand lange Zeit erhalten bleibt, mindestens bis zur nächsten routinemäßigen Prüfung.
Dazu werden die in den Batterietrog eingebauten Module bei laufender Klimatisierung mit Konstantstrom entladen. Die Entladeschlußspannung für das 6V/160Ah-Modul kann Bild 5.24, rechte Skala, entnommen werden. Geladen wird nach Herstellervorschrift, bevorzugt nach IUIa-Kennlinie.
Die Entlade-/Ladezyklen werden solange wiederholt, bis die Gesamtbatterie 95 % der Betriebskapazität erreicht hat, dieser Wert ist für das 6V/160Ah-Modul in Bild 5.24 links skaliert. Es wurde beobachtet, daß diese Startkapazität ausreichend für eine weitere Steigerung der Batteriekapazität im Fahrbetrieb ist. Batterien, die mit einer niedrigeren Startkapazität eingebaut wurden, verharrten im Betrieb auf diesem zu geringen Wert.
Ein weiteres Ziel der Batterieinbetriebsetzung ist die Vergleichmäßigung der Modulspannungen während der Entladung. Da die Gelbatterie keine Ausgleichsladung zuläßt, muß darauf geachtet werden, daß alle Module eines Verbandes aus dem gleichen Fertigungslos des Herstellers stammen. Reststreuungen können durch gezielte Einzelbehandlung der abweichenden Module oder durch Selektion aus einer größeren Anzahl von Modulen beseitigt werden.
Aus drei Gründen sollte die Zyklisierung nicht im Fahrbetrieb, sondern stationär erfolgen:

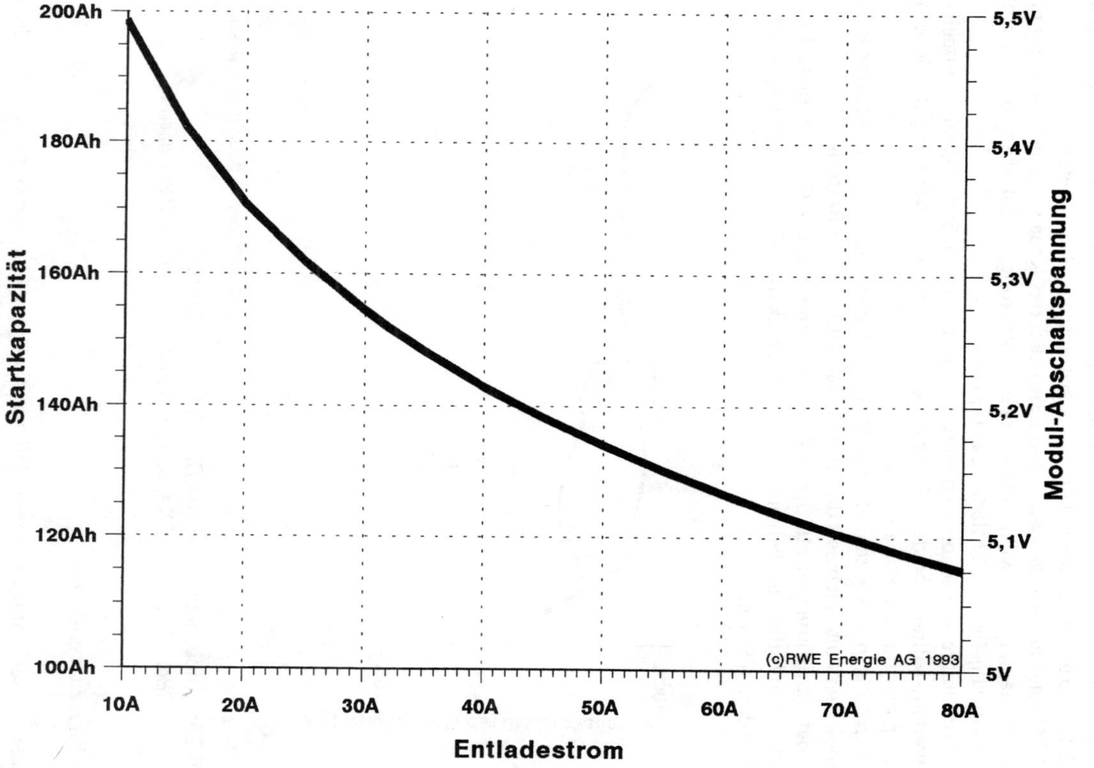

Startkapazität

200Ah
180Ah
160Ah
140Ah
120Ah
100Ah

10A 20A 30A 40A 50A 60A 70A 80A

Entladestrom

Modul-Abschaltspannung

5,5V
5,4V
5,3V
5,2V
5,1V
5V

(c)RWE Energie AG 1993

Bild 5.24: Minimale Startkapazität und Entladeschlußspannung, Inbetriebsetzung des Gel-Modul 6V-160Ah

– Eine Kapazitätsentwicklung tritt nur nach Vollentladung mit hohem Masseumsatz ein.
– Für eine stetige Kapazitätssteigerung ist eine forcierte Ladung erforderlich, die zur Vermeidung von Spätschäden nur in einem engen Temperaturband zulässig ist.
– „Ausreißer" unter den Modulen müssen durch eine Einzelspannungsmessung rechtzeitig erkannt, behandelt oder sogar ausgewechselt werden.

Bild 5.25 zeigt an drei ausgewählten Beispielen das Kapazitätsverhalten von fabrikneuen Gelbatterien während der Inbetriebsetzung, aufgetragen über der Anzahl der durchgeführten Entlade-/Ladezyklen.

Auch Modulsätze, die schon vom Hersteller mit höherer Startkapazität ausgeliefert werden, sollten vor dem Fahrbetrieb zur Vergleichmäßigung der Modulspannung mehrfach zyklisiert werden.

Eine Kapazitätsprüfung schließt die Inbetriebnahme der Batterie ab. Das Prüfprotokoll dient als Nachweis der Betriebstauglichkeit der Batterie.

Die Inbetriebnahme mag auf den ersten Blick aufwendig erscheinen, sie rechnet sich aber durch die deutlich erhöhte Zuverlässigkeit und Leistungsfähigkeit der so behandelten Batterie.

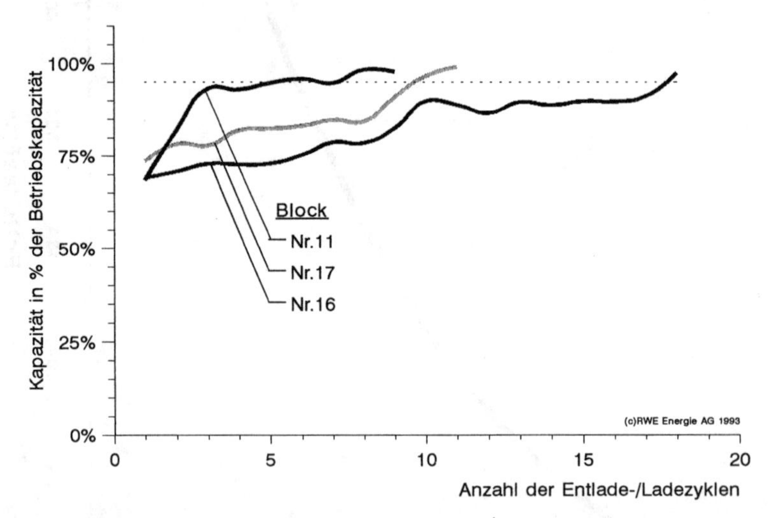

Bild 5.25: Inbetriebnahme von CitySTROMer-Batterien,
Beispiele für die Kapazitätsentwicklung durch Zyklisierung

5.5.5 Kapazitätsprüfung

Hat der Batteriemonitor einen Zellenausfall gemeldet, kann die defekte Zelle durch einen als Kapazitätsprobe bezeichneten Meßvorgang lokalisiert werden.

Die vollgeladene Batterie wird mittels eines Entladestromrichters oder -widerstandes mit konstantem Strom entsprechend DIN 43595 entladen. Ein rechnergesteuertes Meßgerät zeichnet während der Testentladung alle Einzelmodul- bzw. Einzelzellenspannungen auf, stellt sie in tabellarischer oder graphischer Form auf dem Rechnerbildschirm dar und bewertet die Einzelspannungsmessung. Die Entladung endet bei Erreichen einer definierten Unterspannung, z. B. 5,1 V/Modul bei 72 A Entladestrom. Das Meßsystem ist in der Lage zu entscheiden, ob das Meßergebnis als Kapazität der Traktionsbatterie zu werten ist, oder ob wegen schlechter Module die Entladung vorzeitig beendet werden muß.

Im Anschluß an die Messung erstellt das Meßsystem ein Protokoll, das den Zustand der Gesamtbatterie und jedes einzelnen Moduls genau dokumentiert.

Neben der Störungsanalyse wird dieses Meßsystem für Routinekontrollen zur Feststellung des Batteriezustandes und während der Inbetriebsetzung von Traktionsbatterien eingesetzt.

In Bild 5.26 ist ein typischer Modulausfall dargestellt.

Bild 5.27 zeigt das Verhalten einer Batterie während der Inbetriebsetzung. Die Batteriekapazität ist gut, die Modulspannungen streuen aber deutlich stärker als bei der fahrbereiten Batterie in Bild 5.28.

Die hier gewählte Aufgabenteilung in robuste Fehlerdetektion durch das BMS und aufwendige, aber genaue Überprüfung bei der Kapazitätsprobe reduziert die in jedem einzelnen Fahrzeug zu installierende Meßtechnik auf ein Minimum. Das Meßsystem für die Kapazitätsprüfung darf komfortabel sein, da es von einer Vielzahl von Fahrzeugen genutzt wird.

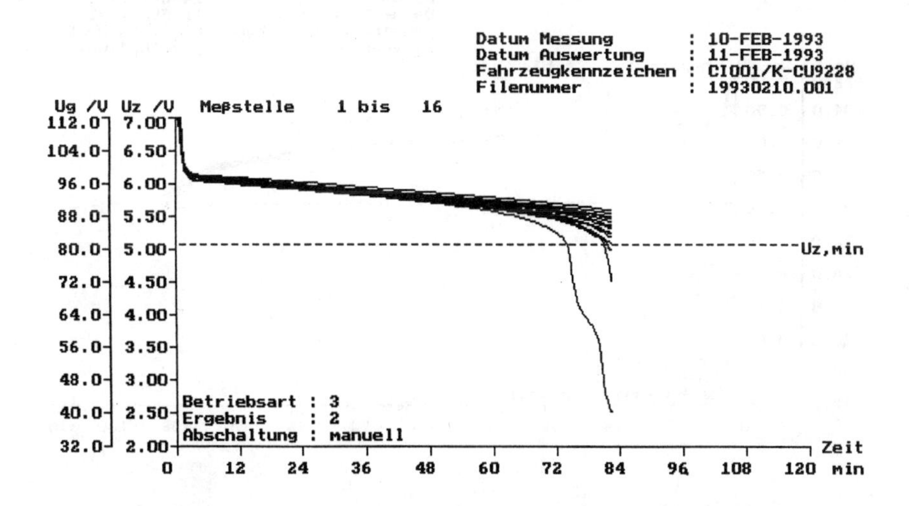

Bild 5.26: Kapazitätsprüfung einer Batterie mit einem defekten Modul

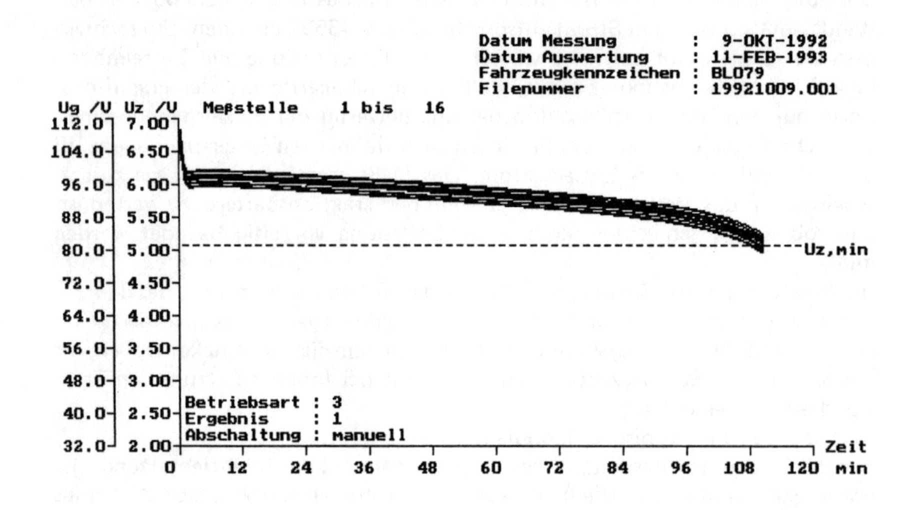

Bild 5.27: Kapazitätsprüfung einer Batterie während der Inbetriebsetzung

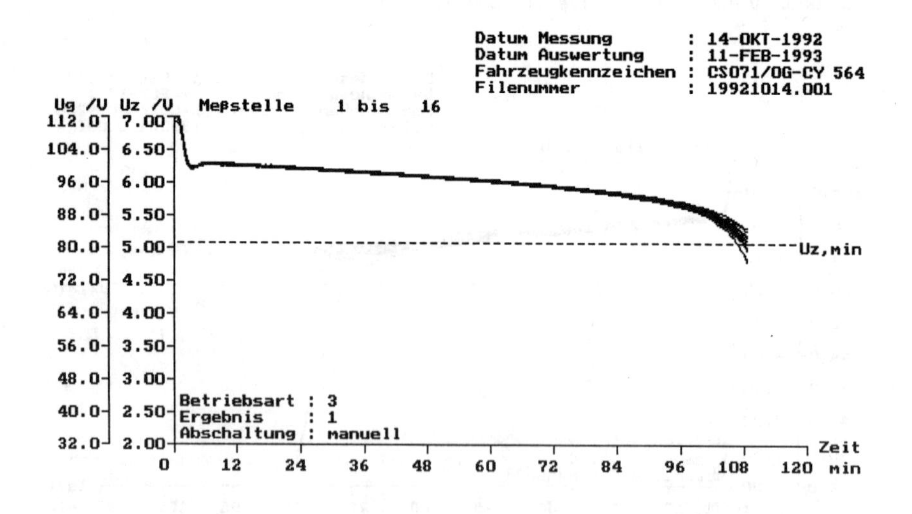

Bild 5.28: Kapazitätsprüfung einer Fahrzeug-Batterie nach der Inbetriebsetzung

5.6 Zusammenfassung

Energiespeicher mit wartungsfreien Bleibatterien sind in Elektrostraßenfahrzeugen mit einer Tagesfahrstrecke bis zu 50 Kilometern unter Stadtverkehrsbedingungen mit einer hohen Verfügbarkeit einsetzbar. Das Anwendungspotential für derartige Elektrostraßenfahrzeuge ist groß. Durch Optimierung der Ladetechnik, der Antriebstechnik und Gewichtsreduzierung des Fahrzeuges bei Anpassung an die spezielle Nahverkehrsaufgabe im individuellen Personen- und Wirtschaftsverkehr kann der Netzenergiebedarf von Elektrostraßenfahrzeugen mit wartungsfreien Bleibatterien, wie in Bild 5.29 dargestellt, erheblich reduziert werden. Ein Teil dieser Energiebedarfsminderung trägt zu einer Erweiterung der möglichen Tagesfahrstrecke bei und erweitert das Anwendungspotential von Elektrostraßenfahrzeugen mit wartungsfreier Bleibatterie.

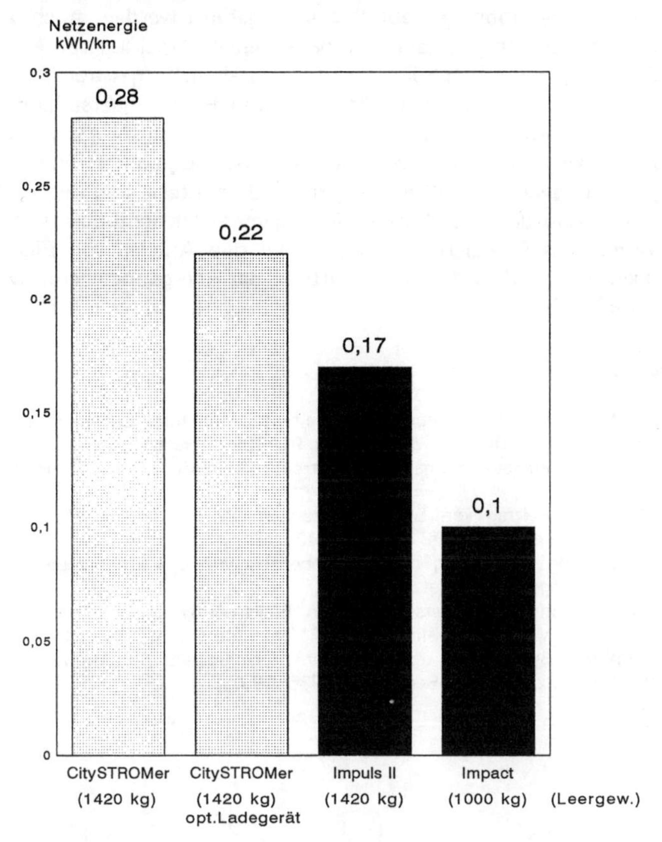

Bild 5.29: Netzenergiebedarf von Elektrofahrzeugen mit wartungsfreier Bleibatterie im ECE-Zyklus

Als gesicherte Batterielebensdauer wurde eine Betriebszeit von 4 Jahren nachgewiesen, in denen die Betriebskapazität mehr als etwa 600 mal entnommen werden kann. Diese Lebensdauererwartung setzt die Anwendung der Gelbatterie innerhalb eines Batterie Management Systems voraus, das über die Einhaltung der Betriebsgrenzen der Batterie wacht und ein Überschreiten dieser Grenzen verhindert.
Die Gelbatterie belastet bei derzeitigen Batteriekosten von etwa 500 DM pro kWh entnehmbarer Energie, einem nach einer Betriebszeit von 4 Jahren wiederverwendbaren Anwendungssystem und der Erneuerungsmontage, die Betriebskosten des Elektrofahrzeuges mit etwa 0,30 DM/km. Eine Reduzierung dieser Kosten müßte erwartet werden können, wenn eine größere Nachfrage den Einsatz von Serienfertigungseinrichtungen erlaubt und die Batteriemodule durch eine weiterentwickelte Verbindertechnik sowie durch integrierte Wärmetauschereinrichtungen montagefreundlicher ausgeführt werden. Auch die Komponenten des Anwendungssystems beinhalten ein Entwicklungspotential zur Kostenreduzierung, das durch höhere Fertigungszahlen ausgeschöpft werden kann. Dies wäre erreichbar, wenn bei Batterie- und Fahrzeugherstellern sowie den Elektrofahrzeuganwendern das hier dargestellte, langjährig erprobte Anwendungssystem verwendet und dessen Weiterentwicklung unterstützt würde.
Ein Anwendungssystem mit wartungsfreier Bleibatterie und den für jede Traktionsbatterie erforderlichen Batterie-Management-Einrichtungen stellt heute ein hoch verfügbares Energiespeichersystem für den Antrieb von Elektrostraßenfahrzeugen dar, an dem die Fortschritte in der Energiespeicherentwicklung gemessen werden können.

Literatur zu Kapitel 5

1) E. W. Mann: Elektrofahrzeuge – Umweltentlastung durch Stromanwendung im Individualverkehr. Elektrizitätswirtschaft Jg. 91 (1992), Heft 17.
2) Hautzinger, Taussaux, Hamacher: Elektroauto und Mobilität. IVT Heilbronn, Januar 1992.
3) P. Striftler: Beitrag von Elektrofahrzeugen zur Lösung von Verkehrsproblemen. Schriftenreihe der DVWG e. V., Band 143.
4) P. Mauracher: Ermittlung des Energiebedarfs von Elektrofahrzeugen. Energiewirtschaftliche Tagesfragen, Heft 11, 1992.
5) B. Sporckmann: Stromversorgung von Elektrofahrzeugen in der Bundesrepublik Deutschland. Vortrag anläßlich der HdT-Veranstaltung im September 1992.
6) H. Tuphorn, Büdingen, E. Zander, Essen: Verschlossene Bleiakkumulatoren für Elektrostraßenfahrzeuge. VDI Berichte Nr. 985, 1992.

6 Neue Batteriesysteme

Wilfried Fischer

6.1 Einleitung

In einer Welt, in welcher die Begrenzung der Schadstoffe und die sparsame Verwendung der Energie zu immer wichtigeren Aufgaben werden, wachsen die Anstrengungen der meisten Industrienationen zur Realisierung von elektrischen Straßenfahrzeugen sehr schnell. Als Ergebnis dieser Anstrengungen ist zu erwarten, daß der praktische Einsatz solcher Fahrzeuge noch in diesem Jahrzehnt in größeren Stückzahlen beginnt und daß sich die Wirtschaftlichkeit bald einstellen wird.
Die wichtigste Voraussetzung für die Verwendung von Elektrostraßenfahrzeugen ist das Vorhandensein von wiederaufladbaren Batterien (Akkumulatoren) mit ausreichend guten technischen Eigenschaften und akzeptablem Preis. Im folgenden wird ein Überblick gegeben über den Stand der Entwicklung solcher Batterien und über das inzwischen aufgebaute Produktionspotential.

6.1.1 Anforderungen an Fahrzeugbatterien

Die wichtigsten Forderungen an Batterien für Elektrostraßenfahrzeuge sind, wie u. a. in verschiedenen Kapiteln dieses Buches betont wird, die folgenden:
- hohes Verhältnis Energie zu Gewicht und Energie zu Volumen
- hohe Leistung pro Gewicht und Volumen
- hohe Zyklen- und Kalenderlebensdauer
- geringer Preis pro Energieeinheit
- hohe Sicherheit, gute Rezyklisierbarkeit der Materialien, hohe Verfügbarkeit der Rohstoffe usw.
- Etablierung von Serienherstellverfahren.

Der theoretische Wert des Verhältnisses Energie zu Gewicht (der spezifischen Energie) ist aus thermodynamischen Daten berechenbar. Bei der Rechnung wird nur das Gewicht der Reaktionspartner, nicht das von anderen Zellkomponenten wie Elektrolyt, Gehäuse usw. berücksichtigt. Dem theoretischen Wert kann man praktisch nahe kommen durch den Bau von Zellen mit sehr viel aktiver Substanz, so daß das Gewicht der übrigen Komponenten im Vergleich dazu klein wird. Die Entladezeit solcher Zellen ist dann sehr viel größer als in den meisten Anwendungsfällen erforderlich. Zellen mit einer meist erforderlichen Entladezeit von einigen Stunden besitzen üblicherweise eine spezifische Energie, die um den Faktor 4 – 5 geringer ist als der theoretische Wert (1).

Die theoretische spezifische Energie eines elektrochemischen Systems kann aus der Gleichung

$$\epsilon = -\frac{\Delta G}{\Sigma M_i}$$

berechnet werden. ΔG ist die freie Reaktionsenthalpie der ablaufenden elektrochemischen Reaktion und M_i sind die Molekulargewichte der an der Reaktion beteiligten Stoffe. Die Zellspannung ergibt sich aus

$$U_o = -\frac{\Delta G}{n \cdot F}.$$

F ist die Faradaykonstante und n die Anzahl der an der Reaktion beteiligten Elektronen. Die ΔG-Werte können thermodynamischen Tabellen entnommen werden. Tabelle 6.1 enthält ϵ- und U_o-Werte für einige Batterietypen, die für den Antrieb von Elektrostraßenfahrzeugen besonders geeignet sind.

Die Tabelle 6.1 stellt nur eine kleine Auswahl der möglichen Reaktanden-Kombinationen dar. Unter den möglichen elektrochemischen Systemen gibt es auch solche mit einer noch höheren theoretischen spezifischen Energie als die in Tabelle 6.1 genannten Werte. Bei diesen Systemen ist es bisher – z. B. wegen des Fehlens geeigneter Elektrolyte – nicht gelungen, praktisch brauchbare elektrochemische Zellen zu realisieren. Prinzipiell kann aber nicht ausgeschlossen werden, daß in Zukunft Batteriesysteme mit einer noch besseren Kombination von Eigenschaften gefunden werden.

6.1.2 Quantifizierung der Anforderungen und Vergleich mit experimentell ermittelten Werten

Die Forderungen an Fahrzeugantriebskomponenten sind häufig quantifiziert worden. Zu dem Zweck werden die geforderten Batterieeigenschaften aus dem gewünschten Fahrverhalten des Elektrofahrzeugs abgeleitet. Die Batterie soll dabei einen gewissen Anteil am Gesamtgewicht des Fahrzeugs nicht überschreiten, damit die Zuladung möglichst groß bleibt. Das Fahrverhalten wird charakterisiert durch Werte für die Reichweite pro Batterieladung, die Beschleunigung und die Maximalgeschwindigkeit. Das US Advanced Battery Consortium (USABC) kommt auf diese Weise für Fahrzeuge, die sowohl im Stadtverkehr als auch auf Autobahnen ein ausreichendes Fahrverhalten besitzen, zu den in Tabelle 6.2 aufgelisteten Anforderungen an eine Batterie.
Selbst die mittelfristigen Forderungen werden vom Bleiakkumulator keineswegs erfüllt. Zusammen mit der Tatsache, daß das Entwicklungspotential der Bleiakkus nahezu ausgeschöpft ist, folgt daraus, daß Batterien mit besseren Eigenschaften entwickelt werden müssen. Dieser Schluß wurde bereits vor einigen Jahrzehnten gezogen. Er hatte zur Folge, daß die Entwicklung der ver-

Tabelle 6.1: Eigenschaften von wiederaufladbaren Batterien

System	Pb/PbO_2	Ni/MH_x	Li/MO_x [g]	ZN/Br_2	Na/S	$Na/NiCl_2$	Li/FeS_2
Betriebstemp. [°C]	< 45	Umgeb.	Umgeb.	60	320	300–400	400
Elektrolyt	H_2SO_4	30% KOH	Polymer	$ZnBr_2 + H_2O$	Keramik	Keramik	Salzschm.
Ruhesp. (Zelle)) [V]	2	1.3	2.1	1.8	2.1	2.6	1.7
Energ. Dichte [Wh/kg]							
– theoretisch [a]	161	–	473	430	758	650	475
– experiment. [b]	35	65 [z]	150 [z]	55	110	76	ca. 120 [z]
– Ziel	40	120 [z]	150	80	120	100	200 [z]
Leist. Dichte [W/kg]							
– (Dauer/Puls) exp. [c]	80/160	90/400 [z]	150/500 [z]	70/890	95/150	60/195	307/400 [z]
– Ziel	120/300	–	100/500	120/120	> 10/185	70/120	
Exp. Lebensdauer [d]							
– Zelle [Zyklen(max)]	–	> 500	300 [z]	–	4000	2000	1000 [z]
[Jahre(max)]	–	ca. 1	1	–	4	–	0.9 [z]
– Batt. [Zyklen (charakt)]	750	–	–	400	1000	200	–
[Jahre (charakt)]	> 3		–	ca. 2	2	0.9	–
Status [e]	Serie	Laborfertg. Zelle	Laborfertg. Zelle	Erweiterte Laborfertg.	Pilot-Fertg.	Erweiterte Laborfertg.	Laborfertg. Zelle
Verfügbark. [f] [Jahre]	40 (Pb)	110 (Ni)	400 (Li)	40 (Zn)	6000 (Na)	110 (Ni)	400 (Li)
Literatur	7, 8	1, 4, 9–11	12–15	16–18	19–22	23–26	27–29

a) nur Reaktandengewicht berücksichtigt
b) 2-stündige Entladung
c) Puls = 30 sek
d) charakteristisch gemäß Weibull-Statistik
e) Status = Art der Fertigung
f) Vorräte / momentaner Jahresverbrauch
g) oder Li/MSx
z) Zellwerte, noch keine Batterien gebaut

Tabelle 6.2: Anforderungen des USABC an Batterien für Elektrostraßenfahrzeuge (2)

		mittelfr. Ziel	langfr. Ziel
Energie bei 3-stündiger Entladung	Wh/kg	80 (100)	200
	Wh/l	135	300
30 Sekunden Pulsleistung	W/kg	150(200)	400
	W/l	250	600
Lebensdauer	Jahre	5	10
	Zyklen	600	1000
Zulässiger Abfall der Kapazität und Leistung über die Lebensdauer	%	20	20
Spezifischer Preis bei > 10000 40 kWh-Batterien	$/kWh	< 150	< 100
Umgebungsbedingungen	°C	-30°C-65°C	-40°C-85°C
Ladezeit	h	< 6	3 – 6

schiedensten Batteriesysteme eingeleitet wurde. Sie wurde bei einigen Systemen bis heute fortgeführt und bei anderen Systemen wegen der (zu dieser Zeit) nicht lösbaren Probleme abgebrochen. Die Tabelle 6.1 charakterisiert den heutigen Stand der Entwicklung für die nach dem derzeitigen Kenntnisstand aussichtsreichsten Systeme. Der Vergleich der Tabellen 6.1 und 6.2 ergibt, daß die mittelfristigen Ziele von einigen der Batterietypen bereits erfüllt werden, daß jedoch andere Systeme bezüglich einer Eigenschaft oder sogar mehrerer Eigenschaften noch weit von den Zielen entfernt liegen. Die Fertigentwicklung dieser Systeme kann aus den verschiedensten Gründen (back up-System, Spezialanwendungen usw.) trotzdem interessant sein. Auf die Bewertung der Systeme wird in Abschnitt 6.3 eingegangen.
Wegen der großen Zahl von Kombinationsmöglichkeiten zwischen chemischen Elementen oder Verbindungen gibt es eine große Zahl von elektrochemischen Systemen, die im Prinzip das Potential haben, die Forderungen von Tabelle 6.2 zu erfüllen. Die bisher durchgeführten Entwicklungen haben jedoch gezeigt, daß häufig aus vorher schwer abschätzbaren Gründen nicht alle Forderungen gleichzeitig erreichbar sind oder zumindest mit den zur Verfügung stehenden Mitteln noch nicht erreicht wurden. Aus diesem Grund, also weil eine nicht abgeschlossene Entwicklung immer Risiken beinhaltet, hat sich die Bewertung der verschiedenen Systeme und damit das Spektrum der wichtigen Systeme im Laufe der Zeit geändert und es wird sich eventuell weiter ändern. Beispielsweise wurden drei der vor vier Jahren noch als aussichtsreich eingestuften Systeme (3) in Tabelle 6.1 nicht mehr berücksichtigt (Ni/Fe, Zn/Cl_2 und Li/FeS), dafür wurden 3 neue Systeme (Li/MS_x, Ni/MH_x und $Na/NiCL_2$) hinzugefügt, die als Elektrotraktionsbatterien in Frage kommen.

Der Ni/Fe-Akkumulator ist ein typisches Beispiel dafür, wie sich die Bewertung im Laufe der Zeit ändern kann. Er wurde früher als schnell entwickelbares System angesehen, welches bei besseren Eigenschaften im Vergleich zum Bleiakku die Erprobung von Elektrostraßenfahrzeugen bereits zu einem Zeitpunkt erlaubt, bei dem die Systeme mit höherem Entwicklungspotential (Systeme mit dem in Tabelle 6.2 aufgelisteten Erwartungshorizont) noch nicht zur Verfügung stehen. Inzwischen sieht es jedoch so aus, als ob der Ni/Fe-Akkumulator auch nicht mehr als Back-up-System in Frage kommt, weil diese Funktion vom Ni/Metallhydrid-System viel besser erfüllt werden kann. Das Antriebsmoment für die Fertigentwicklung von Ni/Fe-Batterien und für den Aufbau größerer Fertigungsanlagen entfällt damit auch nach Auffassung der Entwickler (4, 5).
In Tabelle 6.1 werden neben den realisierten Eigenschaften auch der durch die Fertigungseinrichtungen charakterisierte technische Stand angegeben. Auch daraus ist ersichtlich, daß sich die Systeme auf einem sehr unterschiedlichen Stand der Entwicklung befinden. Im folgenden wird auf die Eigenschaften der Systeme in Tabelle 6.1 und auf den Entwicklungsstand detaillierter eingegangen.

6.2 Entwicklungsstand

Der Begriff „Entwicklung" wird hier in einem sehr breiten Sinn verwendet. Er beinhaltet nicht nur die Produktentwicklung, sondern auch die Entwicklung der Fabrikationsverfahren und die Marktentwicklung. Da es sich bei Elektrostraßenfahrzeugen um einen potentiell sehr großen Markt handelt (man schätzt, daß allein im US-Staat Kalifornien ab 2003 mehr als eine Million Elektrostraßenfahrzeuge pro Jahr zugelassen werden), steht der größte Teil der Entwicklung für alle zu diesem Markt beitragenden Batterien noch bevor (30). Im folgenden werden die technischen Aspekte der Entwicklung (Produkt und Fabrikationsverfahren) für jedes der in Tabelle 6.1 aufgezählten Batteriesysteme besprochen.

6.2.1 Der Nickel/KOH/Metallhydrid-Akkumulator

Obwohl alkalische Nickel/Metallhydrid-Zellen bereits seit 1972 vorgeschlagen wurden (31, 32), sind ernsthafte Versuche mit diesem System erst ab 1987 durchgeführt worden (33, 34). Die kommerzielle Entwicklung begann etwa 1988 in der Absicht, Ni/Cd-Zellen in ihrem angestammten Gebiet (transportable Geräte) durch Cd-freie Zellen mit höherem Energieinhalt zu ersetzen. Dabei blieb die positive Nickelelektrode (genauer Nickelhydroxidelektrode) unverändert, während die negative Cadmium-Elektrode durch eine Wasserstoff-Feststoffspeicher-Elektrode ersetzt wurde. Da kleine zylindrische Zellen (AA-Typ mit 1.5Ah, C-Typ mit 4.5Ah) die an sie gestellte Erwartungen bezüglich Kapazität, Leistung und Lebensdauer im wesentlichen erfüllen, hat man nun damit

begonnen,.größere prismatische Zellen (45-300 Ah) für die Elektrotraktion zu entwickeln (1, 4, 9-11).
Der Aufbau eines Moduls entspricht demjenigen bekannter Systeme (Bleiakku, Ni/Cd-Akku). Zwei rechteckige Elektroden bilden mit dem dazwischen angeordneten, mit *KOH+LiOH* gefüllten Separator eine Basiseinheit. Mehrere seriengeschaltete Zellen in einem gemeinsamen Plastikgehäuse bilden das Modul. Die aktive Masse auf der positiven Elektrode ist – wie bei der Ni/Cd-Zelle – NiOOH, auf der negativen Elektrode eine Wasserstoff speichernde Metall-Legierung. Das eigentlich Neue an diesem Zelltyp ist also die Wasserstoff-Speicherelektrode. In der Zelle laufen bei nicht extremen Ladezuständen die beiden folgenden Teilreaktionen ab, die sich zu der darunter stehenden Gesamtreaktion addieren (11).

positive Seite: $$NiOOH + H_2O + e^- \underset{\text{laden}}{\overset{\text{entladen}}{\rightleftharpoons}} Ni(OH)_2 + OH^-$$

negative Seite: $$\frac{1}{x} MH_x + OH^- \longleftrightarrow \frac{1}{x} M + H_2O + e^-$$

Gesamtreaktion: $$NiOOH + \frac{1}{x} MH_x \longleftrightarrow Ni(OH)_2 + \frac{1}{x} M$$

Wasser geht nicht in die Gesamtreaktion ein. Das auf der negativen Seite beim Entladen gebildete Wasser wird auf der positiven Seite wieder verbraucht. Die Gesamtreaktion besteht im wesentlichen in der Oxidation des in der Legierung gespeicherten Wasserstoffs.
Die Zellen werden in der Regel gasdicht gebaut. Dies ist möglich, weil der beim Überladen an der positiven Elektrode entstehende Sauerstoff chemisch mit dem gleichzeitig sich an der negativen Elektrode bildenden MH_x zu M und H_2O abreagiert (11). Beim Überentladen wird der an der positiven Elektrode entstehende Wasserstoff an der negativen Elektrode elektrochemisch verbraucht. Die Zelle ist also unempfindlich gegen Überladung und Überentladung. Die beim Überentladen entstehende leichte Erhöhung des Sauerstoffdrucks kann durch geeignete Wahl der Zusammensetzung der Speicherlegierung in technisch vertretbaren Grenzen gehalten werden.
Als eines der ersten Speichermaterialien wurde u. a. die auch heute noch benutzte Legierung $LaNi_5$ und Variationen davon (AB_5-Legierungen) vorgeschlagen (32). Insbesondere bei der Optimierung von H_2-Speicherlegierungen für eine zukünftige Wasserstoff-Wirtschaft hat sich jedoch gezeigt, daß Legierungen mit den Bestandteilen Vanadium, Titan, Zirkonium, Nickel und Chrom noch mehr Wasserstoff speichern können (bis zu 400 Ah/kg Speicherkapazität im Vergleich zu 250 Ah/kg bei $LaNi_5$ (10)). Neben der Optimierung der Speicherkapazität werden durch Parametrierung der Zusammensetzung und der Herstellverfahren noch eine Reihe anderer für den Einsatz in Nickel/Metallhydrid-Batterien wichtige Parameter optimiert wie (10)

– Korrosionsbeständigkeit gegen KOH und Sauerstoff
– Wasserstoffbindung an das Metallgitter derart, daß a) eine starke Bindung vermieden wird, da sonst die elektrochemische Energie zu klein würde und daß b) eine zu schwache Bindung vermieden wird, da sonst der Wasserstoff-Gleichgewichtsdruck zu hoch würde
– katalytische Eigenschaften der Oberfläche bezüglich der elektrochemischen Reaktionen und der chemischen Rekombinations-Reaktionen
– Wasserstoffdiffusionsgeschwindigkeit
– Metallurgische Eigenschaften wie die Duktilität und Sprödigkeit, die für die Herstellung wichtig sind
– Kosten usw.

Ein Beispiel für Optimierungsversuche ist in Bild 6.1 wiedergegeben. Das Diagramm zeigt, daß der Gleichgewichts-Wasserstoffdruck durch Veränderung der Legierung (A-->) erniedrigt werden kann. Beispiele für die Zusammensetzung von Legierungen sind $V_{22}Ti_{16}Zr_{16}Ni_{39}Cr_7$ und $V_{53}Ti_{17}Ni_{14}Cr_{16}$.

Die Entwicklung der Ni/MH_x-Zellen und die grundlegenden Messungen dazu wurden zum größten Teil an kleinen Zellen mit einer Kapazität zwischen 1,5 und 5 Ah durchgeführt. Inzwischen wurden Zellen bis zu einer Größe von 300 Ah für den Antrieb von Elektrostraßenfahrzeugen entwickelt. Bild 6.2 zeigt Entladekurven einer 200 Ah-Zelle (10). Aus der 100 A-Entladekurve (2-stündige Entladung) ergibt sich eine spezifische Energie von 65 Wh/kg. Bei kleineren Zellen wurden höhere Werte gemessen (75 Wh/kg bei 50 Ah-Zellen). Die Weiterentwicklung wird mit dem Ziel durchgeführt, eine noch höhere spezifische Energie zu realisieren. Aus Bild 6.2 ergibt sich weiterhin, daß die maximale Dauerleistung einem höheren als dem 1-stündigen Entladestrom entspricht. Kleine Zellen des Typs C wurden sogar mit 4 mal dem einstündigen Strom entladen (9), jedoch dürften diese hohen Werte wegen der selbst bei Kühlung auftretenden Aufwärmung kaum auf große Zellen und schon gar nicht auf Batterien übertragbar sein. Dagegen kann der maximale Pulsstrom, bei dem die thermische Belastung gering ist. sehr hoch sein. Eine 25 Ah-Zelle wurde während 20 Minuten jede Minute mit einem fast 400 W/kg entsprechenden 10-Sekunden-Stromimpuls belastet (4).

Die Lebensdauer von Ni/MH_x-Zellen dürfte mit derjenigen von Ni/Cd-Zellen vergleichbar sein. Bei kleinen zylindrischen Zellen vom Typ C wurden Lebensdauern von 900 Zyklen bei 100 % Entladung und von 500 Zyklen bei 115 % Aufladung und 110 % Entladung gemessen (4). Ein fünf Ah-Zellen enthaltendes Modul ist seit 500 Zyklen bei 80 % Entladung ohne Kapazitätsabfall in Betrieb (11). Weitere Lebensdauerversuche sind im Gange (4, 11).

Zusammenfassend ergibt sich: Ni/MH_x-Zellen besitzen ein höheres Verhältnis Energie/Gewicht und Leistung/Gewicht (auch die auf das Volumen bezogenen Werte sind höher) als Bleizellen Ni/Fe-Zellen und Ni/Cd-Zellen. Die Lebensdauer ist nach den wenigen bisher durchgeführten Messungen mit derjenigen von Ni/Cd-Zellen vergleichbar. Von diesen technischen Gesichtspunkten her ist die Wahrscheinlichkeit groß, daß Ni/MH_x-Batterien Blei-, Ni/Fe- und Ni/Cd-

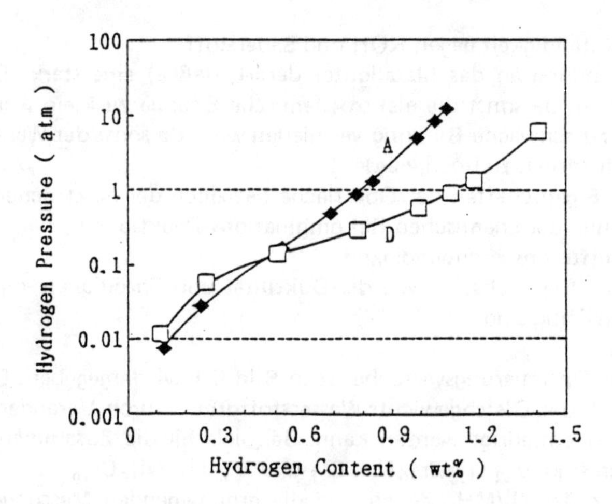

Bild 6.1: Wasserstoffdruck verschiedener Legierungen bei 30°C
A: Ti-Zr-V-Ni-Cr-Legierung
D: Optimierte Legierung für kleinen Wasserstoffdruck

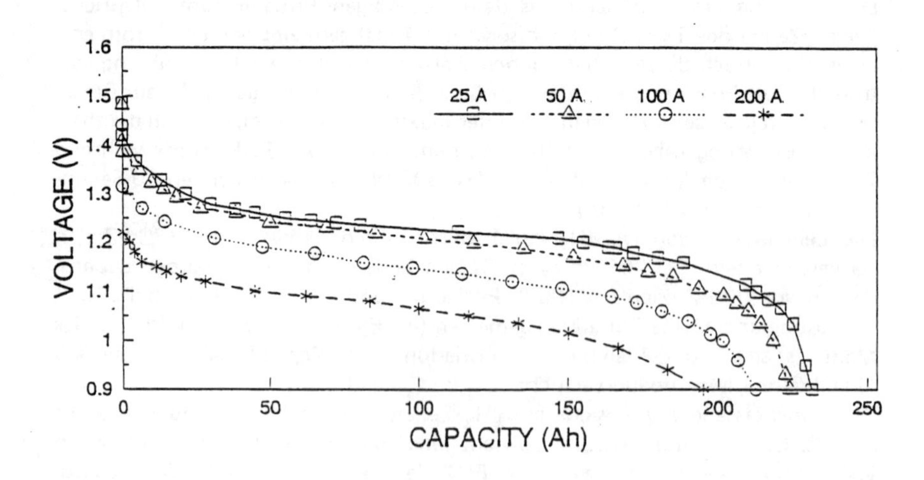

Bild 6.2: Entladekurven einer 200 Ah Ni/MH_x-Zelle bei 25, 50, 100 und 200 A (9)

Batterien aus dem Anwendungsgebiet *Antrieb von Elektrofahrzeugen* verdrängen werden. Voraussetzungen dafür sind allerdings, daß bei der weiteren Entwicklung, die in USA vom USABC gefördert wird (36), folgende Fragen positiv beantwortet werden.

- Die guten Ergebnisse wurden meist mit kleinen zylindrischen Zellen (Kapazität < 5 Ah) erhalten. Sind die Ergebnisse auf große prismatische Module und auf daraus gebaute Batterien (Kapazität > 100 Ah) für die Elektrotraktion übertragbar?
- Kann der Aufwand für die bei längerem Betrieb notwendige Kühlung und für die bei kaltem Klima notwendige Heizung klein gehalten werden, so daß die spezifische Energie und Leistung der Batterie genügend groß wird?
- Sind die Rohstoffe für das Wasserstoff-Speichermaterial bei großem Markt verfügbar und sind die Kosten für diese Rohstoffe genügend klein?

6.2.2 Der Lithium/Polymer/Metalloxid (oder Metallsulfid) -Akkumulator

Während klassische Primärzellen (einmal entladbare Zellen) wie Zink/Braunstein-Elemente durch Zellen mit Lithiumanode, die einen wesentlich höheren Energieinhalt besitzen, bereits teilweise vom Markt verdrängt wurden, befinden sich Sekundärzellen (wiederaufladbare Zellen) mit Lithiumanode zum größten Teil noch in einem relativ frühen Entwicklungsstadium. Da die theoretische spezifische Energie und damit das Potential für das Erreichen eines praktisch hohen Wertes der spezifischen Energie ähnlich hoch ist wie beim Na/S-System, ergibt sich die Möglichkeit, die in Tabelle 6.2 geforderte spezifische Energie bei Umgebungstemperatur oder zumindest bei Temperaturen unter 100°C zu erreichen.
Bild 6.3 zeigt den prinzipiellen Aufbau einer Zelle. Bei einer Zelldicke von 0,3 mm kann z. B. eine Fläche von $0{,}1 m^2$ durch Aufrollen in einer D-Zelle mit einem Volumen von 26 cm^3 untergebracht werden. Die resultierende spezifische Energie beträgt etwa 100 Wh/kg (12). Bei Zellen mit größerer Fläche und Kapazität für den Elektrofahrzeugantrieb geht man meist (aber nicht bei allen Entwicklern) zu ebenen Folienpaketen und zum Bau prismatischer Zellen bzw. Moduln über (vgl. 6.2.1).
Bei Einzelzellen für die Elektrotraktion sind die Eigenschaften inzwischen auf Werte von 150 Wh/kg spezifische Energie, 100 W/kg Dauerleistung, 500 W/kg einminütige Pulsleistung und 300 Zyklen Lebensdauer verbessert worden (14). Diese Werte beziehen sich auf den Betrieb bei Umgebungstemperatur. Ausgehend von diesen Werten ist nun geplant, die Entwicklung von Moduln mit einem Energiegehalt von 1 bis mehrere kW anzuheben. Auch durch Erhöhung der Betriebstemperatur auf z. B. 80°C ist es möglich, hohe spezifische Energien und Leistungen zu erreichen. Für diesen Fall wurde vorgeschlagen, die Betriebstemperatur mit Hilfe einer die Zellen umgebenden konventionellen Wärmedämmung und eines Heiz-/Kühlsystems zu regeln (37). Eine solche Batterie

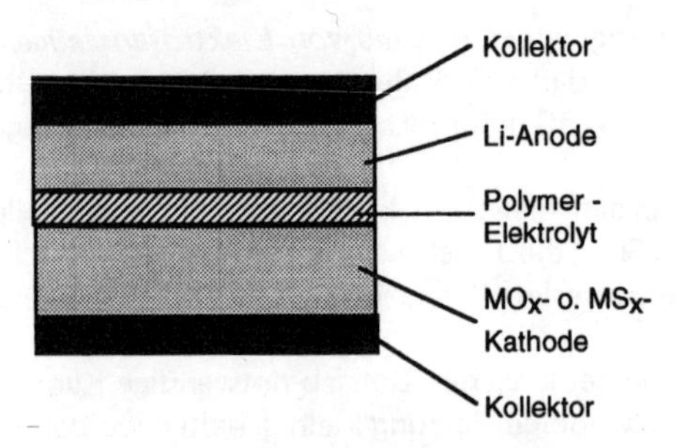

Bild 6.3: Aufbau einer Li/Polymer/MO_x- oder Li/Polymer/MS_x-Zelle

hat ein Gewicht von 407 kg, eine Energie von 54 kWh (122 Wh/kg) und eine 20 Sekunden Pulsleistung von 104 kW bei 50 % Entladung (255 W/kg). Für die Berechnung dieser Eigenschaften wurden spezielle Annahmen gemacht. Die folgende Aufstellung soll einen Eindruck vermitteln von der Vielzahl der Parameter (in denen sich die Entwicklungsgruppen teilweise unterscheiden), die bei der zukünftigen Entwicklung ausgewählt oder festgelegt werden müssen.

- Für den kathodischen Stromkollektor wird meist Ni verwendet.
- Geeignete Kathoden werden hergestellt aus einem Metallgitter, Graphitpulver, einem Binder (z. B. Teflon) und einem Li-Ionen aufnehmenden Material. Stoffe, die Li in ihrem Kristallgitter aufnehmen können, sind TiS_2^2, MoS_2, $NbSe_3$, V_2O_5, MnO_2, CoO_2 usw.
- Als Elektrolyt wurden bisher Lösungen eines Lithiumsalzes wie $LiClO_4$, $LiPF_6$, $LiBF_4$ usw. in organischen Lösungsmitteln wie Äther oder Ester, oder Ionen leitende Polymerfolien verwandt. Flüssige organische Elektrolyte haben den Vorteil einer höheren Leitfähigkeit, aber den Nachteil, daß eine Passivierung der Anode durch Reaktion des Elektrolyten mit dem Anodenmaterial auftritt. Bei Polymerfolien gibt es diese Probleme nicht, aber die Leistung der Zelle bei Umgebungstemperatur wird durch den höheren Elektrolytwiderstand begrenzt. Ein wesentlich niedrigerer Widerstand und eine entsprechend höhere Leistung ergeben sich z. B. bei 80°C Betriebstemperatur (12).
- Als Anodenmaterial werden entweder Lithium als Metall oder Legierungen mit Al, Si, Sn, Pb usw. eingesetzt. Gründe für die Verwendung von Legierungen sind die Reduzierung des Passivierungseffektes und die Erhöhung der Sicherheit.

Wiederaufladbare Lithium-Batterien werden für wenig anspruchsvolle Anwendungen wie die Energieversorgung elektronischer Geräte bereits praktisch eingesetzt. Für anspruchsvolle Anwendungen, wie dem Antrieb von Elektro-Fahrzeugen, befinden wir uns noch im Frühstadium der Entwicklung. Das Entwicklungs-Potential für die Traktionsanwendung ist groß, jedoch ist damit zu rechnen, daß noch eine Entwicklungszeit von mindestens 10 Jahren aufgewendet werden muß, ehe ein verkaufsfähiges Produkt resultiert. Dazu wird es notwendig sein, die Arbeiten auf die Entwicklung des besten Systems, auf die Erhöhung der Leistung, auf die Verlängerung der Lebensdauer und auf den Nachweis einer ausreichenden Sicherheit zu konzentrieren.

6.2.3 Das Zink/wässrige Zinkbromidlösung/Brom-System

Bild 6.4 zeigt den prinzipiellen Aufbau des Zn/Br_2-Akkumulators (17). Zink ist auf der negativen Graphit-Elektrode abgeschieden. Brom befindet sich als mit dem Elektrolyten nicht mischbarer Komplex in einem externen Speicher. Als Elektrolyt wird eine wässrige $ZnBr_2$-Lösung verwendet, in der zur Erhöhung der Leitfähigkeit KCl, NaCl und/oder HBr gelöst sind. Ein Separator zwischen den beiden Elektroden verhindert, daß größere Mengen Brom von der positiven zur negativen Elektrodenkammer gelangen. Eine ungehinderte Selbstentladung wird dadurch verhindert. Als Separatoren werden mikroporöse Membranen oder Ionentauscher-Membranen verwendet.
Beim Laden einer Zelle (oder einer Batterie) wird auf der negativen Elektrode Zink abgeschieden, an der positiven Elektrode entsteht Brom. Dieses reagiert mit dem in Tröpfchenform an der Elektrode vorbeigeführten Komplexierungsmittel, und die Tröpfchen setzen sich im rechten Behälter ab. Während der Entladung gibt der Bromkomplex das Brom wieder an den Elektrolyten ab. Damit

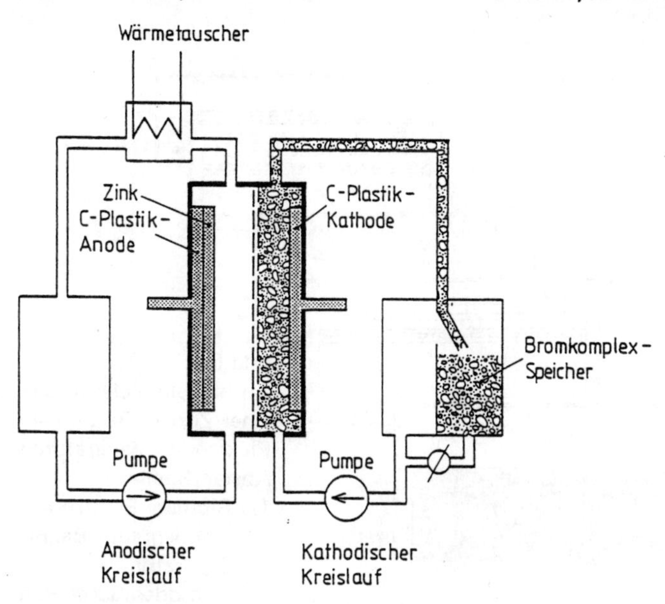

Bild 6.4: Prinzip des Zink/Brom/Akkumulators mit zwei getrennten Elektrolyt-Kreisläufen

steht gelöstes Brom an der positiven Elektrode und Zink an der negativen Elektrode für die zur Energieerzeugung genutzte elektrochemische Reaktion zur Verfügung. Bei der Reaktion wird $ZnBr_2$ gebildet. Das Salz löst sich im Elektrolyten, und die $ZnBr_2$-Konzentration nimmt zu. Umgekehrt nimmt sie beim Laden wieder ab.

Wie aus Bild 6.4 hervorgeht, enthält eine Zn/Br_2-Batterie mehrere Komponenten. Die Zellen sind – wie Bild 6.5 zeigt – aus Elektroden, Separatoren und Abstandshaltern aufgebaut, die je in einem Kunststoffrahmen eingepaßt sind. In den Rahmen sind Elektrolytkanäle eingebaut. Die Teile werden meist in bipolarer Anordnung aufgebaut, wobei eine Batterie bis zu 100 serien-geschaltete Zellen enthält. Längere Zellketten werden vermieden, da bei höherer Spannung der parasitäre elektrische Strom durch die hydraulisch parallel geschalteten Elektrolytversorgungskanäle der Zellen zu groß würden. Deshalb werden bei System-Spannungen > 150 V mehrere separat mit Elektrolyt versorgte Zellenpakete (Submoduln) in Serie geschaltet (17). In Bild 6.4 sind die (wegen der parasitären Ströme im Querschnitt sehr kleinen) Elektrolytversorgungskanäle der Übersicht halber nicht dargestellt.

Gemäß dem von der S.E.A. benutzten Herstellungsverfahren werden die in Bild 6.5 dargestellten Kunststoffrahmen am Rande miteinander verschweißt, so daß auf diese Weise ein nach außen dichtes Aggregat entsteht (13). Bei dem früher und von anderen Herstellern angewandten Klebeverfahren ist dies nicht der Fall (18).

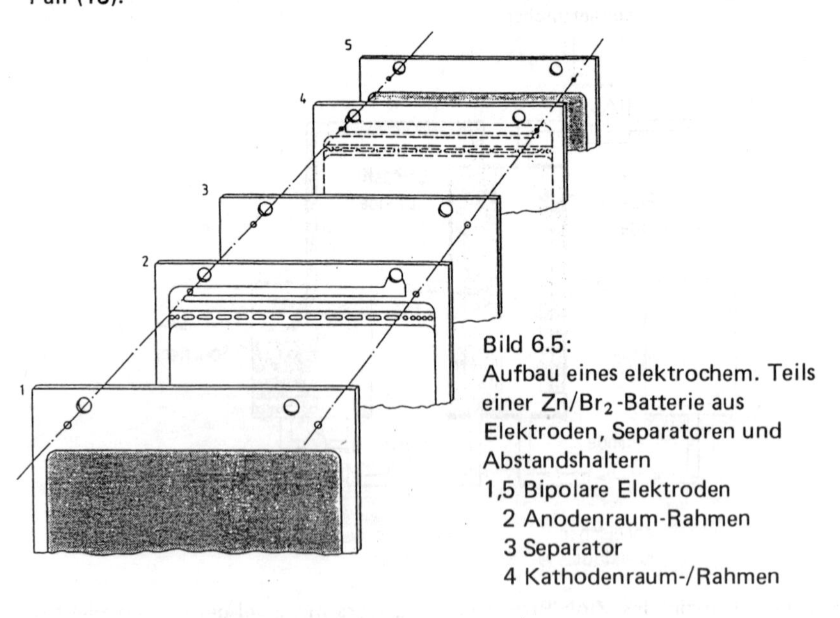

Bild 6.5:
Aufbau eines elektrochem. Teils einer Zn/Br_2-Batterie aus Elektroden, Separatoren und Abstandshaltern
1,5 Bipolare Elektroden
2 Anodenraum-Rahmen
3 Separator
4 Kathodenraum-/Rahmen

Die Betriebsparameter der Zink/Brom-Batterie müssen dauernd überwacht und auf vorgegebene Werte eingeregelt werden, um einen reibungslosen und sicheren Betrieb zu garantieren. Bei S.E.A. werden die folgenden Funktionen von einem Minicomputer kontrolliert (16):

- der Ladevorgang,
- die Inbetriebnahme,
- die Außerbetriebnahme
- und die von Zeit zu Zeit zur Herstellung des Ausgangszustandes und zur Vermeidung der Bildung von Zinkdentriten auf der Anode durchzuführende Vollentladung.

Außerdem wird dafür gesorgt, daß die Maximalspannung nicht überschritten wird, daß mehrere Temperaturen, der Leckstrom, die Ruhespannung beim Laden und Entladen und daß die Ströme der Pumpenmotoren überwacht und geregelt werden.

Insgesamt wurden bei der S.E.A. bis Ende 1992 Batterien mit einem Gesamtenergieinhalt von 6.5 MWh hergestellt (16). Die Batterien wurden für Laborversuche und für Fahrversuche verwendet. Mehrere Batterien wurden jeweils für den Antrieb von VW-Transportern und von Fiat-Pandas eingesetzt. Außerdem wurden durch abwechselnde Verwendung einer Bleibatterie und einer Zink/Brom-Batterie zum Antrieb eines Calenta Minicab Busses und des Kleinautos „Mini-El-City" vergleichende Versuche mit den beiden im Gewicht etwa gleich gewählten Batterietypen durchgeführt. Das wichtigste Ergebnis der Vergleichsversuche ist, daß die Reichweite bei Verwendung einer Zink/Brom-Batterie etwa 3 mal höher ist als bei Verwendung eines Bleiakkus. Für die beiden ersten Fahrzeuge wurden Zink/Brom-Batterien mit folgenden Eigenschaften eingesetzt, wobei sich die erste Zahl auf die Batterie für den VW-Transporter, die Zahl im Klammern auf die Batterie für den Panda bezieht:

- Batteriegewicht 700 (330) kg
- Spannung 216 (96) V
- Energie 45 (20) kWh
- spezifische Energie 65 (60) Wh/kg
- spezifische Spitzenleistung bei voll geladener Batterie 100 (100) W/kg.

Über die Batterielebensdauer liegen nur wenige Informationen vor. 1985 wurde ein 1 kWh-Modul 400 mal zyklisiert (38). 1989 befanden sich mehrere 1 bis 4 kWh-Moduln im Dauertest, wobei (bei gelegentlicher Wartung) bis Mitte 1992 bis zu 400 Zyklen erreicht wurden. Das Versuchsende war zu dieser Zeit noch nicht erreicht (39). Für Batterien wird derzeit eine Lebensdauer von 500 Zyklen angegeben (40).

Die noch laufenden Entwicklungsarbeiten betreffen die Erhöhung der Lebensdauer und des Wirkungsgrades, die Reduktion der Selbstentladung und die Entwicklung von Herstellverfahren.

6.2.4 Das Natrium/Beta/Aluminiumoxid/Schwefel-System

Die wichtigsten Komponenten einer Na/S-Zelle sind – wie Bild 6.6 zeigt – die beiden schmelzflüssigen Reaktanden Natrium und Schwefel, das als Trennwand und Elektrolyt dienende Keramikrohr und das Zellgehäuse. Das als positiver Stromanschluß benutzte metallische Zellgehäuse und das natriumionenleitende Beta-Aluminiumoxid-Keramikrohr sind oben dicht miteinander verbunden, so daß die Reaktanden von Luftzutritt geschützt sind und keine Reaktionsstoffe nach außen dringen können. Die Funktion nicht unmittelbar beeinflußende Bauteile sind ein am Festelektrolyt eng anliegender metallischer Einsatz im Natriumraum und Graphitfilz im Schwefelraum. Der Einsatz im Natriumraum verhindert bei Elektrolytbruch die Reaktion einer größeren Menge Natrium mit Schwefel. Er garantiert auf diese Weise die Sicherheit der Zelle. Der Graphitfilz erhöht die effektive Leitfähigkeit der Schwefel-Elektrode und vergrößert die für die elektrochemische Reaktion zur Verfügung stehende Oberfläche. Der Beitrag der Schwefelelektrode zum Widerstand der Zelle wird dadurch minimiert.

Beim Entladen der Zelle wandert Natrium als Ion durch das Elektrolytrohr. Im negativen Elektrodenraum wird also Natrium verbraucht, und im positiven Elektrodenraum bilden die dort ankommenden Natriumionen mit Schwefel das Reaktionsprodukt Na_2S_x $(5 > x > 3)$. Dieser Vorgang kann solange fortgesetzt werden, bis fast alles Natrium verbraucht ist, oder bis Schwefel vollständig in Na_2S_3 umgesetzt ist. Beim Laden verlaufen alle Vorgänge in umgekehrter Richtung.

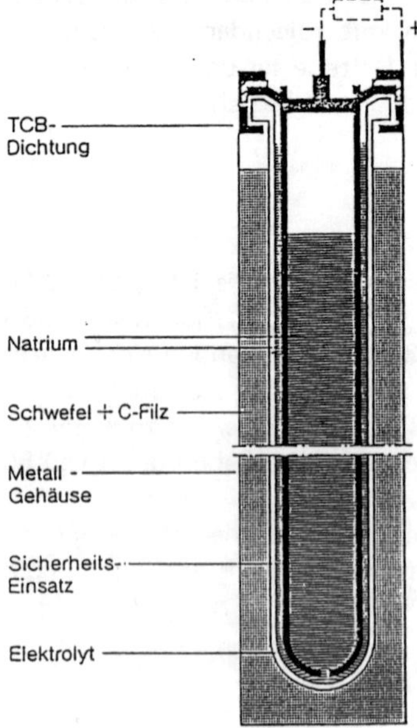

Bild 6.6:
40 Ah Na/S-Zelle, Typ A04/A08 von ABB (19, 20). Die CSPL/RWE-Standardzelle ist ähnlich, aber kleiner (10 Ah) (41)

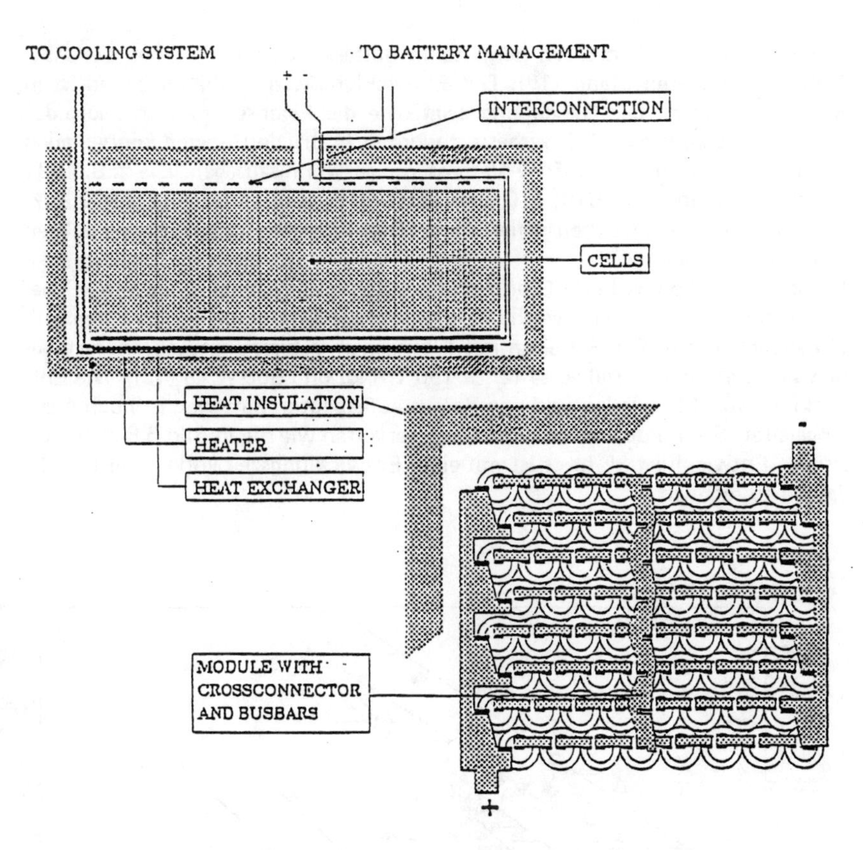

Bild 6.7: Na/S-EV-Batterie mit Flüssigkeitskühlung für die Serienfertigung

In Bild 6.7 ist das Prinzip einer Na/S-Batterie dargestellt, wobei links oben die Batterie im Schnitt und rechts unten eine Ansicht der Batterie von oben (ohne Wärmedämmung) gezeigt wird. Die zylindrischen Zellen sind vertikal und hexagonal in die thermische Isolation eingebaut und so serien-parallel geschaltet, daß eine für die Anwendung passende Spannung resultiert. Innerhalb der thermischen Isolation befinden sich außerdem eine Heizplatte, die bei $T < T_u$ (T_u unterer Temperatur-Regelpunkt) vom Netz oder von der Batterie (falls nicht mit dem Netz verbunden) mit Heizenergie versorgt wird, und eine Wärmetauscherplatte, die bei zu hoher Batterietemperatur von einem flüssigen Kühlmedium durchströmt wird. Die 30 mm dicke, glasfasergefüllte, evakuierte Doppelwandisolation iminimiert die Wärmeverluste, so daß die auf Betriebstemperatur befindliche Batterie je nach Größe auch ohne Heizung noch 10 bis 40 Stunden im Betriebstemperaturbereich (290 – 350°C) bleibt.

Die in Bild 6.7 schematisch dargestellte Batterie repräsentiert den bei ABB 1990/91 erreichten Stand (19). Der Entwicklungsweg zu diesem Stand ist in Bild 6.8 skizziert. Die Darstellung zeigt, wie die Eigenschaften im Laufe der Entwicklung kontinuierlich verbessert wurden (42). Die Geraden können auch benutzt werden, um zukünftige Verbesserungen vorauszusagen. Die z. B. 1991 ablesbaren Kennwerte (B19: 110 Wh/kg, 150 W/kg Pulsleistung; B15: 500 Zyklen charakteristische Lebensdauer nach Weibillstatistik) geben den damaligen Entwicklungsstand wieder.
Die in Bild 6.8 dargestellte Grafik und die darin enthaltenen Zielwerte x_i^* beziehen sich auf Batterien, welche zylindrische Zellen der in Bild 6.5 dargestellten Art enthalten. Für Batterien mit Flachzellen in bipolarer Anordnung ergeben sich viel höhere Zielwerte (z. B. 190 Wh/kg und 600 W/kg (43)). Die Entwicklung von Flachzellen und von daraus aufgebauten Batterien ist noch nicht eingeleitet. Sie würde vermutlich ähnlich verlaufen wie die in Bild 6.8 charakterisierte Entwicklung, d. h. es ist mit einer Entwicklungszeit von mindestens 10 Jahren zu rechnen.

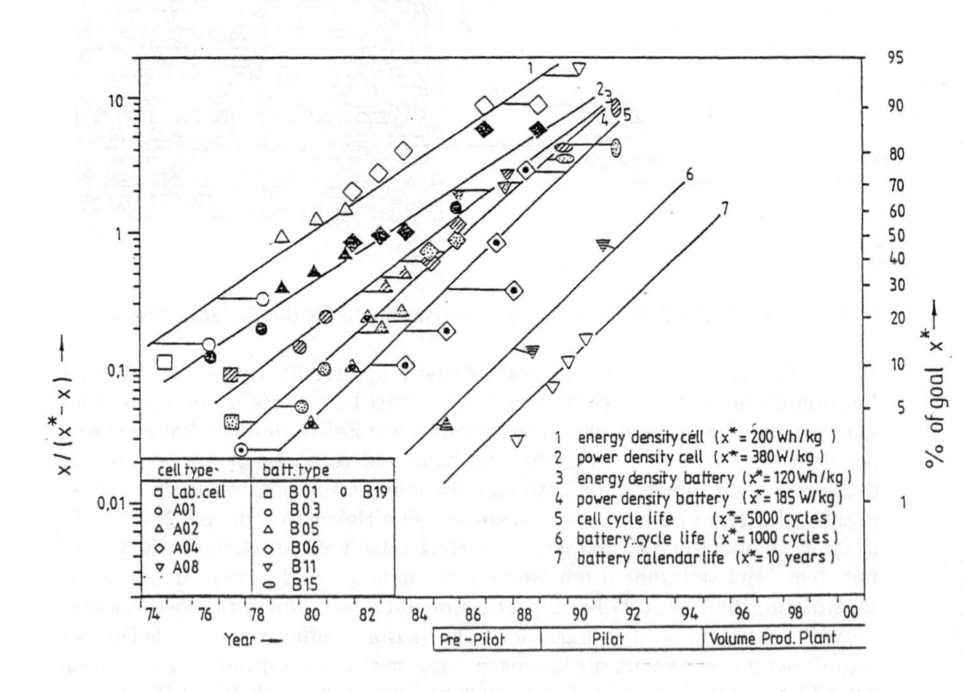

Bild 6.8: Trend-Analyse: Anwachsen typischer Kenngrößen von Na/S-Zellen und Na/S-Batterien mit der Entwicklungszeit

Der gegenwärtige Stand der Technik kann folgendermaßen charakterisiert werden.

- Seit 1991 werden in der Pilotfertigung von ABB (Kapazität 3 MWh/Jahr 1991 –––> 10 MWh/Jahr 1993) hauptsächlich 10, 20 und 40 kWh-Batterien der in Bild 6.7 dargestellten Bauserie hergestellt (siehe Bild 6.8 (20)). Die Batterien werden im Labor getestet oder für Fahrversuche bei speziellen Kunden eingesetzt. Bei CSPL/RWE ist eine Pilotanlage in der Erprobung (41).
- Die Qualität der Batterien entspricht den aus Bild 6.8 abgeleiteten Erwartungen, und das Fahrverhalten der damit angetriebenen Fahrzeuge entspricht den Anforderungen in Städten und im stadtnahen Verkehr (21).
- Mit Na/S-Batterie-Fahrzeugen wurden kumuliert bis Ende 1992 mehr als 500.000 km zurückgelegt. Einige ABB-Batterietypen wurden unter Aufsicht des TÜV sicherheitsgetestet und für die Benutzung auf öffentlichen Straßen zugelassen. Die maximal mit einer Batterie zurückgelegte Fahrstrecke beträgt gegenwärtig 23.000 km.
- Na/S-Batterien werden auch für den Spitzenlastausgleich im elektrischen Netz eingesetzt. Eine 8 MWh/1 MW-Batterie wird seit 1991 erfolgreich betrieben (44).

Die wichtigsten noch zu lösenden Entwicklungsprobleme sind die Erhöhung der Lebensdauer und die Weiterentwicklung der Herstellungsprozesse.

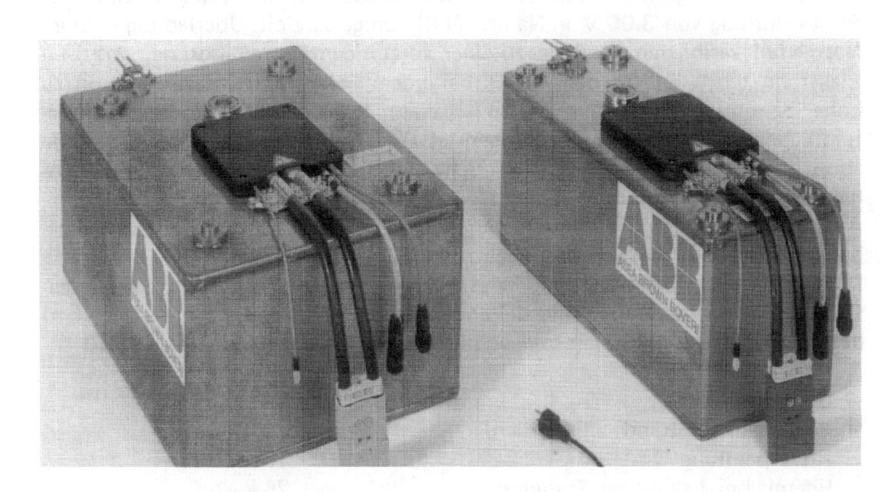

Bild 6.9: ABB-Na/S-Batterien B017 (20 kWh) und B016 (10 kWh)

6.2.5 Das Natrium/Beta/Aluminiumoxid/Nickelchlorid (Zebra)-System

Da Na/$NiCl_2$-Zelle oder Zebra-Zelle ist der in Bild 6.5 dargestellten Na/S-Zelle sehr ähnlich. Die Na/Elektrode und der rohrförmige Beta-Aluminiumoxid-Elektrolyt entsprechen einander. In beiden Fällen führt die Form der Elektrolyten zu einem zylindrischen Aufbau der Zelle. Bild 6.10 zeigt das Prinzip der 40 Ah Na/$NiCl_2$-Zelle von Beta Research & Development Ltd. (23). Der wesentliche Unterschied zur Na/S-Zelle besteht darin, daß ein anderes positives Reaktionsmaterial (Nickelchlorid statt Schwefel) gewählt wurde. Ein zweiter Unterschied besteht bei dem von Beta Research & Development gewählten Bauprinzip darin, daß die Reaktandenräume vertauscht sind (inverse Zelle). Bei der Entladung einer solchen Zelle werden Natrium und Nickelchlorid in Natriumchlorid und Nickel umgewandelt. Dies ist – wie die entsprechende Reaktion in einer Na/S-Zelle – ein reversibler Prozeß, die Aufladung stellt den ursprünglichen Zustand wieder her.
Bild 6.11 zeigt, daß der Entlade/Ladereaktion eine Ruhespannung von 2.58 V entspricht. Die Darstellung zeigt außerdem, daß die Zelle wegen des überschüssig vorhandenen Natriums überentladen werden kann. Dabei wird ein Teil des als zweiter Elektrolyt in die positive Elektrode eingebauten $NaAlCl_4$ (Schmelzpunkt 157°C) bei einer Ruhespannung von 1.58 V in Al und NaCl umgesetzt. Dies ist wichtig für Batterien mit mehreren parallelen Zellsträngen, in denen es vorkommen kann, daß ein intakter Strang durch in der Batterie zirkulierende Ströme Ladung an einen Strang mit niedrigerer Ruhespannung (wegen defekter Zellen) abgibt. Dies führte früher bei nicht überentladbaren Zellen zu zusätzlichen Zellausfällen (24). Natrium/Nickelchlorid-Zellen sind außerdem – wie aus Bild 6.11 hervorgeht – überladbar. Dabei werden Ni und $NaAlCl_4$ bei einer Ruhespannung von 3.05 V in Na und $NiCl_2$ umgewandelt. Überladung wird im Normalfall vermieden, weil sie zu einer vorzeitigen Degradation der positiven Elektrode führt. Sollte aber – z. B. bei einem Fehler am Ladegerät – mit zu hoher Spannung geladen werden, so hat dieser Fehler zumindest keine Elektrolytbrüche zur Folge (23). Im übrigen ist eine Natrium/Nickelchlorid-Batterie ähnlich aufgebaut wie eine Natrium/Schwefel-Batterie. Die für den Wärmehaushalt notwendigen Komponenten entsprechen einander.
Aus Zellen des in Bild 6.11 gezeigten Typs wurden im Jahr 1991 Batterien gebaut, die für den Antrieb von Elektro-Pkws (konvertierte MB 190 der Firma Daimler-Benz) benutzt wurden. Jedes Fahrzeug erhielt 2 Batterien, von denen sich eine unter der Haube und die andere im Heck (teilweise im Kofferraum) befand. Die Batterien hatten folgende Eigenschaften (25, 26):

– Gewicht/Volumen	330 kg / 280 l
– Zellenzahl (6 Stränge à 59 Zellen)	354
– Ruhespannung	152 V
– Energie bei 2-stündiger Entladung	25 kWh
– Max. Dauerleistung/Pulsleistung $<$ 3 Min.	19 KW / 31 kW

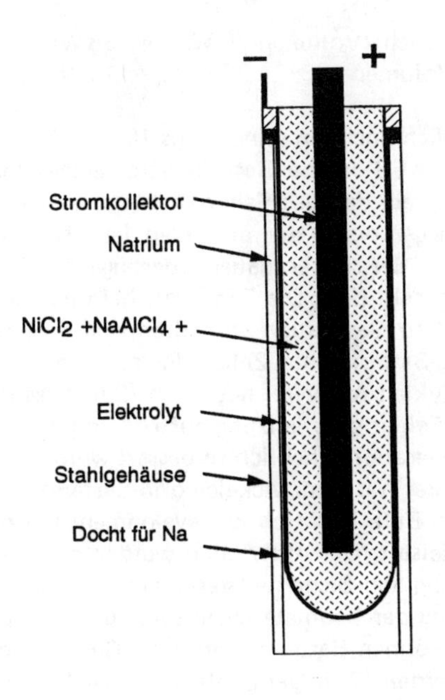

Bild 6.10: Prinzip der 40Ah-Na/$NiCl_2$-Zelle (Zebra-Zelle) von Beta Research & Development (25)

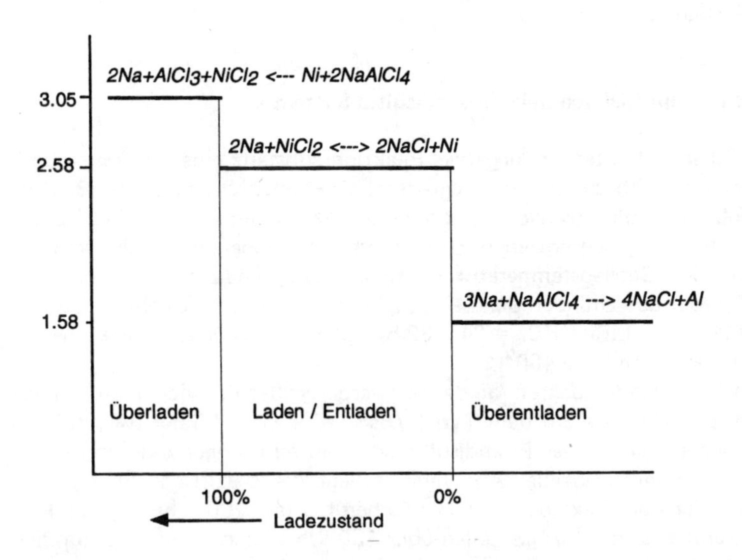

Bild 6.11: Lade/Entladereaktion in einer Zebra-Zelle

– Energie (2-stünd. Entladung) pro Gewicht/Volumen 76 Wh/kg / 95 Wh/l
– Pulsleistung (3 Min.) pro Gewicht/Volumen 95 W/kg / 110 W/l

Die spezifischen Werte können vermutlich noch um mindestens 10 % verbessert werden. Die bei Daimler-Benz, bei der AEG und bei Beta Research & Development durchgeführten Fahrversuche zeigten, daß das Fahrverhalten den Anforderungen im wesentlichen genügt. Dagegen waren die mit Zellen der ersten Generation gebauten Batterien bezüglich der Lebensdauer ungenügend. Nach 15.000 km waren 40 von 354 Zellen defekt (24). Die Fehlerrate bei Einstrang-Batterien, die ebenfalls Zellen der ersten Generation enthielten, war dagegen bereits erheblich reduziert. Mehrstrang-Batterien aus Zellen der zweiten Generation werden seit annähernd 1.000 Zyklen fehlerfrei betrieben (23). Dies beweist, daß bei Einstrangbetrieb keine Fehlerfortpflanzung auftritt und daß die Lebensdauer bei Zellen der zweiten Generation erheblich verbessert wurde.
Ein wichtiger Beitrag zur Entwicklung des Natrium/Nickelchlorid-Systems wird in einer gemeinsamen Anstrengung von Beta Research & Development in England und von AEG in Deutschland geleistet. Die Aktivitäten wurden seit zwei Jahren ausgedehnt auf die Durchführung von Sicherheitstests, auf die Erarbeitung der Grundlagen zur Rezyklisierung der Baumaterialien und auf den Aufbau einer Pilotfertigung. Gegenwärtig können Batterien mit einer Gesamtenergie von 1 MWh pro Jahr hergestellt werden (26). Der Ausbau auf 10 MWh pro Jahr ist geplant (23). Als wichtigste Ziele werden die weitere Erhöhung der Energie- und Leistungsdichte und der Lebensdauer angesehen, sowie der Ausbau der Fertigung.

6.2.6 Das Lithium/Salzschmelze/Eisendisulfid-System

Li/FeS_2-Zellen enthalten als negative Reaktionssubstanz eine Lithium-Aluminium- oder eine Lithium-Silizium-Legierung, als Elektrolyt eine LiCl-LiBr-KBr-Salzschmelze und als positive Reaktionssubstanz Eisendisulfid FeS_2. Da der Elektrolyt nur im geschmolzenen Zustand eine ausreichende Leitfähigkeit besitzt, muß eine Betriebstemperatur oberhalb des Schmelzpunktes eingestellt werden. Bei der aus Gründen der Leitfähigkeitsoptimierung gewählten Zusammensetzung LiCl : LiBr : KBr = 24 : 32,5 : 33,5 Mol % bedeutet dies eine Betriebstemperatur von etwa 400°C.
In den zurückliegenden Jahren lag der Schwerpunkt der Entwicklung mehr auf dem Zelltyp Li/FeS als auf dem Typ Li/FeS_2. Der Grund dafür war, daß die Korrosionsprobleme bei der Eisendisulfidzelle viel schwieriger zu lösen sind als bei der Eisenmonosulfidzelle. Andererseits liegt die spezifische Energie von Na/S-Zellen für den Elektroantrieb inzwischen bei fast 200 Wh/kg (siehe Bild 6.7), während man bei Li/FeS-Zellen über 130 Wh/kg nicht hinausgekommen ist (45). Auch bei der spezifischen Leistung geht der Vergleich zugunsten der Na/S-Zellen aus. Bei diesem großen Abstand wird es unwahrscheinlich, daß die

Li/FeS-Batterie mit der Na/S-Batterie konkurrieren kann. Zudem ist die Hoffnung gewachsen, daß sich die bei der Li/FeS_2-Zelle vorhandenen Probleme lösen lassen:

- Die bei früheren Zelltypen durch Zersetzung von FeS_2 beim Laden bedingte schnelle Alterung (Kapazitätsabnahme) wurde erheblich reduziert durch verschiedene Maßnahmen wie Verwendung von dichterem FeS_2, Vermeidung hoher Ladespannungen und Verwendung eines geeigneteren Elektrolyten.
- Die Notwendigkeit der Verwendung eines komplizierten Ladegerätes, mit dessen Hilfe vollgeladene Zellen beim weiteren Laden überbrückt werden, erübrigt sich, seit in die Zellen ein chemischer Überladeschutz eingebaut ist. Der Schutz wird hervorgerufen durch einen Lithiumüberschuß in der negativen Elektrode, durch eine daraus resultierende hohe Lithium-Konzentration in der Elektrolytschmelze und durch eine sich daraus ergebende etwa 20fach überhöhte Selbstentladung, die kleine Ladeströme in hoch aufgeladenen Zellen kompensiert.
- Die Verwendung von korrosionsfesten, aber teurem Molybdän als positiver Stromkollektor wird durch die bereits erwähnten Verbesserungen und durch ein neues Zellkonzept wahrscheinlich vermeidbar.

Der eigentliche Vorteil der Li/FeS_2-Zelle im Vergleich zur Li/FeS-Zelle liegt in ihrem höheren theoretischen Wert für die spezifische Energie (650 Wh/kg statt 460 Wh/kg, siehe Tabelle 6.1). Diese Werte ergeben sich für eine volle Entladung. Die volle Entladung einer Li/FeS_2-Zelle wird beschrieben durch die Summengleichung

$$4Li + FeS_2 \dashrightarrow 2Li_2S + Fe, \epsilon = 650 \text{ Wh/kg} \quad (1)$$

Praktisch hat sich jedoch gezeigt, daß die spezifische Energie höher wird bei einer nur teilweisen Entladung gemäß der Gleichung

$$2Li + FeS_2 \dashrightarrow Li_2FeS_2 + Fe, \epsilon = 475 \text{ Wh/kg} \quad (2)$$

Überraschenderweise ergibt sich also, daß die praktische Energiedichte größer wird unter Bedingungen, unter denen man sie nach theoretischen Gesichtspunkten kleiner erwartet. Dieser Befund erklärt sich folgendermaßen:

- Die Dichte des Zwischenproduktes Li_2FeS_2, das in Reaktion (2) entsteht, ist sehr hoch (3 g/cm^3). Daher wird das Zellvolumen klein und der Aufwand für inaktive Zellkomponenten (Elektrolyt, Separator, Zellgehäuse) groß.
- Die Nutzung der positiven Masse ist bei einer Zelle nach Gl. (2) viel höher als die einer Zelle nach Gl. (1).
- Der Vorteil der höheren theoretischen spezifischen Energie im Falle der Zelle nach Gl. (1) wird überkompensiert durch die bei Reaktion (2) auftretenden Effekte.
- Die mittlere Zellspannung bei Zellen nach (2) ist höher als bei Zellen nach (1).

Außerdem wird bei einer Zelle gemäß Gl. (2) aus verschiedenen Gründen auch die spezifische Leistung höher, so daß insgesamt bessere Eigenschaften für eine nur teilweise entladbare Li/FeS_2-Zelle herauskommen. In Bild 6.12 wird der diskutierte Sachverhalt grafisch verdeutlicht. Die beiden Kurven beziehen sich auf zwei Li/FeS_2-Zellen, die beide für eine theoretische Kapazität (100 %ige Elektrodensubstanz-Nutzung angenommen) von 24 Ah ausgelegt sind. Die ausgezogene Linie entspricht einer Zelle des Typs (1), die gestrichelte Linie einer Zelle des Typs (2). Die Darstellung zeigt, daß die Typ (2) Zelle sowohl eine höhere Kapazität als auch eine höhere Spannung besitzt.

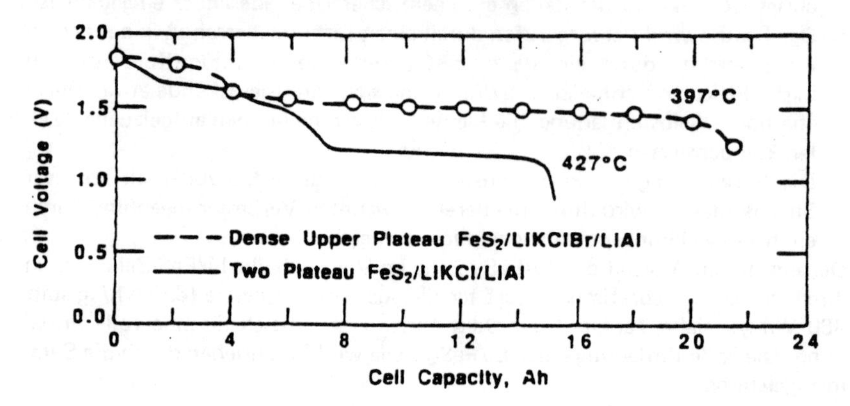

Bild 6.12: Entladekurven zweier Li/FeS_2-Zellen mit einer theoretischen Kapazität von 24 Ah; ——— Zellen nach Gl. (1), ––––– Zellen nach Gl. (2)

Die am Argonne National Laboratory laufende Entwicklung bezieht sich auf den Aufbau der Zelle. Die in Bild 6.13 vorgeschlagene bipolare Konfiguration trägt bei zur Reduktion des Anteils nicht aktiver Materialien im Vergleich zu älteren Zelltypen. Die rechnerische Optimierung unter Berücksichtigung der erzielten Verbesserungen führt zu folgenden charakteristischen Daten einer Typ (2) Li/FeS_2-Elektrofahrzeug-Zelle: Gewicht 663 g, Kapazität 87 Ah, spezifische Energie 210 Wh/kg, maximale spezifische Leistung 240 W/kg. Diese Werte liegen in der gleichen Größenordnung wie diejenigen von Na/S-Zellen (vgl. Bild 6.7) (28).

Versuche mit größeren Einheiten (mit Moduln und Batterien) und Lebensdauerversuche wurden bis jetzt noch kaum durchgeführt. Immerhin führten erste Langzeitversuche mit monopolaren Zellen zu einer Lebensdauer von 1.000 Zyklen (28).

In einem weiteren Programm soll versucht werden, die vorausgesagten Daten experimentell zu bestätigen, die spezifische Energie und Leistung weiter zu optimieren und eine Lebensdauer von 1.000 Zyklen statistisch nachzuweisen.

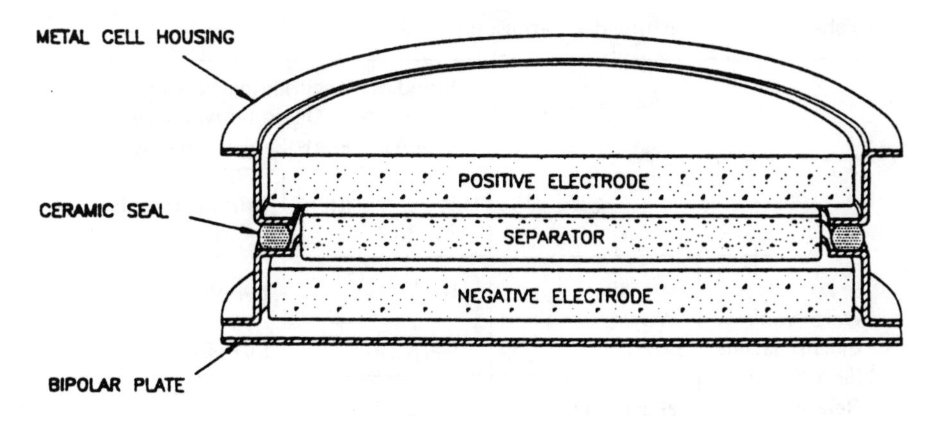

Bild 6.13: Konzept für eine bipolare Zelle des Typs Li/FeS_2 mit Salzschmelzen-Elektrolyt

6.3 Diskussion und Schlußfolgerungen

Im Rahmen des „11th International Electric Vehicle Symposium" 1992 in Florenz wurde wieder einmal – wie bei anderen Gelegenheiten – für Europa (45), Amerika (46) und andere Industrieregionen festgestellt, daß zuverlässige, sichere und preiswerte Hochenergie-/Hochleistungsbatterien die wichtigste Voraussetzung sind für die Kommerzialisierung von Elektrostraßenfahrzeugen. Dabei wurden die Forderungen an die Batterie vom USABC quantifiziert. Sind diese hochgesteckten Ziele erreichbar?
Die Antwort ist in diesem Beitrag enthalten. Sie lautet *ja*, die mittelfristigen Ziele der Tabelle 6.2 sind erreichbar oder besser: sie sind zu einem guten Teil bereits erreicht. Bei einigen Batterietypen kann man ziemlich genau sagen, welche Arbeiten bis zum Start der Serienherstellung und der breiten Anwendung im Laufe dieses Jahrzehnts noch zu erledigen sind.
Die Frage nach den langfristigen Zielen (2. Spalte von Tabelle 6.2) ist wesentlich schwieriger zu beantworten. Mit Sicherheit besitzen mehrere der diskutierten Batterietypen (Na/S, $Na/NiCl_2$, Li-Polymer) das Potential, auch die langfristigen Ziele zu erreichen. Vermutlich ist es mehr der politische Wille, sich den Aufwand für die Entwicklung einer solchen Batterie zu leisten als technische Fragen.
Die eindeutige Antwort zum Erreichen der mittelfristigen Ziele beruht auf folgender Analyse. Die Eigenschaften der verschiedenen Batteriesysteme sind in Tabelle 6.1 und in Abschnitt 6.2 aufgelistet. Setzt man die erreichten Werte oder die Erwartungswerte der Eigenschaften in Relation zu den mittelfristigen Zielen der Tabelle 6.2, dann ergibt sich eine Bewertungstabelle, die in geraffter Form als Tabelle 6.3 wiedergegeben ist.

Tabelle 6.3: Bewertung der Batterietypen

		Stand der Technik (geleisteter Aufwand zu Gesamtaufwand bis Übergang Pilot-/Serienfertigung)	
		fortgeschritten ($>$ 80 %)	Grundlagenentw. ($<$ 30 %)
Erwartungs-Werte von Eigenschaften für 1995 in Relation zu den Zielwerten aus Tab. 6.2	gut, alle Werte $>$ 80 %	Na/S $Na/NiCl_2$	Li-Polymer Li/FeS_2
	akzeptabel, einzelne Werte im Bereich 50 – 70 %	Zn/Br_2 $NiMH_x$	

In dieser Tabelle sind die zur Diskussion gestellten Batterietypen in 3 Klassen eingeteilt:

– Zur Klasse 1 gehören die Batterietypen Na/S und $Na/NiCl_2$. Sie besitzen einerseits gute Eigenschaften und haben andererseits einen hohen Entwicklungsstand erreicht. Es wird erwartet, daß diese Systeme ab etwa Mitte dieses Jahrzehnts in größerem Umfang hergestellt werden.

– Zur Klasse 2 gehören die Batterietypen Zn/Br_2 und Ni/MH_x. Ihre Herstellung und Verwendung kann etwa zur gleichen Zeit beginnen wie bei den Batterien der Klasse 1. Die Ist- und Erwartungswerte einzelner Eigenschaften liegen jedoch deutlich niedriger als die Zielwerte der Tabelle 6.2. Diese Batterien, die immerhin deutlich bessere Eigenschaften als Bleibatterien aufweisen, und die bezüglich hier nicht diskutierter Eigenschaften (z. B. Preis) möglicherweise sogar besser abschneiden werden als die Klasse 1-Batterien, werden mit Sicherheit auf Teilgebieten ihren Weg in den Markt finden.

– Zu Klasse 3 gehören die Batterietypen Li-Polymer und Li/FeS_2. Ihr Entwicklungspotential entspricht in etwa dem der Klasse 1-Batterie; jedoch liegen sie im Entwicklungsstand deutlich zurück. Ihr potentieller Markteintritt wird vermutlich bei intensiver Weiterentwicklung frühestens in 10 Jahren erfolgen können.

Insgesamt ergibt sich also, daß mehrere Batteriesysteme innerhalb der nächsten 5 Jahre (teils in $>$ 10 Jahren) die vom USABC gesetzten mittelfristigen Ziele mit ausreichender Wahrscheinlichkeit erreichen können. Das bedeutet, die Wahrscheinlichkeit ist groß, daß eines oder sogar mehrere der hier diskutierten Batteriesysteme für den Antrieb von Elektrostraßenfahrzeugen zur Verfügung stehen werden. Die Batterien der Klassen 1 und 3 (siehe Tabelle 6.3) besitzen außerdem das Potential, die langfristigen Zielwerte des USABC zu erreichen.

Literatur zu Kapitel 6

1) J. P. Cornu, C. Madory and J. Leonardi: The great Opportunity of the Nickel/Metal Hydride for EV Application; 11th Intern. EV Symposium, Florence, Italy, Sep. 27-30 (1992), paper 14.07.
2) R. Swaroop: Battery Development for Electric Vehicles; 11th Intern. EV Symposium, Florence, Italy, Sep. 27-30 (1992), paper 2.12.
3) W. Fischer: Neue Batteriesysteme. In: D. Naunin: Elektrische Straßenfahrzeuge, expert verlag, 1. Auflage, Ehningen 1989.
4) S. R. Ovshinsky et al: Performance Advances in Ovonic Nickel-Metal Hydride Batteries for Electric Vehicles; 11th Intern. EV Symposium, Florence, Italy, Sep. 27-30 (1992), paper 14.0.
5) C. C. Chan and K. T. Chau: Electric Vehicle Technology – An Overview of Present Status and Future Trends; 11th Intern. EV Symposium, Florence, Italy, Sep. 27-30 (1992), paper 1.02.
6) D. Coates and L. Miller: Advanced Batteries for Electric Vehicle Applications; 11th Intern. EV Symposium, Florence, Italy, Sep. 27-30 (1992), paper 14.03.
7) F. Klein: Die Bleibatterie, Verbesserung der Wirtschaftlichkeit durch periphere Maßnahmen. In: D. Naunin: Elektrische Straßenfahrzeuge, expert verlag, 1. Auflage, Ehningen 1989.
8) H. A. Kiehne: Batterien für elektrisch angetriebene Straßenfahrzeuge. In: H. A. Kiehne: Batterien, 1. Auflage, Ehningen 1989.
9) M. Fetcenko et al: Advantages of Ovonic Alloy Systems for Portable and EV Ni-MH-Batteries; 3rd Intern. Rechargeable Battery Seminar, Deerfield Beach, Florida (March 1992).
10) M. A. Fetcenko et al: Selection of Metal Hydride Alloys for Electrochemical Applications; Electrochem. Soc. Fall Meeting, Phoenix, Arizona, Oct. 15 (1991).
11) H. Matsuda et al: Nickel/Metal Hydride Sealed Battery for Electric Vehicles; 11th Intern. EV Symposium, Florence, Italy, Sep. 27-30 (1992), papers 14.08 and 14.09.
12) S. Subbarao, D. H. Shen et al: Advances in ambient temperature secondary lithium cells; J. Power Sources 29, No. 3-4 (1990) 575.
13) K. M. Abraham: Rechargeable Lithium Batteries – An Overview; Electrochem. Soc. Symp., Hollywood, Oct. 19-24, 1989; Proc. 5 (1990) 1.
14) P. Zegers: CEC Research on Solid Li Batteries and Fuel Cells for Road Traction; 11th Intern. EV Symposium, Florence, Italy, Sep. 27-30 (1992), paper 19.04.
15) R. Koksbang et al: Lithium Polymer Electrolyte Batteries, Rate and Temperature Capabilities; Proc. Electrochem. Soc., 91-3 (1991) 157.
16) G. S. Tomasic: The Zinc-Bromine-Battery Development by S.E.A.; 11th Intern. EV Symposium, Florence, Italy, Sep. 27-30 (1992), paper 18.05.
17) J. Sudworth: Industrialization of Zebra Batteries; Batteries International, April 1991.
18) P. Grimes: Zinc/Bromine Battery System Development; 7th Battery and Electrochem. Contractors Conf., Crystal City, Va, Nov. 18-21 (1985) 89.
19) W. Fischer: Status and Prospects of NaS High Energy Batteries; Proc. 26th IECEC-91, Boston Mass., Aug. 4-9 (1991).
20) T. Hartkopf and H. Birnbreier: The New Generation of ABB's High Energy Batteries; 11th Intern. EV Symposium, Florence, Italy, Sep. 27-30 (1992), paper 14.04.
21) C.-H. Dustmann: Zukunftschancen für Hochenergiebatterien, etz 112 (1991) 1154.
22) W. Fischer and H. Rödig: Results of two EC-Studies: Performance of NaS-Battery Propelled EVs in 1995 and 2005; 11th Intern. EV Symposium, Florence, Italy, Sep. 27-30 (1992), paper 14.01.
23) C.-H. Dustmann and J. L. Sudworth: Zebra Powers Electric Vehicles; 11th Intern. EV Symposium, Florence, Italy, Sep. 27-30 (1992), paper 15.05.

24) J. S. Sudworth and D. Sahm: The Sodium/Nickel Chloride (Zebra) Battery; Autotech. Congress, Birmingham, England, November 1991.
25) J. L. Sudworth and H. Böhm: Performance Data from an Improved Sodium/Nickel Chloride Cell; SAE Conference, Nashville, USA, Sep. 1991.
26) A. R. Tilley: Advanced Batteries for Vehicle Applications; The Motor Industry Research Association; April 29 (1992).
27) P. D. Nelson: Advanced High-Temperature Batteries; J. Power Sources 29 (1990) 565.
28) T. D. Kaun: Rechargeable Molten Electrolyte Lithium Batteries – A Status Report; Proc. Electrochem. Soc. 5 (1990) 294.
29) T. D. Kaun, M. J. Duoba et al: Li-Al/FeS_2 Research at ANL; 9th Battery and Electrochem. Contractors Conf., Alexandria, Va, Nov. 12-16 (1989) 251.
30) EV progress 12, No. 17. Sep. 1 (1990) 1.
31) M. A. Gutjahr, H. Büchner et al. In: Power Sources 4, D. H. Collins ed., Oriel Press, New Castle-on-Tyne (1972) 79.
32) F. A. Lewis, A. Obermann et al: Hydrogen Storage Electrodes and Hydrogen Transfer Cells; „Power Sources 6", D. H. Collins ed., Oriel Press, New Castle-on-Tyne (1977) 259.
33) H. Baba: Application of Hydrogen Storage Alloys to Hydrogen Fueled Battery Systems; Progress in Batteries & Solar Cells 6 (1987) 224.
34) T. Sakay, H. Ishikawa et al: Nickel-Hydrogen Battery Using Hydrogen Storage Alloys; Progress in Batteries & Solar Cells 6 (1987) 221.
35) M. Hirota et al: Development of Ni/MH AA Size Cells Using V-Zr-Ti-Ni Alloys as Negative Electrodes, Electrochem. Soc. Fall Meeting Phoenix, Arizona, Oct. 15 (1991).
36) USABC. . the loser and first winner; Batteries International, July (1992) 76.
37) A. Belanger et al: Conceptional Design for the Use of Lithium Polymer Technology in EV Application; EVS 10, Honkong Dec. 3-5 (1990) 600.
38) R. B. Diegle: Exploratory Battery Technology Development and Testing Project Overview; 19th Battery and Electrochem. Contractors Conf., Alexandria, Va, Nov. 12-16 (1989) 23.
39) Zinc Cromine Technology; ETD Project Quarterly Progress Report, April – June (1989).
40) C. Fabjan: Austrians Succeed with Zinc-Bromine; Batteries International, Jan. (1992) 80.
41) M. Mangan and S. Preston: Sodium-Sulphur, the time for trials; Batteries International, April (1991).
42) W. Fischer: Status and Prospects of NaS High Energy Batteries at ABB; Intern. Workshop on Beta-Aluminas and Beta Batteries, Druzhba, Bulgaria, May 14-18 (1991).
43) W. Fischer and J. Rödig: Results of 2 EC-Studies: Performance of NaS Battery Propelled EVs in 1995 and 2005; 11th Intern. EV Symposium, Florence, Italy, Sep. 27-30 (1992), paper 14.01.
44) K. Takashima et al: Operation of a 500 kW/4000 kWh Na/S Battery Energy Storage Plant, 26th IECEC, Boston, Mass., Aug. 4-9 (1991).
45) T. D. Kaun, M. J. Duoba et al: Development of Prototype Sealed Bipolar Lithium/Sulfide Cells; 26th IECEC, Boston, Mass., Aug. 4-9 (1991) 417.
46) H. Kahlen: Technological Advances and Role of Government Subsidies in the Development of Electric Vehicles; 11th Intern. EV Symposium, Florence, Italy, Sep. 27-30 (1992), paper 1.04.
47) K. F. Barber: A U.S. Government Industry Program to Develop and Commercialize Electric Vehicles; 11th Intern. EV Symposium, Florence, Italy, Sep. 27-30 (1992), paper 1.01.

7 Gleich- und Drehstromantriebe in elektrischen Straßenfahrzeugen

Hans-Christoph Skudelny

7.1 Einleitung

Alle Elektrostraßenfahrzeuge, die bisher in größeren Serien hergestellt wurden, haben Gleichstromantriebe. Sie seien zusammenfassend als Elektrofahrzeuge der ersten Generation bezeichnet. Dagegen haben fast alle Fahrzeuge, die in den letzten Jahren als Entwicklungsmuster oder Prototypen in Kleinserien hergestellt wurden, Drehstromantriebe. Man kann deshalb erwarten, daß zukünftige Serien von Elektrofahrzeugen überwiegend mit Drehstromantrieben ausgerüstet werden. Sie sollen als Fahrzeuge der zweiten Generation bezeichnet werden.
Allerdings wurden verschiedene Arten von Drehstromantrieben vorgeschlagen und erprobt, und es ist noch nicht abzusehen, welche Art sich durchsetzen wird. Deshalb sollen hier die verschiedenen Konzepte einander gegenübergestellt werden. Der Gleichstromantrieb wird dabei als Vergleichsmaßstab mitbetrachtet.

7.2 Anforderungen

Die traktionstechnischen Anforderungen an einen Fahrzeugantrieb werden in Form eines Zugkraft/Geschwindigkeits-Diagrammes festgelegt (Bild 7.1).

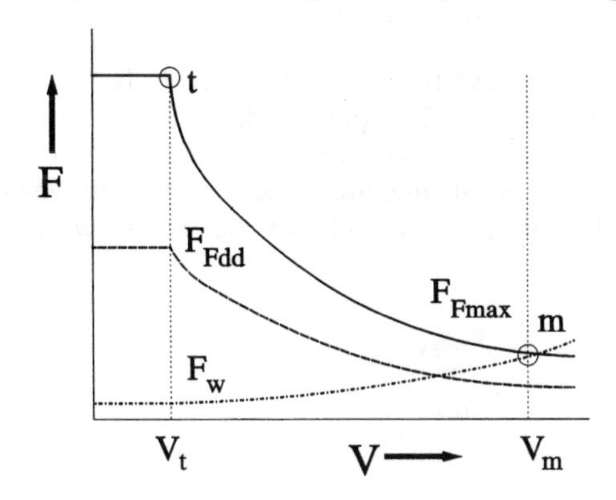

Bild 7.1: Zugkraft/Geschwindigkeits-Diagramm für ein Fahrzeug.
F_F = Zugkraft, F_W = Fahrwiderstand

Der Fahrwiderstand F_W ist für eine bestimmte Steigung der Straße im wesentlichen der Fahrzeugmasse proportional. Sie sollte möglichst gering sein. In Anbetracht der Zusatzmasse der Batterie ist hier viel Geschick bei der Konstruktion von Elektrofahrzeugen erforderlich. Der Proportionalitätsfaktor für Fahrt in der Ebene ist der Rollwiderstand. Auch dieser Wert kann durch geeignete Auslegung der Laufwerke, insbesondere der Reifen, herabgesetzt werden. Der quadratisch mit der Fahrgeschwindigkeit wachsende Luftwiderstand kommt erst bei höheren Geschwindigkeiten zur Geltung.
Geht man davon aus, daß Elektroautos hauptsächlich als Stadtfahrzeuge betrieben werden, so kann man Abstriche bei der Höchstgeschwindigkeit machen. Sie brauchte nicht höher zu sein als etwa 100 km/h. Die dadurch gewonnene Freiheit sollte so weit wie möglich zum Herabsetzen von Gewicht und Rollwiderstand genutzt werden.
Wenn die Kurve F_W (v) für eine bestimmte geforderte Steigfähigkeit festliegt, ergibt sich die Kurve F_{Fmax} (v) zwangsläufig. Aus der angestrebten Höchstgeschwindigkeit in der Ebene v_m ergibt sich mit einer Beschleunigungsreserve die Zugkraft im Punkt m, Bild 7.1. In diesem Punkt liegt die maximale Leistung vor, für die der Antrieb und die Traktionsbatterie auszulegen sind. Diese Leistung will man in einem möglichst großen Geschwindigkeitsbereich nutzen können. Deshalb ist in der Traktionskennlinie F_{Fmax} (v) ein Bereich konstanter Maximalleistung von Punkt m bis Punkt t vorgesehen. Für Geschwindigkeiten unter v_t wird die Zugkraft konstant auf einem Wert gehalten, der sich aus der gewünschten Anfahrbeschleunigung und aus der gewünschten Steigfähigkeit ergibt.
Für den Bereich konstanter Leistung kann man einen Wert von

$$\frac{v_m}{v_t} \approx 4$$

ansetzen, wobei für Pkw auch noch höhere Werte bis ca. 5, für Transporter und Busse geringere Werte bis herab zu 2,5 möglich sind.
Traktionsantriebe werden die meiste Zeit mit Teillast betrieben; daher ist es sinnvoll und üblich, die Maximalleistung nur für Kurzzeitbetrieb von ca. 5 min. auszulegen. Die dauernd zulässige Leistung ist im allgemeinen wesentlich geringer, etwa

$$\frac{P_{max}}{P_{dd}} \approx 2$$

7.3 Antriebe

Aus dem geforderten Zugkraft/Geschwindigkeits-Bereich läßt sich das Drehmoment/Drehzahl-Diagramm des Traktionsmotors ableiten, wobei die Getriebeübersetzung berücksichtigt werden muß (1).
Hierbei bereitet der Betriebsbereich konstanter Maximalleistung eine gewisse Schwierigkeit: In diesem Betriebsbereich muß die Batterie maximalen Strom abgeben. Am Ausgang des Stromrichters sind dann maximale Spannung und maximaler Strom verfügbar.
Nun gilt aber bei allen elektrischen Maschinen die Gesetzmäßigkeit, daß bei konstantem Hauptfluß ϕ die induzierte Spannung U_q der Winkelgeschwindigkeit Ω proportional ist:

$$U_q = c \cdot \phi \cdot \Omega$$

Um die Maschine in einem Bereich Ω_t bis Ω_m zu betreiben, müßte also die Spannung proportional mit Ω ansteigen. Der Strom müßte in diesem Bereich mit $1/\Omega$ fallen, da ja konstante Leistung vorausgesetzt wird. Das führt, wie Bild 7.2b zeigt, zu einer starken Überdimensionierung des Stromrichters und eventuell auch der Batterie: Das Produkt $U_{max} \cdot I_{max}$ ist ein Maß für die Dimensionierung.
Man kann versuchen, durch Serien-/Parallelschaltung von Wicklungsteilen oder Batterieteilen die Überdimensionierung zu verringern. Das bringt jedoch nur einen Teilerfolg, und der Preis sind zusätzliche Schaltelemente.
Ein besserer Weg ist die in Bild 7.2c dargestellte Feldschwächung. Aus der o. g. Gleichung folgt, daß die induzierte Spannung U_q konstant bleibt, wenn man

$$\phi \sim 1/\Omega$$

abfallen läßt. Dabei kann die Maschine im gesamten Bereich konstanter Leistung mit U = const und I = const betrieben werden.
Nach den Ausführungen im Abschnitt 7.2 muß man einen Feldschwächenbereich von 4 : 1, bei Pkw möglichst noch mehr, anstreben. Das ist bei den einzelnen nachfolgend zu betrachtenden Maschinen unterschiedlich gut möglich. Der erreichbare Feldschwächgrad wird deshalb ein wichtiges Unterscheidungskriterium bei den zu betrachtenden Antrieben darstellen.
Wenn der Feldschwächbereich nicht im geforderten Maße realisiert werden kann, muß deshalb die Maschine nicht verworfen werden. Es gibt auch die in Bild 7.2d angedeutete Möglichkeit, bei konstanter Motordrehzahl durch eine variable Getriebeübersetzung den Betriebsbereich konstanter Leistung einzustellen.
Stufenlose Getriebe haben leider nur einen bescheidenen Wirkungsgrad (2). Schaltgetriebe haben einen sehr guten Wirkungsgrad, sind aber gerade für Stadtfahrzeuge wegen des häufigen Geschwindigkeitswechsels ungünstig.

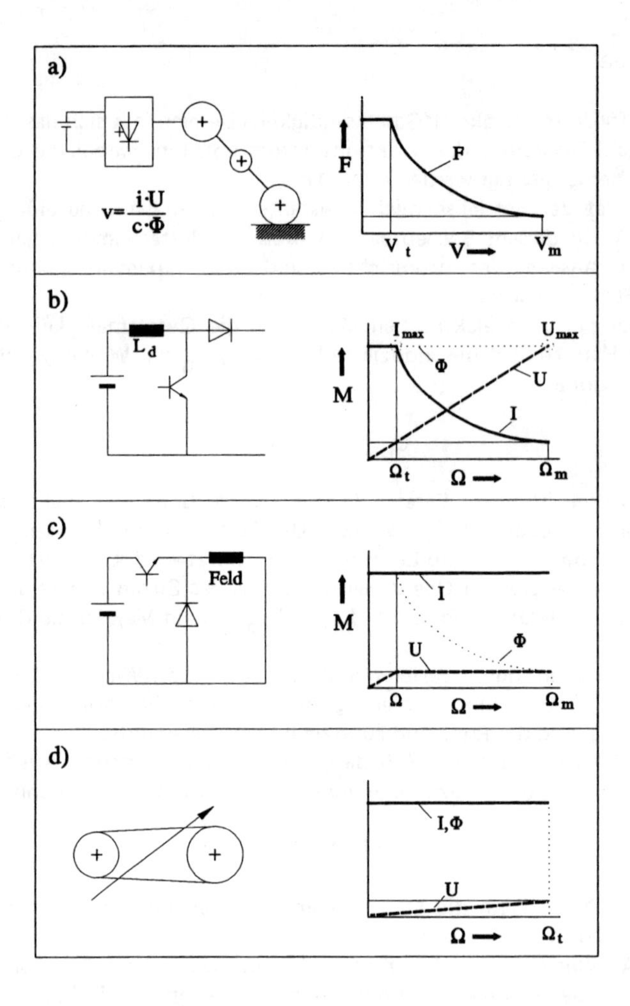

Bild 7.2: a) Geschwindigkeitssteuerung bei Fahrzeugantrieben
b) mit Spannungserhöhung und Überdimensionierung des Antriebes
c) mit Feldschwächung
d) mit Getriebe variabler Übersetzung

Ein weiteres wichtiges Unterscheidungskriterium ist das Gewicht des Fahrmotors. Dieses hängt außer von der Ausnutzung und von der Kühlung im wesentlichen vom maximalen Drehmoment, nicht aber von der Drehzahl ab. Daraus folgt, daß der Motor eine möglichst hohe Nenndrehzahl haben soll, weil dann bei gegebener Maximalleistung ein geringes Maximalmoment folgt. Hier gibt es freilich enge Grenzen, weil die Maximaldrehzahl des Motors um den Feld-

schwächfaktor über der Nenndrehzahl liegt. Die Maximaldrehzahl ist wiederum begrenzt durch die realisierbare Getriebeübersetzung, wobei Getriebewirkungsgrad, Getriebegeräusch und Getriebekosten die begrenzenden Größen sind. Heute strebt man maximale Drehzahlen von nicht mehr als 8000 min^{-1} an. Bei dem oben geforderten Feldschwächgrad ergibt das eine Nenndrehzahl von 2000 min^{-1}. Bei einem für Pkws wünschenswert höheren Feldschwächgrad wird die Nenndrehzahl entsprechend niedriger und der Motor entsprechend schwerer.
Ganz besonders wichtig ist der Wirkungsgrad des Antriebes. Dieser sollte in einem möglichst großen Betriebsbereich, insbesondere auch bei Teillast, hoch sein, weil vom Wirkungsgrad unmittelbar der Energieverbrauch und die mit einer Batterieladung erzielbare Fahrstrecke abhängen.
Bei der Auslegung von Antrieben für Elektrospeicherfahrzeuge wird gelegentlich der Fehler gemacht, das Gewicht des Fahrmotors zu Lasten des Wirkungsgrades zu reduzieren. Es ist dabei zu bedenken, daß eine 1 %ige Verringerung des mittleren Wirkungsgrades – theoretisch – durch eine 1 %ige Vergrößerung der Batterie kompensiert werden müßte, um eine unveränderte Reichweite zu erhalten. Wenn also die mit der Wirkungsgradverschlechterung erkaufte Verminderung des Motorgewichtes weniger als 1 % des Batteriegewichtes beträgt, hat man in der falschen Richtung optimiert.
Hauptsächliches Vergleichskriterium sollten die Herstellkosten der verschiedenen Antriebe sein. Dabei darf man freilich nicht die heutigen Preise der Komponenten einsetzen. Vielmehr muß man Preise für Serien von 10.000 bis 100.000 Elektroautos zugrunde legen. Diese Schätzung bereitet große Schwierigkeiten, weil keine Erfahrungen darüber vorliegen und kein Komponentenhersteller für solche Stückzahlen zuverlässige Preisangaben machen kann. Hier muß man die Kosten der Antriebe eher qualitativ vergleichen als mit genauen Zahlen.

7.3.1 Antrieb mit Gleichstrommaschine

Die fremderregte Gleichstrommaschine ist als Traktionsmotor gut geeignet. Ihr Drehmoment kann im Grunddrehzahlbereich mit dem Ankersteller und im Feldschwächbereich mit dem Feldsteller eingestellt werden. Als Beispiel eines solchen Antriebes zeigt Bild 7.3 den Schaltplan des CitySTROMer-Antriebes (3). Bei diesem ist der Ankersteller mit einem langsam taktenden Thyristorschalter, der Feldsteller mit einem Transistor ausgeführt. Um das hörbare Geräusch zu vermindern, würde man heute auch den Ankersteller mit Transistoren oder IGBTs ausführen und mit höherer Taktfrequenz betreiben.
Dieser Antrieb erfordert den geringsten elektronischen Aufwand. Im Ankerkreis ist lediglich ein Gleichstromsteller, der durch Öffnen des Schalters B in Bremsstellung gebracht werden kann. Dieser Schalter kann auch durch HL-Baustein ersetzt werden, wodurch der mechanische Aufwand reduziert wird. Die Steuerung ist denkbar einfach.

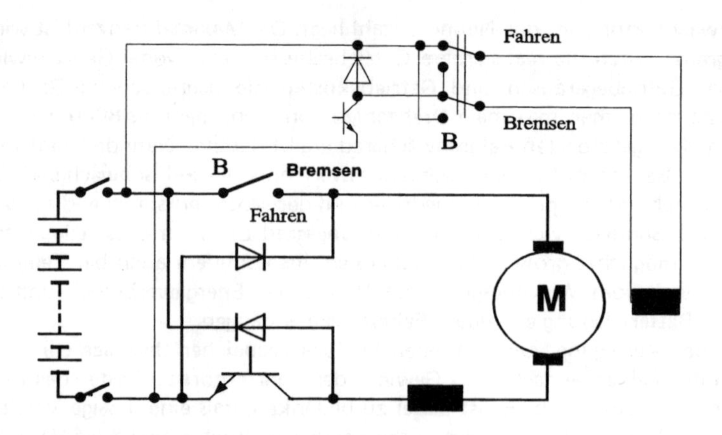

Bild 7.3: Schaltplan des CitySTROMer-Antriebes

Dagegen ist die Gleichstrommaschine wegen des Kommutators die aufwendigste aller Maschinen. Das auf die Kurzzeitleistung bezogene Leistungsgewicht ist bei ausgeführten luftgekühlten Maschinen ungefähr 3 . . . 4 kg/kW. Der Wirkungsgrad ist wegen des Kommutators etwas geringer als bei Drehstrommaschinen. Dafür ist der Wirkungsgrad des Gleichstromstellers etwas höher als der Wirkungsgrad eines Wechselrichters.
Ein Feldschwächbereich bis etwa 3 : 1 läßt sich gut verwirklichen. Darüber hinausgehende Werte bis etwa 5 : 1 kann man bei kompensierten Maschinen erreichen.
Fahrzeuge mit Gleichstromantrieb wurden an vielen Stellen ausgeführt und erprobt. Einige Fahrzeugbeschreibungen findet man z. B. in (4).

7.3.2 Antriebe mit Induktionsmotor

Die Kurzschlußläufer-Asynchronmaschine ist als Traktionsmotor gut geeignet, wenn man sie mit Spannungen und Strömen einstellbarer Frequenz speist. Sie hat einen sehr einfach aufgebauten Läufer, der auch für sehr hohe Drehzahlen ausgeführt werden kann. Die Maschine hat die niedrigsten Herstellkosten unter allen betrachteten Maschinen. Ihr Wirkungsgrad ist bei guter Auslegung etwas besser als der Wirkungsgrad der Gleichstrommaschine. Bei luftgekühlten Maschinen erreicht man ein Leistungsgewicht von 2 . . . 3 kg/kW.
Zur Speisung mit variabler Frequenz eignet sich ein Pulswechselrichter, wie er in Bild 7.4a dargestellt ist. Als Schaltelemente kommen je nach Batteriespannung bipolare Transistoren oder IGBT in Frage. Die Schaltfrequenz sollte zur Begrenzung des Geräusches mindestens 5 kHz betragen. Leiterspannung und Strom haben dann etwa den in Bild 7.4b gezeigten Zeitverlauf.

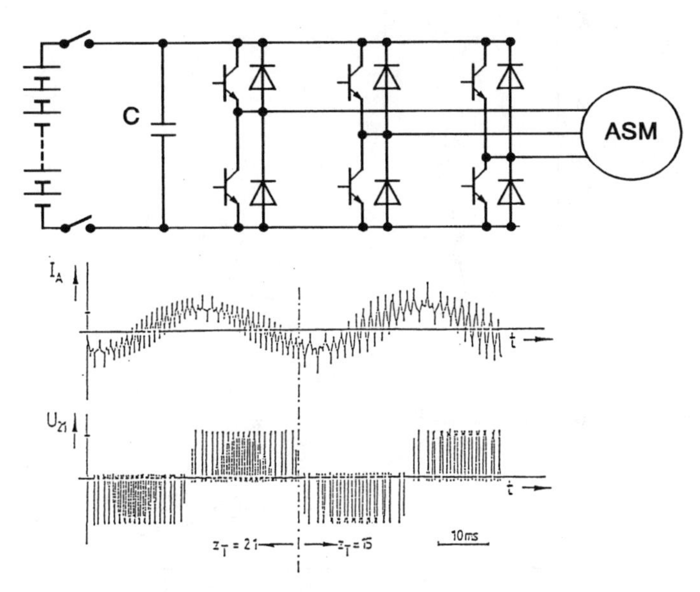

Bild 7.4: Antrieb mit Induktionsmotor
a) Prinzipschaltplan
b) Zeitverläufe der Spannungen und Ströme

Drehmomentumkehr zur Nutzbremsung ist allein durch die Steuerung ohne Umschaltung von Schützen oder Halbleitern zu erreichen.
Auch bei der Asynchronmaschine ist ein Feldschwächbetrieb möglich. Dazu zeigt Bild 7.5 Drehzahl/Drehmoment-Kennlinien für verschiedene Speisefrequenzen (punktiert). Im Grunddrehzahlbereich wird der magnetische Fluß der Maschine konstant gehalten. Dazu wird die Speisespannung annähernd proportional zur Speisefrequenz eingestellt. Wenn die maximal verfügbare Spannung erreicht ist, wird bei konstanter Speisespannung die Speisefrequenz weiter erhöht. Dabei nimmt der Fluß quadratisch mit der Frequenz ab und ebenso das Kippmoment. Man kann aber durch Vergrößern der Schlupffrequenz erreichen, daß das Maschinenmoment nicht quadratisch, sondern nur einfach umgekehrt proportional zur Speisefrequenz abfällt.
Dieser Bereich konstanter Maximalleistung ist zu Ende, wenn das Kippmoment bis auf das eingestellte Maximalmoment gefallen ist, Punkt P_F im Bild 7.5. Um also einen großen Feldschwächbereich konstanter maximaler Leistung zu erhalten, muß die Maschine ein hohes Kippmoment haben. Man erkennt aus der Geometrie der Zeichnung, daß der maximal erreichbare Feldschwächfaktor f_{max} dem Verhältnis Kippmoment zu Nennmoment entspricht:

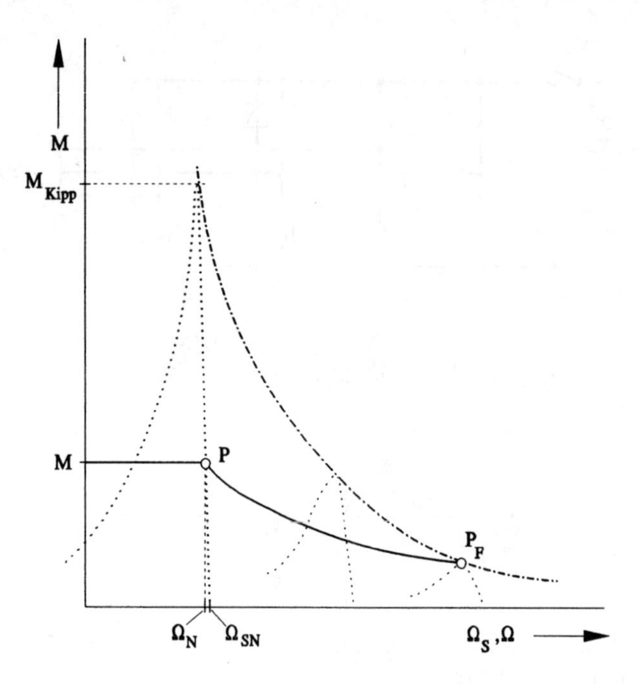

Bild 7.5: Betriebsbereich der frequenzgesteuerten Asynchronmaschine

$$f_{max} = \frac{M_{kipp}}{M_N}$$

Dieser Wert liegt bei industriellen Asynchronmaschinen in der Nähe von 2. Man kann ihn aber vergrößern, indem man die Maschine streuarm ausführt. So wurden bei Spezialmaschinen schon Feldschwächgrade von über 10 erreicht (5). Damit bestehen keine prinzipiellen Grenzen für den bei Elektrofahrzeugen angestrebten Feldschwächbereich.

Freilich muß auch dafür ein Preis entrichtet werden: Die Streureaktanz der Asynchronmaschine wird benötigt, um den vom Pulswechselrichter eingespeisten Strom zu glätten. Wenn man die Streureaktanz verringert, muß man im gleichen Maße die Pulsfrequenz des Umrichters erhöhen.

Antriebe mit Induktionsmotor für Elektrostraßenfahrzeuge wurden an vielen Orten entwickelt. Als Beispiele seien nur der gemeinsam von Ford und General Electric entwickelte ETX-II (6), (7) sowie der von General Motors entwickelte IMPULS (8) genannt. Kleinserien von Elektrofahrzeugen mit Induktionsmotor haben z. B. die Firmen Nissan (9), Fiat (10) und Steyr-Daimler-Puch (10) hergestellt.

7.3.3 Antriebe mit Synchronmotor

Der in Bild 7.4 gezeigte Pulswechselrichter kann auch einen Synchronmotor speisen. Bei der Synchronmaschine kann man die Erregung so führen, daß die Grundschwingung des Maschinenstromes immer in Phase mit der Spannung ist: Wechselrichter und Maschine sind dann frei von Grundschwingungsblindleistung, was zu einer um ca. 25 % geringeren Bemessungsleistung im Vergleich zum Asynchronmotor-Antrieb führt.
Die Synchronmaschine hat zusätzlich den Vorteil, daß sich ein sehr großer Betriebsbereich konstanter Maximalleistung einstellen läßt. Das sei anhand von Bild 7.6 für die Vollpol-Synchronmaschine erklärt. Dick ausgezogen ist das vereinfachte Zeigerdiagramm für den Typenpunkt dargestellt. Zur Verringerung der Drehzahl läßt man U_S, ω_S und U_p proportional zueinander kleiner werden, Bild 7.6a. Der Strom bleibt dann gleich groß und in Phase mit der Spannung. Das ist der Betriebsbereich mit konstantem Moment.
Oberhalb des Typenpunktes bleibt U_S konstant. Bei Erhöhung von ω_S vergrößert man U_p so, daß I_S und U_S in Phase bleiben. Dabei ergibt sich ein vergrößertes Zeigerdiagramm, wie im Bild 7.6c gezeichnet. Da bei konstant gehaltenem Erregerstrom die Polradspannung proportional mit ω_S wächst, muß man den Erregerstrom bei wachsender Drehzahl verringern, um die gewünschte Polradspannung zu erhalten.
Prinzipiell ist so ein unbegrenzter Feldschwächbereich möglich. In der Wirklichkeit gibt es Beschränkungen durch die Drehzahlgrenze und durch die Eisenverluste. Der für ein Elektrospeicherfahrzeug erforderliche Feldschwächbereich von etwa 4 : 1 läßt sich voraussichtlich erreichen. Auch größere Werte erscheinen möglich. Damit könnte man einen solchen Antrieb ohne Verstellgetriebe einsetzen.

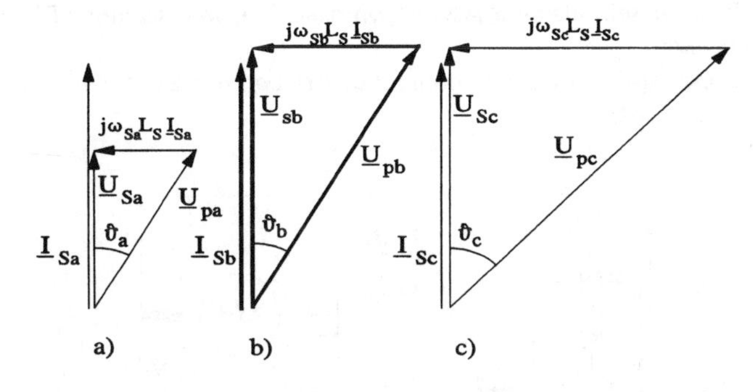

Bild 7.6: Vereinfachtes Zeigerdiagramm des Synchronmotors
a) für verringerte Drehzahl
b) für Typenpunkt
c) für vergrößerte Drehzahl

Die Synchronmaschine bietet jedoch noch eine weitere Option. Wenn man die Maschine immer etwas übererregt betreibt, ist sie in der Lage, die Kommutierungsblindleistung für einen fremdgeführten Stromrichter zur Verfügung zu stellen. Dann kann der bisher betrachtete Pulswechselrichter durch einen kostengünstigeren Stromrichter nach Bild 7.7 ersetzt werden.

Hierbei wird der Strom in der Glättungsdrossel L_d mit Hilfe des Gleichstromstellers T_1, D_1 geregelt. Der aus einer B6-Schaltung bestehende Thyristorwechselrichter speist die Maschine mit rechteckblockförmigen Strömen. Zum Nutzbremsen muß man den Gleichstromsteller durch Öffnen von B zu einem Hochsetzsteller umgruppieren. Auch hier sei darauf verwiesen, daß das Schütz B durch einen Halbleiter ersetzt werden kann.

Diese kostengünstige Lösung eines Synchronmotorantriebes hat zwei Nachteile. Einmal ist dem Moment ein Wechselanteil von 6facher Speisefrequenz überlagert. Das kann man bei einem Elektrospeicherfahrzeug in Kauf nehmen. Zum anderen muß der Strom immer gegenüber der Spannung um einen Winkel voreilen, der u. a. von der Kommutierungsreaktanz, vom Strom und von der Speisefrequenz abhängt. Dieser Winkel wächst mit der Speisefrequenz und dadurch ergibt sich eine weitere Einschränkung des Feldschwächbereiches.

In einem Forschungsvorhaben wurden die beiden möglichen Synchronmotorantriebe verglichen. Ergebnisse des Vergleichs wurden in (12), (13), (14) publiziert. Bild 7.8 zeigt Kurven konstanten Wirkungsgrades für beide Antriebe. Man erkennt, daß in einem großen Teil des Betriebsbereiches das spannungseinprägende System einen etwas besseren Wirkungsgrad aufweist als das stromeinprägende System. Allerdings waren diese Verläufe erst nach Optimierung des Pulsverfahrens zu erzielen.

Die hier untersuchte Synchronmaschine hat ein relativ hohes, auf die Maximalleistung bezogenes Gewicht von 8 kg/kW. Sie wurde allerdings nicht auf geringes Gewicht hin optimiert. Bei gleicher Auslegung sollte eine Synchronmaschine etwas leichter sein als eine Asynchronmaschine, weil sie keine Blindleistung zu führen braucht.

Über Entwicklungen von Elektrofahrzeugantrieben mit Synchronmotoren wird z. B. in (15) berichtet.

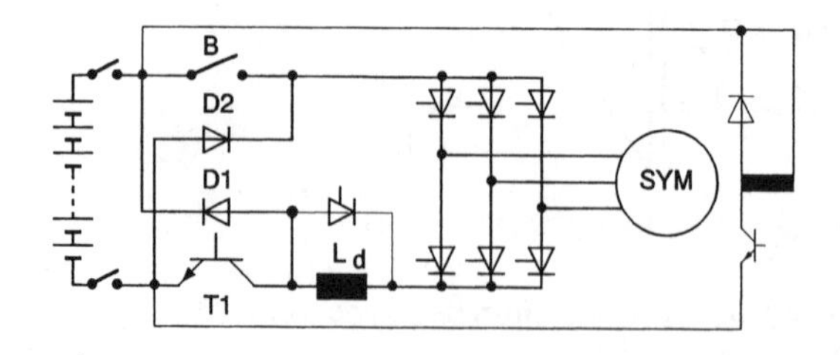

Bild 7.7: Antrieb mit Synchronmotor und maschinenkommutiertem Umrichter

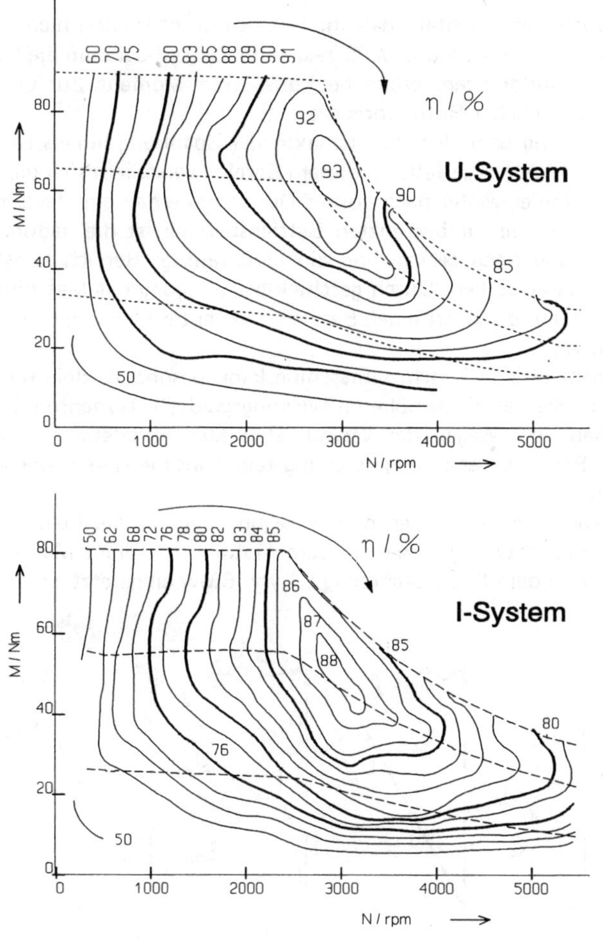

Bild 7.8: Kurven konstanten Wirkungsgrades für Synchronmotorantriebe
a) stromeinprägende Variante
b) spannungseinprägende Variante mit Pulswechselrichter

7.3.4 Permanent erregte Synchronmaschine

Die permanent erregte Synchronmaschine gibt die Möglichkeit, einen sehr einfachen Antrieb ohne Erregerwicklung zu bauen. Mit Hilfe neuer Magnetmaterialien kann sie eine sehr hohe Leistungsdichte erreichen. Daher wurde sie auch als Antriebsmotor für Elektrospeicherfahrzeuge vorgeschlagen und in Prototypen gebaut (16), (17).

Sie hat jedoch den Nachteil, daß ihr Feld konstant ist und nicht geschwächt werden kann. Bilder 7.9a und 7.9b zeigen im Zeigerdiagramm die Drehzahlverstellung im Grunddrehzahlbereich bei konstantem Moment. Zur Vereinfachung wird ein symmetrischer Rotor vorausgesetzt.

Drehzahlerhöhung über den Punkt maximaler Spannung hinaus ist in den Bildern 7.9c und 7.9d dargestellt. In diesem Bereich verschiebt sich die Phasenlage des Stromes immer weiter nach vorne: Der Strom erhält eine feldschwächende Komponente. In einem begrenzten Betriebsbereich ist die dadurch bedingte Leistungseinbuße noch gering, und ein beschränkter Bereich konstanter Leistung läßt sich einstellen. Durch geschickte Auslegung der Maschine ist es bereits gelungen, auf diese Art einen Bereich konstanter Leistung von 3 : 1 zu realisieren (18, 19).

Die permanent erregte Synchronmaschine kann besonders klein und leicht gebaut werden. Sie hat einen höheren Wirkungsgrad als Asynchronmaschine und Synchronmaschine. Wegen der verwendeten Magnetmaterialien und der aufwendigeren Bauweise ist ihre Herstellung teurer als die Herstellung einer Asynchronmaschine.

Die Kombination einer permanenten Erregung und einer elektrischen Gegenerregung zur Feldschwächung wird in dem Motor von Unique Mobility (29) verwirklicht, der in dem Elektrofahrzeug E1 von BMW eingesetzt ist.

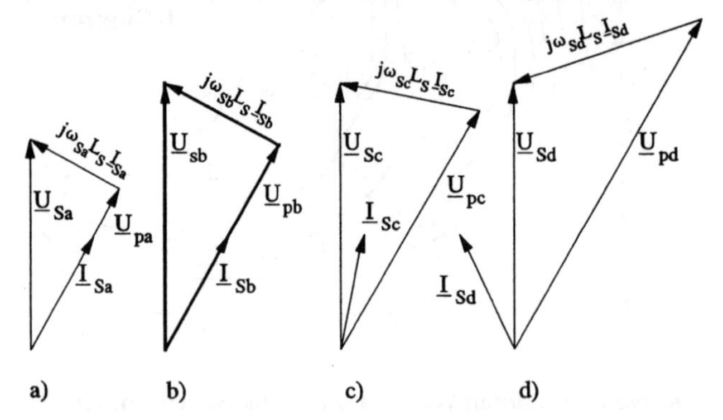

Bild 7.9: Zeigerdiagramm der permanent erregten Synchronmaschine
a) bei Betrieb im Typenpunkt
b) bei Betrieb unterhalb des Typenpunktes
c) bei Betrieb oberhalb des Typenpunktes
d) bei Betrieb noch weiter oberhalb des Typenpunktes

7.3.5 Magnetmotor

Eine Variante der permanent erregten Synchronmaschine ist der Magnetmotor, welcher in den letzten Jahren bekannt wurde. Er ähnelt einer vielpoligen Syn-

chronmaschine, wobei aber die Polzahlen des Ständers und die des Rotors verschieden sind. Wie Bild 7.10 zeigt, wird der Magnetmotor als Außenpolmaschine ausgeführt. Dadurch ergeben sich konstruktive Vorteile im Hinblick auf die Drehmomentausnutzung. Der Motor wird wegen seines hohen Wirkungsgrades und seiner hohen Drehmomentausnutzung als Traktionsmotor empfohlen.
Für den Magnetmotor werden außerordentlich hohe Werte der Leistungsdichte genannt. Nach (21) erreicht dieser Motor eine Leistungsdichte von 1/16 kg/kW. Diese Aufgabe ist aber irreführend, weil eine nicht übliche Definition der Leistung verwendet wurde. Außerdem handelt es sich um einen wassergekühlten Motor.

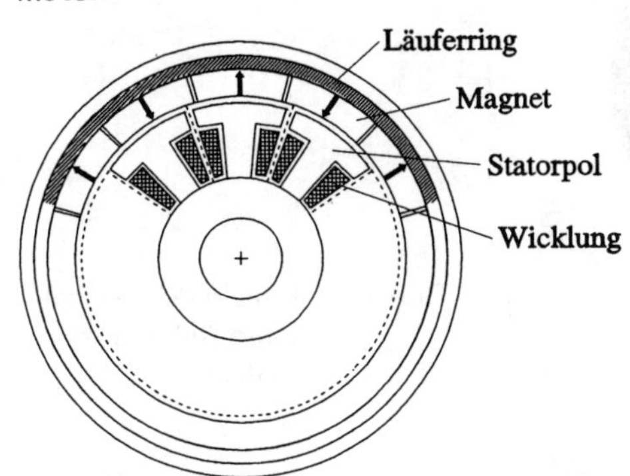

Bild 7.10: Prinzipieller Aufbau des Magnetmotors

Der Magnetmotor wurde bereits in Traktionsanwendungen erprobt. In (21) wird ein mit Magnetmotor ausgerüsteter Speicherbus beschrieben und in (22) über den Einsatz eines Magnetmotors zum Antrieb eines batteriegespeisten Mercedes Pkw berichtet.
Eine besondere Konstruktionsform der permanent erregten Synchronmaschine ist die Transversalfluxmaschine (23). Sie hat prinzipiell eine besonders hohe Leistungsdichte. Es bleibt abzuwarten, welche Leistungsfähigkeit bei der praktischen Verwirklichung erreicht wird (24).

7.3.6 Geschaltete Reluktanzmaschinen

Reluktanzmaschinen sind seit vielen Jahren als asynchronartige Antriebsmaschinen bekannt. Sie wurden im Laufe der Zeit durch permanent erregte Synchronmotoren verdrängt.
In den letzten Jahren ist eine neue Form des Reluktanzmotors mit ausgeprägten Einzelpolen im Ständer und Läufer vorgeschlagen worden (25). Das Prinzip kann anhand von Bild 7.11 erklärt werden. Nimmt man vereinfachend an, daß nur ein Ständerpolpaar erregt werde, wie im Bild gezeichnet, dann wird ein Reluktanzmoment entstehen, das das nächstgelegene Rotorpolpaar in die Dekkungslage zieht. Schaltet man nun die Erregung ab, so wird der Rotor infolge

des Trägheitsmomentes weiterlaufen, bis das nächste Rotorpolpaar in die geeignete Position kommt, den Stator wieder zu erregen. Dieser Vorgang wiederholt sich bei jedem Rotorpolpaar. Der Rotor hat eine Umdrehung absolviert, wenn der Stator so viele Strompulse erfahren hat wie Rotorpole vorhanden sind.

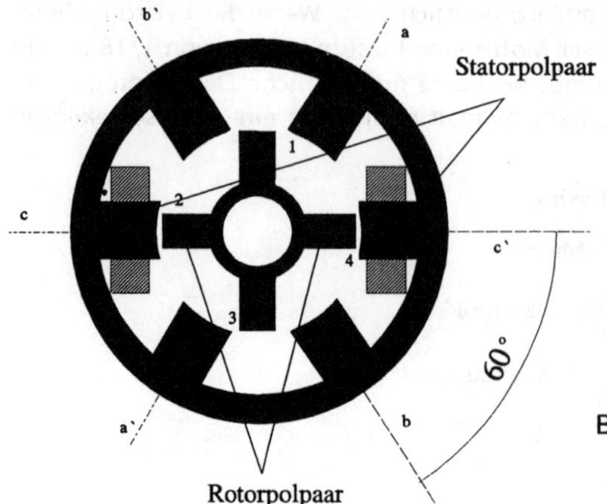

Bild 7.11: Prinzip des geschalteten Reluktanzmotors

Die übrigen Statorpolpaare werden mit Strömen passender Phasenlage erregt. Dadurch überlagern sich die Teilmomente zum resultierenden Moment der Maschine.
Dieser Antrieb wird für Fahrzeugantriebe in Betracht gezogen (26). Es werden sehr hohe Werte für den Wirkungsgrad η genannt. Die erreichbare Leistungsdichte soll höher sein als bei Asynchronmaschinen.

7.3.7 Vergleich

Ein Vergleich der betrachteten Antriebe im Hinblick auf ihre Eignung für Elektrostraßenfahrzeuge kann nur mit vielen Vorbehalten erfolgen.

- Bei einigen Varianten stammen die Veröffentlichungen jeweils nur aus einer Quelle. Bei diesen kann man nur mit Vorbehalten den Stand der Technik referieren.
- Leistungsgewicht und Wirkungsgrad sind voneinander abhängig. Zudem sagt der Wirkungsgrad in einem Betriebspunkt nur wenig aus über die Verluste bei einem Fahrzyklus. Deshalb wird in der Tabelle, Bild 7.12, nur eine Rangfolge nach eigener Einschätzung gegeben (6 am höchsten, 1 am niedrigsten).
- Über die Schwierigkeiten bei der Ermittlung der jeweiligen Kosten wurde schon einiges ausgeführt. Auch hier geben die Zahlen nur das Potential nach Einschätzung des Autors wieder (6 am billigsten, 1 am teuersten).

	GM	ASM	SyM	PSyM	MM	SRM
n_{max}/min^{-1}	6000	> 10000	> 10000	> 10000	5000	?
f_{max}	3	3...7	3...7	3	1	2
Leistungsgewicht kg/kW	3...4	2...3	2...2,5	2	2	2...3
Wirkungsgrad	**	***	****	******	*****	**
Kosten der Maschine	*	*****	****	***	**	******
Kosten des Stromrichters	******	***	**	****	*	*****
Entwicklungsstand	******	*****	****	***	**	*

Bild 7.12: Vergleich von Antrieben für elektrische Straßenfahrzeuge

Bild 7.12 zeigt das Ergebnis einer vorsichtigen Bewertung. Der Antrieb mit Gleichstrommaschine ist heute der kostengünstigste und wird deshalb vermutlich auch weiter für Elektrofahrzeuge Verwendung finden.
Ein starker Konkurrent ist der Antrieb mit Induktionsmotor. Er hat größeres Entwicklungspotential. Ob es gelingt, bei großen Serien diesen Antrieb kostengünstiger als den Gleichstrommotorantrieb herzustellen, kann man heute noch nicht entscheiden. Der Antrieb mit permanent erregter Synchronmaschine hat das größte Potential im Hinblick auf den Wirkungsgrad. Ob ein genügend großer Feldschwächbereich ohne andere Nachteile realisierbar ist, kann heute noch nicht beurteilt werden. Wegen des Magnetmaterials ist dieser Motor heute teurer als die Induktionsmaschine.
Das Entwicklungspotential des Magnetmotors und der geschalteten Reluktanzmaschine im Vergleich zu den vorgenannten Antrieben kann noch nicht genügend sicher bestimmt werden.
Der Unique Mobility Motor und der Transversalflußmotor wurden nicht in die Tabelle aufgenommen, weil über diese Maschinen zu wenig bekannt ist.

7.4 Ausblick

In diesem Band wird über neue Aktivitäten zur Wiedereinführung von elektrischen Straßenfahrzeugen berichtet. Große Bedeutung haben dabei die Anstrengungen, leistungsfähige und wirtschaftliche Akkumulatoren zur Verfügung zu stellen. Über die derzeit aussichtsreichsten Optionen wurde auch berichtet.
Neben den Akkumulatoren bilden die Antriebe die wichtigsten Komponenten der Elektrofahrzeuge. Es konnte gezeigt werden, daß hierfür verschiedene Va-

rianten geeignet sind. Ihre Anwendung in Fahrzeugserien wird erweisen, welche Lösungen technisch und wirtschaftlich die meisten Vorteile bringen.

Literatur zu Kapitel 7

1) H.-Ch. Skudelny: Weiterentwicklung von elektrischen Straßenfahrzeugen, Energiewirtschaftliche Tagesfragen (1982), S. 1070-1076.
2) K.-U. Blumenstock, O. von Fersen, C.-P. Elberth, R. Sander, S. Woltereck: Am laufenden Band, mot-Spezial, 1990, S. 86-89.
3) J. Angelis, H. Kahlen, H. Kinzel: Das Antriebssystem des Elektrogolfs „City-STROMer", Drive Electric Amsterdam '82, Proceedings, S. 418-425.
4) VDEW Druckschrift, Mit Strom mobil. Das Elektroauto, Juni 1991.
5) R. Würslin: Pulsumrichtergespeister Asynchronmaschinenantrieb mit hoher Taktfrequenz und sehr großem Feldschwächenbereich, Dissertation Uni Stuttgart 1984.
6) J. E. Fenton, R. I. Sims: Advanced Electric Vehicle Powertrain (EXT-II) Performance; Vehicle Testing, EVS-10 Proceedings (1990), S. 867-877.
7) R. D. King: ETX-II 70Hp Electric Drive Systems Performance – Component Tests, EVS-10 (1990), S. 878-887.
8) Opel, Technologie für morgen – ECO, Impuls II, Produktbeschreibung, Adam Opel AG, Rüsselsheim 1991.
9) Nissan Micra Elektro, Mobil E, 4-91, S. 20.
10) Fiat Pop E, Mobil E, 4-91, S. 23.
11) Erad G.E2, VDEW Druckschrift, Mit Strom mobil. Das Elektroauto, Juni 1991, S. 18.
12) A. Ackva, Th. Reckhorn: Synchronous Motor Drives for Electric Road Vehicles, 24th ISATA Dedicated Conference on Electric/Hybrid Vehicles, Firenze, 1991, S. 95-102.
13) A. Ackva: Spannungseinprägendes Antriebssystem mit fremderregter Synchronmaschine, Diss. RWTH Aachen (1992).
14) Th. Reckhorn: Stromeinprägendes Antriebssystem mit fremderregter Synchronmaschine, Diss. RWTH Aachen (1992).
15) A. B. Plunkett, G. B. Kliman: Electric Vehicle AC Drive Development, SAE Technical Paper Series 800061, Detroit (1980).
16) M. Fukino, N. Irie: Development of Nissan Micra EV-2, EVS-10, 1990, S. 200-208.
17) Larag Kommunal, Mobil E 1-91.
18) Th. M. Jahns: Flux-Weakening Regime Operation of an Interior Permanent-Magnet Synchronous Motor Drive, IEEE Trans. Ind. Appl. (1987), S. 681-689.
19) G. Henneberger, G. Bailly: JJR Hadji-Minaglo, Design and comparison of different motor types for electric vehicle application, EVS-11, Florence (1992), 8.02, S. 1-8.
20) H. Huang, C. Cambier, R. Geddes: High Constant Power Density Wide Speed Range Permanent Magnet Motor for Electric Vehicle Applications, EVS-11, Florence (1992), 8.12, S. 1-11.
21) H. Bausch, P. Ehrhart, A. Grundl, G. Heidelberg: Road Vehicle with Full Electric Gear, EVS-10, Proceedings, S. 104-114.
22) P. Ehrhart: Das elektrische Getriebe von Magnet-Motor für Pkw und Omnibusse, VDI-Berichte Nr. 878, 1991, S. 611-622.
23) H. Weh: Permanenterregte Synchronmaschine nach dem Transversalflußprinzip, etz-Archiv (1988), S. 143-149.
24) B. Wuest, R. Mueller: High-Capacity Drive System for Road Vehicles With Electrical and Hybrid Drive, EVS-11, Florence (1992), 8.05, S. 1-10.
25) P. J. Lawrenson, J. M. Stephenson, P. T. Blenkinsop, J. Corda, N. N. Fulton: Variable-Speed Switched Reluctance Motors, IEE Proc. B (1980), S. 253-265.
26) M. Borup: Blackpool Tramcar 651: the Application of Switched Reluctance Motors, GEC Review (1986), S. 180-184.

8 Elektro-Hybridantriebe für Straßenfahrzeuge

Adolf Kalberlah

8.1 Vom Elektro- zum Hybridantrieb

Ein Hybridantrieb, der aus einer Kombination von Elektroantrieb und Verbrennungsmotor besteht, kann bei geeigneter Auslegung die Vorteile des herkömmlichen Fahrzeugantriebs (großer Aktionsradius, gute Fahrleistungen) mit denen des rein elektrischen Antriebs (niedrige Geräusch- und Abgas-Emissionen, Einsparung von Erdöl) verbinden.
So sind Fahrzeuge, die mit solchem Antrieb ausgerüstet sind, wesentlich flexibler als Elektrofahrzeuge; sie sind oft genauso universell einsetzbar wie Fahrzeuge mit Verbrennungsmotor und folglich nicht von vornherein auf den Zweitwagenmarkt beschränkt.
Hybridantriebe haben daher im Vergleich zum Elektroantrieb ein viel größeres Anwendungspotential; es könnten sich daher im Prinzip höhere Produktionsraten ergeben, was damit zu günstigen Herstellkosten führen kann.
Erstaunlicherweise gibt es eine Fülle von Möglichkeiten, solche Hybridantriebe zu verwirklichen:
Nachfolgend sollen einige dieser Möglichkeiten skizziert und anhand realisierter Fahrzeuge untersucht werden, wo die Vor- und Nachteile dieser verschiedenen Konzepte liegen.

8.2 Serien-Hybridantrieb

Wenn man vom reinen Elektroantrieb ausgeht, führt gedanklich ein einfacher Weg zu einem Hybridantrieb:
Die Batterien des E-Fahrzeugs werden bei Bedarf während der Fahrt nachgeladen, und zwar über einen Generator, der von einem Verbrennungsmotor angetrieben wird.
Das ist nicht nur gedanklich einfach, sondern auch in der praktischen Ausführung; so sind mehrere VW-Elektro-Transporter von Wolfsburg nach Essen überführt worden, indem auf der Ladefläche ein geeignetes Motor-Generator-Aggregat montiert wurde.
Tatsächlich sind nach diesem Prinzip nicht nur improvisierte, sondern auch reale Fahrzeugantriebe gebaut worden, so z. B. von Daimler-Benz (1) für einen Stadtbus.
Der Hauptvorteil dieser Hybridstruktur besteht in folgendem:

Es ist möglich, den Verbrennungsmotor in einem festen Betriebspunkt innerhalb seines Drehzahl-Drehmoment-Kennfeldes zu betreiben. Dieser Punkt kann so ausgewählt werden, daß der Motor mit möglichst großem Wirkungsgrad arbeitet oder besonders geringe Emissionen abgibt.
Trotzdem ist der Wirkungsgrad des gesamten Antriebs nicht befriedigend. Denn wie die Struktur dieses sogenannten Serien-Hybrids in Bild 8.1 deutlich zeigt, sind die drei Maschinen V (Verbrennungsmotor), G (Generator) und E (Elektromotor) in Serie angeordnet: Die vom Otto-Motor erzeugte mechanische Energie wird im Generator in elektrische Energie und diese im E-Motor wieder in mechanische Energie umgewandelt. Jeder Umwandlungsprozeß ist mit Verlusten behaftet, so daß sich insgesamt ein relativ schlechter Wirkungsgrad ergibt. Das wird auch durch Meßergebnisse an einer Flotte von Hybrid-Bussen, die in Esslingen betrieben wurde, bestätigt.
Ein weiterer Nachteil dieses Serien-Hybridantriebs ist sein hohes Gewicht:
Wenn man an der Antriebsachse z. B. für die Höchstgeschwindigkeit eine Leistung P_{max} haben will, muß die E-Maschine für diese Leistung P_{max} ausgelegt sein. Will man diese Höchstgeschwindigkeit über weite Strecken fahren, kann man die Leistung, die die Batterie dazu beitragen könnte, vernachlässigen, so daß sowohl der Generator als auch der Verbrennungsmotor für die Leistung P_{max} ausgelegt sein müssen. Wegen der Umwandlungsverluste im E-Motor und im Generator würde die zu installierende Leistung in Richtung Verbrennungsmotor sogar immer größer. Insgesamt ist also die Leistung von mehr als 3 P_{max} zu installieren, um mit P_{max} fahren zu können. Das macht diesen Antrieb für ein universell einsetzbares Fahrzeug (z. B. Pkw) schwer und – insbesondere durch die beiden elektrischen Maschinen – teuer.
In einem Fahrzeug, das nur in der Stadt verkehrt, z. B. einem Lieferfahrzeug oder einem Stadtbus, mag es genügen, wenn Verbrennungsmotor und Generator des Serien-Hybrids für die mittlere Leistung ausgelegt werden, da hier die

Serien – Antrieb

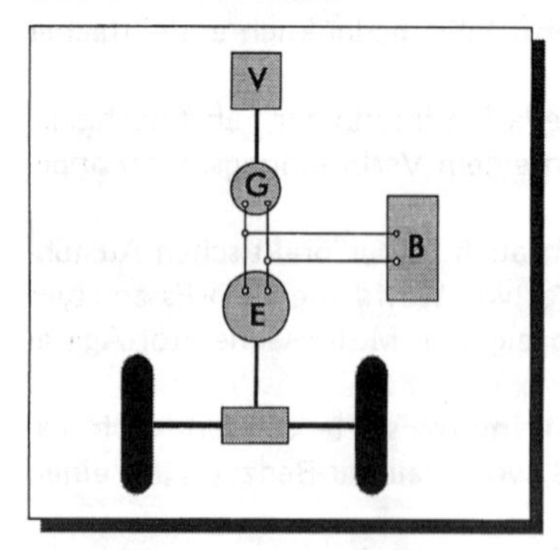

Parallel – Antrieb

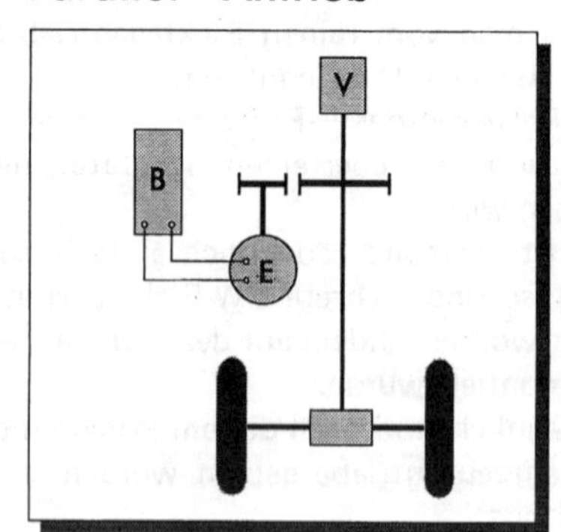

Bild 8.1: Hybridstrukturen

Batterie die Leistungsspitze abdecken kann. Setzt man diese mittlere Leistung zu 1/2 P_{max} an, so sieht man, daß selbst in diesen Stadtfahrzeugen Motoren mit einer Leistung von zusammen mehr als 2 P_{max} installiert werden müssen.
Nur wenn die Verbrennungsmotor-Generator-Einheit im Vergleich zum elektrischen Antriebsmotor klein ist, kann ein Serienhybrid-Antrieb empfehlenswert sein. Das ist insbesondere beim „Range Extender" der Fall; hierbei spielt auch die schlechte Energie-Effizienz der Kette V-Motor/Generator/E-Motor keine so große Rolle, da bei geeigneter Auslegung der Batterie die meiste Energie zum Fahren aus der Batterie stammt und nur wenig über die obige Kette läuft.
Ein weiteres Einsatzgebiet ist das sogenannte elektrische Getriebe. Bei diesem Anwendungsfall fehlt die Batterie des Serienhybrids.
Ziel einer solchen Anordnung ist es, das mechanische Getriebe zu ersetzen. Bislang wird dieses Antriebsprinzip lediglich in einigen militärischen Fahrzeugen angewandt, bei denen mehrere weit auseinanderliegende Achsen oder Räder angetrieben werden.
So könnte es im Prinzip auch für ein Kraftfahrzeug interessant sein, die mechanische Kraftübertragung vom Verbrennungsmotor bis zu den Rädern durch einen Generator und 2 oder 4 Radnaben-Motoren zu ersetzen. Doch nicht nur von den Kosten her, auch vom Wirkungsgrad her scheint das ein weiter Weg zu sein. Denn selbst wenn man hochtourige Synchron-Generatoren mit Permanent-Magneten, die bekanntlich einen sehr guten Wirkungsgrad haben, einsetzen würde, ließe sich der Wirkungsgrad eines mechanischen Getriebes, der in weiten Bereichen über 90 % liegt, kaum erreichen. Zu bedenken ist auch, daß der V-Motor nicht in seinem Bestpunkt betrieben werden kann, da es ja keinen Zwischenspeicher gibt.

8.3 Parallel-Hybridantriebe

8.3.1 Vorteile

Rechts in Bild 8.1 ist ein Parallel-Hybridantrieb dargestellt. Hierbei sind der Verbrennungsmotor V und der Elektromotor E, wenn man den Fluß ihrer Leistungen betrachtet, nicht in Serie, sondern parallel angeordnet. Die von den beiden Maschinen abgegebenen Leistungen können also zum Antrieb des Fahrzeugs addiert werden. So kann die Leistung P_{max} zum Antrieb eines Stadtfahrzeugs aufgebracht werden, indem man z. B. sowohl den Verbrennungsmotor als auch den Elektromotor für die Leistung 1/2 P_{max} auslegt. Beim Serien-Hybrid wären unter gleichen Voraussetzungen mindestens 2 P_{max} zu installieren.
Während der Serien-Hybrid 2 Elektro-Maschinen benötigt, ist im Parallel-Hybrid nur noch eine E-Maschine vorhanden. Trotzdem braucht man auch beim Parallel-Hybrid nicht auf die Nutzbremsung oder auf das Laden der Batterie während der Fahrt zu verzichten; denn der Elektromotor E kann auch als Genera-

tor arbeiten, z. B. wenn nicht die gesamte Leistung des Verbrennungsmotors zum Antrieb der Achse benötigt wird.
Betrachten wir nun einen Parallel-Hybrid für ein universell einsetzbares Fahrzeug, das über längere Zeit, z. B. für weite Autobahnstrecken, die Antriebsleistung P_{max} benötigt. In diesem Fall muß die Leistung des Verbrennungsmotors P_{max} betragen. Die Leistung des E-Motors könnte völlig unabhängig davon frei gewählt werden. Wenn man auch hierfür P_{max} wählt, weil der Serien-Hybrid, falls die Batterieleistung es zuläßt, rein elektrisch mit P_{max} fahren kann, muß man insgesamt eine Antriebsleistung von nur 2 P_{max} installieren. Unter gleichen Voraussetzungen hatten sich beim Serien-Hybrid mehr als 3 P_{max} ergeben.
In Wirklichkeit wird man sinnvollerweise die Leistung des E-Antriebes in solch einem Parallel-Hybrid aber viel niedriger wählen, nämlich gerade so, daß man in innerstädtischen Bereichen mit akzeptablen Fahrleistungen rein elektrisch fahren kann. In diesem Fall fällt dann die Bilanz für den Parallel-Hybrid noch günstiger aus.
Die Vorteile des Parallel-Hybrids gegenüber dem Serien-Hybrid stellen sich zusammengefaßt folgendermaßen dar:

- Besserer Wirkungsgrad und dadurch niedrigerer Kraftstoffverbrauch des Verbrennungsmotors, da seine mechanische Energie direkt der Antriebsachse zugeführt wird. (Nur wenn die Batterie während der Fahrt geladen wird — was aus energetischen Gründen vermieden werden sollte — liegt dieselbe ungünstige Wirkungsgrad-Kette bei beim Serien-Hybrid vor.)
- Generator entfällt.
- Niedrigeres Gewicht.
- Niedrigere Kosten.

8.3.2 Strukturen von Parallel-Hybrid-Antrieben

Parallel-Hybrid-Antriebe lassen sich auf recht unterschiedliche Weise realisieren, da man die beiden mechanischen Leistungen auf verschiedene Arten addieren kann.
In Bild 8.2 ist ganz links die bereits behandelte Ausführungsform dargestellt. Wir bezeichnen sie wegen der beiden nebeneinander verlaufenden Antriebswellen gern als Zwei-Wellen-Anordnung.
Daneben sind beide Antriebsmaschinen auf einer Welle angeordnet. Wie bei der Zwei-Wellen-Anordnung werden hier Momente addiert (oder beim Generator-Betrieb subtrahiert), man hat also in gewissen Grenzen freie Hand bei der Festlegung, wie die beiden Maschinen zu dem Gesamtantriebsmoment beitragen sollen. Dadurch ergibt sich z. B. die Möglichkeit, schnelle Änderungen des gewünschten Drehmoments durch das Drehmoment des E-Motors abzudecken und für den Verbrennungsmotor nur sehr langsame Änderungen der Drosselklappenstellung zuzulassen. Diese Phlegmatisierung der Drosselklappe wirkt

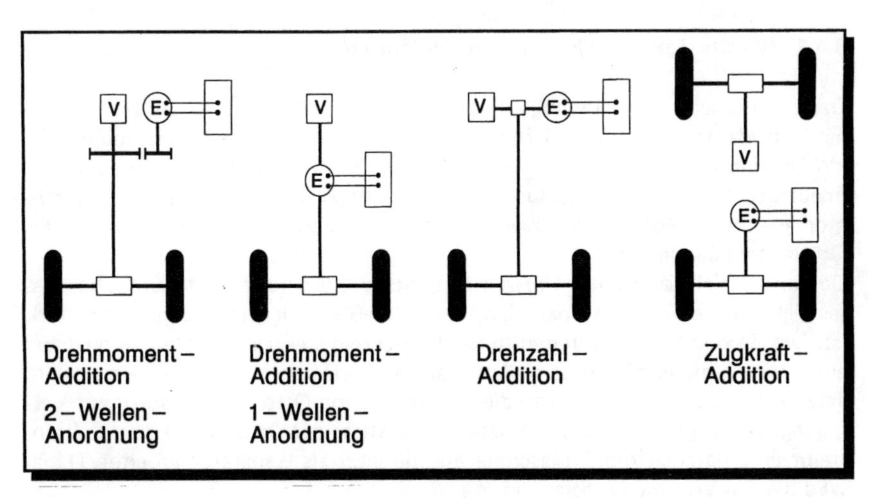

Bild 8.2: Strukturen von Parallel-Hybridantrieben

sich verringernd auf die Abgas-Emissionen aus. Die Drehzahlen der Maschine hingegen sind durch die Getriebeübersetzung festgelegt. Hier hat man keine Wahlmöglichkeit.

Genau umgekehrt liegen die Verhältnisse bei der Drehzahl-Addition, die in Bild 8.2 dargestellt ist: Hier erfolgt die Leistungsaddition dadurch, daß in einem Differentialgetriebe, das zwischen den beiden Maschinen angeordnet ist, die Drehzahlen beider Antriebe addiert werden. Man hat also eine gewisse Freiheit in der Aufteilung der Drehzahl auf die beiden Maschinen; aber die Drehmomente sind durch das gewünschte Antriebsdrehmoment festgelegt. Eine Phlegmatisierung der Drosselklappe ist folglich nicht möglich. Ein weiterer Nachteil ergibt sich aus der Tatsache, daß das Drehmoment der Elektromaschine einerseits und des Ottomotors andererseits in jedem Augenblick gleich sein müssen, die Drehmoment-Drehzahl-Kennfelder der beiden Maschinen aber sehr verschieden sind. So kann man z. B. das hohe Moment des E-Motors bei niedrigen Drehzahlen, das im Grunde für die Traktion so vorteilhaft ist, nicht ausnutzen.

Aus diesen Gründen und infolge der Problematik, die mit dem Bau eines Differentialgetriebes für die Addition hoher Drehzahlen bei gleichzeitig hohen Momenten verbunden ist, erschien es uns nicht opportun, solche Hybridantriebe mit Drehzahl-Addition zu realisieren.

8.4. Realisierte VW-Hybridantriebe

Selbst wenn man sich auf Hybridantriebe mit Drehmoment-Addition beschränkt, können doch recht unterschiedliche Antriebe entstehen, und zwar je nach dem, für welches Fahrzeug mit welcher Zielsetzung der Antrieb konzipiert ist.

8.4.1 VW-City-Taxi mit Umwelt-Hybrid-Antrieb

Das City-Taxi ist ein Fahrzeug auf der Basis eines VW-Busses (2, 3). Sein 2 Wellen-Hybridantrieb ist in Bild 8.3 schematisch dargestellt. Die Leistung des 37 kW-Ottomotors O wird über einen hydrodynamischen Wandler W und eine pneumatisch betätigte Kupplung K auf die Hinterachse übertragen. Das Drehmoment des E-Motors wird über die feste Übersetzung dem Drehmoment des Ottomotors überlagert.
Da der Antrieb ganz unter Umwelt-Gesichtspunkten konzipiert wurde, hat dieses Fahrzeug einen Elektroantrieb, der mit 16 kW Dauerleistung relativ stark ist. Das Taxi kann damit in den Innenstädten rein elektrisch fahren, ohne dabei ein Verkehrshindernis zu sein. Am Stadtrand wird der Ottomotor angelassen. Jetzt stehen zum Beschleunigen die Leistungen von Otto- und E-Motor zur Verfügung. Benötigt man nicht die gesamte Leistung des Ottomotors zum Fahren, treibt er zusätzlich die E-Maschine an, die jetzt als Generator arbeitet. Dabei wird die Batterie wieder geladen.
Bild 8.4 zeigt die Anordnung der Antriebskomponenten, und man sieht, daß dieser Antrieb ohne jegliches Schaltgetriebe auskommt, was natürlich für den Fahrer eine sehr einfache Bedienung bedeutet. Er muß nur vorwählen, ob er rein elektrisch oder hybridisch, d. h. mit Einsatz beider Maschinen, fahren will, und seine Fahrtwünsche über Betätigung von Fahr- und Bremspedal äußern. Eine Zentralsteuerung steuert dann unter Berücksichtigung des Ladezustandes der Batterie den Einsatz des E-Motors (über die elektronische Regelung) und des Ottomotors (über ein Servo an der Drosselklappe). Dabei werden zusätzlich noch folgende Funktionen sichergestellt:

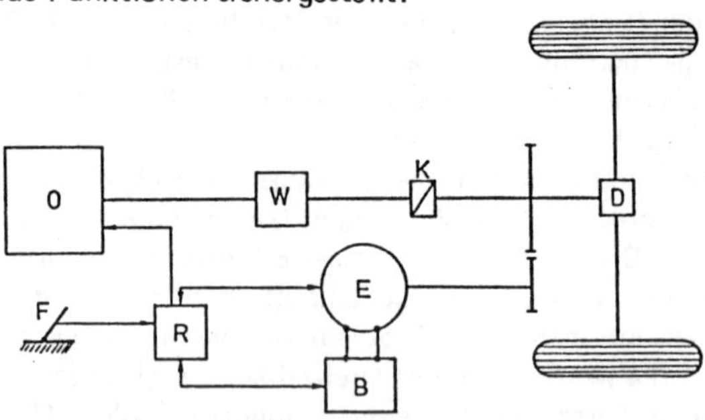

Bild 8.3: Hybridantrieb mit Drehmomentaddition im VW-City-Taxi
O = 37 kW Otto-Motor
W = Hydrodynamischer Wandler
K = pneumatisch betätigte Kupplung
F = Fahrpedal
R = Regelung
E = 16/32 kW fremderregter Nebenschlußmotor
B = 132 V/75 Ah Bleibatterie (265 kg)

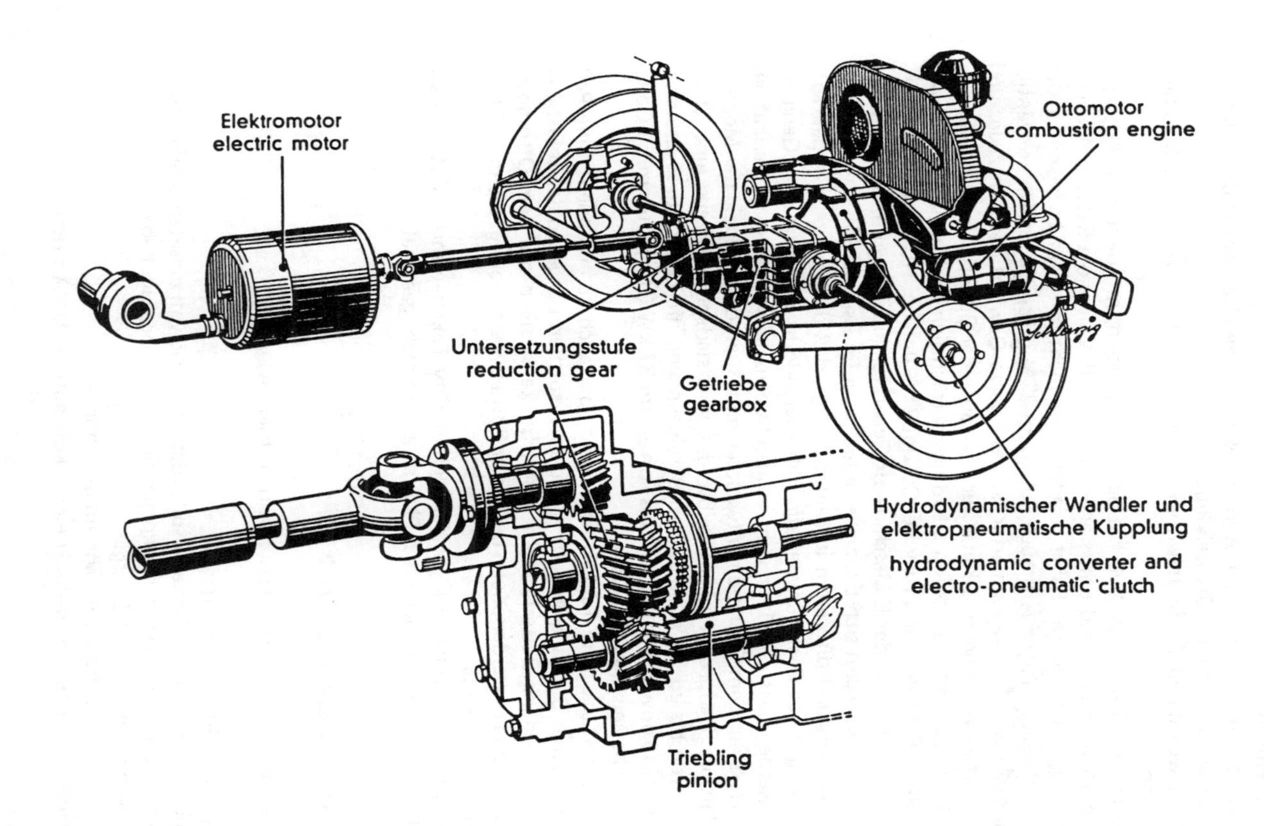

Bild 8.4: Phantombilder vom Antrieb des VW-City-Taxis

- Schutz der Batterie vor Tiefentladung und Überladung.
- Nutzbremsung
- Phlegmatisierung des Ottomotors bei dynamischen Vorgängen durch langsame Veränderungen der Drosselklappenstellung.
  (Die gewünschten Änderungen werden vorübergehend von der E-Maschine übernommen.)

Das Fahrzeug ist über 100.000 km betrieben worden, mit dem Ziel, Aussagen über Benzinverbrauch und Emissionen zu erhalten. Wurde die Batterie dabei im wesentlichen während der Fahrt geladen (und nicht mit dem Ladegerät in der Garage), stieg der Benzinverbrauch um bis zu 25 % gegenüber einem konventionellen VW-Bus an. Ursache hierfür ist das höhere Gewicht des Fahrzeugs und die ungünstige Wirkungsgrad-Kette für das Laden der Batterie im Fahrzeug. Dabei sank die Schadstoffemission allerdings beträchtlich im Vergleich zum konventionellen Fahrzeug, und zwar bei CO um 27 % und bei HC um 85 %. Verringert man den Einsatz der E-Maschine als Generator (über Begrenzung des Ladestromes), so verringern sich Benzinverbrauch und Emissionen (4).

Das Fahrwiderstandsdiagramm in Bild 8.5 zeigt, daß das Fahrzeug respektable Fahrleistungen aufweist, obwohl alle Fahrzustände in einem einzigen Gang bewältigt werden. Das liegt 1. an dem idealen hyperbelartigen Zugkraftverlauf des E-Motors, 2. an dem Drehmomentwandler und 3. an dem Prinzip der Momenten-Addition. Dadurch erreicht selbst das vollbeladene Fahrzeug eine Steigfähigkeit von bis zu 23 %. In weiten Bereichen sind die Zugkräfte sogar höher als wenn ein konventioneller VW-Bus von einem 37 kW Ottomotor mit 4-Gang-Schaltgetriebe angetrieben würde.

Die Grenzen dieses City-Taxi-Antriebs sind aber auch zu erkennen: Eine Paßstraße mit einer Steigung über 10 % und einer solchen Länge, so daß selbst eine vorher vollgeladene Batterie nicht ausreicht, kann allein mit dem Ottomotor nicht überwunden werden, denn bei dieser Betriebsweise beträgt die max. Steigfähigkeit knapp 10 %.

So sehr sich dieser Umwelt-Hybridantrieb im City-Taxi bewährte, als Universalantrieb z. B. für den Antrieb eines Pkw ist er also nicht geeignet.

8.4.2 Pkw-Hybridantrieb EVW2

Ziele bei der Entwicklung dieses Hybridantriebs waren

a) Universelle Einsetzbarkeit
   (Auch bei entladener Batterie sollte das Fahrzeug voll einsetzbar sein und in etwa die Fahrleistungen eines konventionellen Fahrzeugs haben.)
b) Sparsamer Umgang mit Energie
   (Kein Laden der Batterie während der Fahrt!)
c) Geringe Mehrkosten gegenüber einem konventionellen Antrieb.

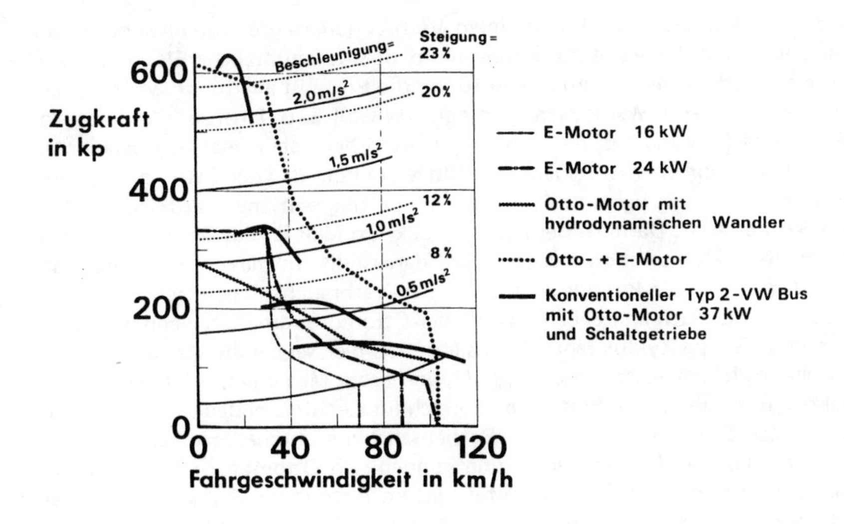

Bild 8.5: Fahrwiderstandsdiagramm des VW-City-Taxis

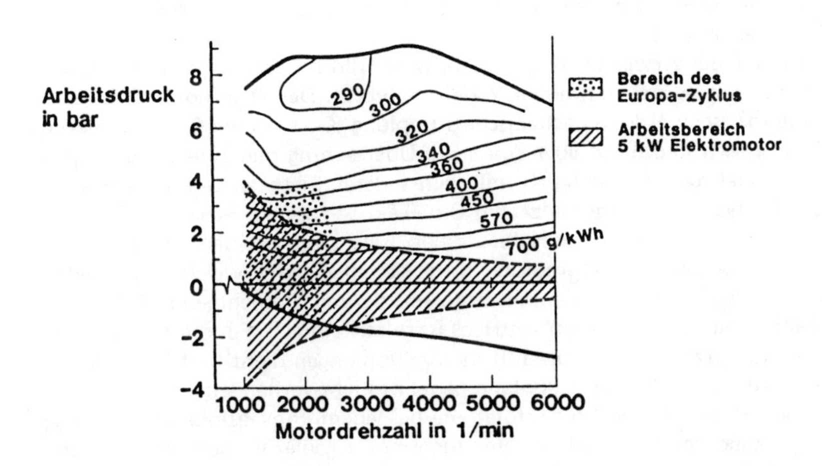

Bild 8.6: Kennfeld eines Otto-Motors mit
- Linien konstanten Verbrauchs
- Arbeitsbereich des Otto-Motors im Europa-Zyklus
- Arbeitsbereich eines 5 kW-Elektro-Motors

Da die Forderungen a und b zu einem Verbrennungsmotor von etwa normaler Leistung führen, bedeutet die Forderung c, daß der zusätzliche Elektroantrieb von möglichst kleiner Leistung sein sollte; die Frage ist allerdings, was man damit bewirken kann. Wählt man für einen VW-Golf z. B. einen 5 kW-Motor, so reicht seine Leistung aus, das Fahrzeug in der Ebene bei Konstantgeschwindigkeiten bis 50 km/h anzutreiben. Das läßt vermuten, daß der Ottomotor im Innenstadtverkehr häufig mit sehr niedriger Leistung betrieben wird. Das wird in Bild 8.6 bestätigt: Darin ist der Arbeitsdruck, ein Maß für das Drehmoment des Ottomotors, als Funktion der Drehzahl dargestellt. In diesem Kennfeld sind außerdem die Linien konstanten spezifischen Verbrauchs eingetragen. Punktiert ist darin der Bereich angegeben, in dem der Ottomotor arbeitet, wenn das Fahrzeug den Europa-Zyklus fährt. Man sieht, daß hier sehr hohe spezifische Verbräuche, d. h. schlechte Wirkungsgrade, vorliegen. Man erkennt, daß der 5 kW-Elektromotor, der den schraffierten Bereich im Kennfeld abdecken kann, einen sehr großen Teil dieser ungünstigen Betriebszustände übernehmen kann.
Mit einer solchen Aufgabenverteilung können sich Ottomotor und Elektroantrieb sehr gut ergänzen, denn man teilt jedem Antrieb die Aufgaben zu, die er mit besonders gutem Wirkungsgrad erledigt: dem Ottomotorantrieb die raschen Beschleunigungen und hohen Fahrgeschwindigkeiten, dem Elektroantrieb kleinere Teillasten, wie sie im innerstädtischen Betrieb auftreten. Dabei ist insgesamt auch ein geringer Verbrauch an Energie – der Summe aus Benzin für den Ottomotor und elektrischer Energie zum Laden der Batterie – zu erwarten. 1983 wurde der 1. Prototyp dieses speziellen Hybrid-Konzepts in Zusammenarbeit mit der Electricité Neuchateloise S. A. fertiggestellt, und zwar in einem Golf des Baujahres 82 (5).
Die Struktur des verwirklichten Antriebs ist in Bild 8.7 schematisch dargestellt; wieder handelt es sich um einen 2-Wellen-Hybrid. Der Ottomotor O ist über eine automatische elektromechanische Kupplung K_O mit dem Getriebe gekoppelt. Der Elektromotor ist über eine feste Übersetzung und eine automatische elektromagnetische Kupplung K_E mit dem anderen Ende der Getriebeeingangswelle verbunden. Im Gegensatz zum City-Taxi ist hier ein Schaltgetriebe vorhanden, und zwar ein 4-Gang-Halbautomat. Eine Zentralsteuerung steuert den Einsatz der beiden Antriebsmotore, d. h. sie entscheidet, welcher der beiden Motore die augenblickliche Fahrleistungsanforderung übernehmen soll.
Die Bedienung des realisierten Antriebs ist relativ einfach. Für die Ansteuerung und den Einsatz beider Motore mit ihren Kupplungen dient nach wie vor nur das vertraute Gaspedal. Ein Kupplungspedal ist nicht vorhanden.
Der Erststart des Hybrid-Golf erfolgt wie bei jedem konventionellen Fahrzeug über das Zündschloß. Ist der Verbrennungsmotor genügend betriebswarm und steht das Fahrzeug, so sind beide Motore abgeschaltet. Legt man jetzt den 1. Gang ein, so wird der Verbrennungsmotor automatisch angelassen und beim Gasgeben die Kupplung zwischen Verbrennungsmotor und Getriebe automatisch geschlossen, man fährt an und beschleunigt. Zurücknehmen des Gaspedals

(auf Null) veranlaßt die Verbrennungsmotor-Kupplung, sich zu öffnen, und man kann den nächst höheren Gang einlegen.
Wenn während der Fahrt mit dem Verbrennungsmotor die Verkehrssituation weniger Fahrleistung erfordert, so nimmt man das Fahrpedal zurück. Macht man dabei den Fahrpedalweg zu Null und unternimmt man länger als 0,5 s nichts, d. h. kein erneutes Gasgeben und kein Berühren des Gangschalthebels, so geht der Verbrennungsmotor aus, das Fahrzeug rollt nun ohne Antrieb. Betätigt man das Gaspedal, so übernimmt zunächst der Elektromotor den Antrieb. Reichen die 5 kW Antriebsleistung des Elektromotors nicht aus, weil man schneller fahren bzw. beschleunigen will, so gibt man mehr „Gas", d. h. man vergrößert den Fahrpedalweg über einen bestimmten Weg hinaus. Der Verbrennungsmotor wird wieder gestartet, so daß anschließend nur mit verbrennungsmotorischer Leistung weitergefahren wird.
Das Fahren nur mit dem Elektro- bzw. nur mit dem Verbrennungsmotor ist ebenfalls möglich.
Im Notfall könnte man also auch rein elektrisch fahren – allerdings mit vermindertem Beschleunigungsvermögen. Bei kontanter Geschwindigkeit von 50 km/h kann mit der 200 kg schweren Blei-Batterie eine Strecke von 36 km rein elektrisch zurückgelegt werden.
Für längere Fahrten, z. B. Urlaubsfahrten, kann man die Traktionsbatterie aus dem Fahrzeug herausnehmen und dadurch zusätzlichen Stauraum und mehr Zuladung gewinnen. Man fährt dann nur mit dem Verbrennungsmotor.
Beim Bremsen und Bergab-Fahren kann kinetische Energie des Fahrzeugs, die sonst an den Bremsen aufgenommen oder durch den Schubbetrieb des Verbrennungsmotors „vernichtet" würde, als elektrische Energie in der Traktionsbatterie gespeichert werden.
Nach der Fertigstellung des Fahrzeugs wurden zunächst auf einem Rollenprüfstand Verbrauchs- und Abgasemissionsmessungen für den Europa-Zyklus durchgeführt (6). Dabei wurden auch die Zeit- und Weganteile, die sich für die vier Betriebszustände „E-Antrieb", „Ottomotor-Antrieb", „Rollen" und „Stehen" ergaben, gemessen. Diese sind in Bild 8.8 aufgetragen. Man sieht, daß der Verbrennungsmotor nur noch mit 21,7 %, der Elektromotor aber mit 53,3 % an der Bewältigung der Strecke beteiligt ist. Dies wirkt sich natürlich auch stark verringernd auf den Verbrauch und die Emissionen aus. So verbraucht der Hybrid-Golf nur noch 33 % der Benzinmenge, die der konventionelle Golf im Europa-Zyklus benötigt. Die Abgasmenge an CO und HC reduziert sich stark, die an NO_x wenig.
Danach wurden ausgiebige Versuchsfahrten im öffentlichen Straßenverkehr in Braunschweig unternommen (6). Dabei liegt die Einsparung an Benzin nicht so hoch wie im Europa-Zyklus, sie beträgt aber immerhin 40 % gegenüber dem Serien-Golf. Der zusätzliche Bedarf an elektrischer Energie aus der Traktionsbatterie beträgt 8,3 kWh/100 km bzw. 13,8 kWh/100 km aus dem öffentlichen Versorgungsnetz. Das sind bei 20 Pfg./kWh etwa 2,80 DM/100 km.

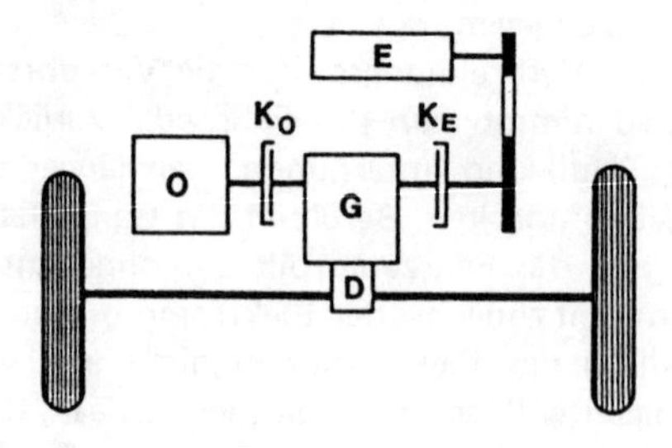

Bild 8.7: Struktur des EVW2-Hybridantriebs für einen VW Golf

E = Elektromotor, O = Ottomotor,
G = Getriebe, K_O K_E = Kupplungen

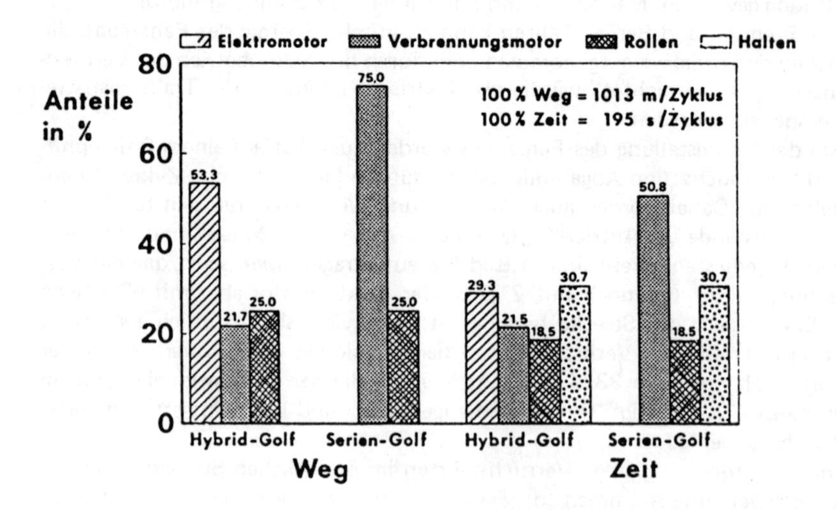

Bild 8.8: Mit dem EVW2-Hybridantrieb ermittelte Weg- und Zeitanteile beim Europa-Zyklus

Mit einer Batterie-Ladung können im Braunschweig-Zyklus 60 km hybridisch gefahren werden.

8.4.3 Pkw-Hybridantrieb EVW1

Ziel dieses Projektes ist es, die Grundidee des EVW2-Antriebs – optimale Aufgabenteilung zwischen einem relativ schwachen Elektromotor und einem relativ starken Verbrennungsmotor – in einem wesentlich kompakteren Aufbau und automobilgerechter zu verwirklichen.
Als Vorstufe hierzu kann man den Einwellen-Hybridantrieb ansehen, den Volkswagen und General Electric im Auftrag des amerikanischen Energieministeriums (DOE) gemeinsam bauten (7).
Wie Bild 8.9 zeigt, wirken beim Einwellen-Hybridantrieb EVW1 sowohl der Verbrennungsmotor als auch der Elektromotor auf die Eingangswelle des Getriebes. Der Läufer des E-Motors ersetzt das Schwungrad des Getriebes und ist auf jeder Seite von einer Kupplung flankiert.
Damit ein solcher Antrieb auch in Fahrzeuge der unteren Mittelklasse paßt, muß die E-Maschine kommutatorlos und scheibenförmig aufgebaut sein, so wie in Bild 8.9 bereits angedeutet. VW hat in Zusammenarbeit mit Bosch und LUK eine Asynchronmaschine entwickelt, in deren Läufer die zwei Kupplungen integriert sind. Sie wiegt 29 kg und hat in axialer Richtung eine Länge von nur 58 mm.
Diese Asynchronmaschine hat bei einer Nennspannung von 72 V eine Leistung von 7 kW. Als Verbrennungsmotor wird ein 1,6 l Kat-Dieselmotor verwendet. Wie auch im Zweiwellenhybrid wird der Verbrennungsmotor im wesentlichen für die Beschleunigungsvorgänge und für Geschwindigkeiten über 60 km/h herangezogen – der Elektromotor immer dann, wenn kleinere Fahrleistungen ver-

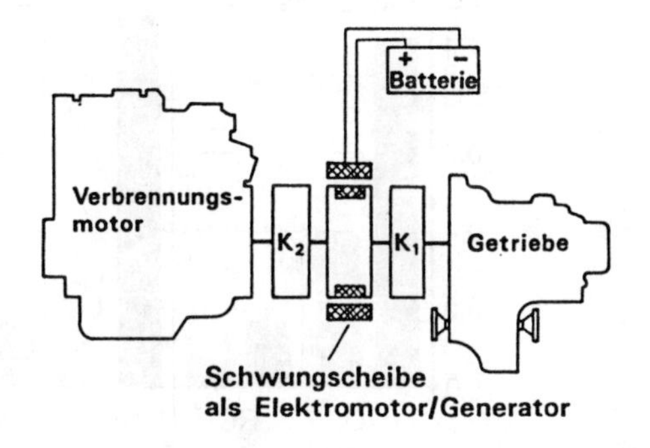

Bild 8.9: Einwellenhybridantrieb EVW1 mit scheibenförmiger Elektromaschine zwischen zwei Kupplungen K_1 und K_2

langt werden, bei denen der Verbrennungsmotor einen schlechten und der Elektroantrieb einen guten Wirkungsgrad haben. Die Leistung des Elektromotors ist mit 7 kW so bemessen, daß er Konstantfahrten bis zu 60 km/h in der Ebene erlaubt. Ein Betriebsartenschalter ermöglicht es, auch rein elektrisch zu fahren, d. h. ganz ohne den Verbrennungsmotor; allerdings muß man dann geringe Beschleunigungen in Kauf nehmen. Aber dafür hat man ein äußerst leises, umweltfreundliches Fahrzeug, das sich gerade für Wohngegenden empfiehlt.
Bild 8.10 gibt die Emissionen und den Verbrauch wieder, die mit dem Diesel-Elektro-Hybrid im Europa-Zyklus gemessen wurden. Zum Vergleich sind die Meßwerte eines serienmäßigen Diesels mit angegeben. Man erkennt eine starke Verringerung der Emissionen und eine erhebliche Einsparung an flüssigen Kraftstoffen. Dazu müssen nur 16,3 kWh elektrische Energie pro 100 km aus dem Netz zum Aufladen der Batterie aufgewandt werden. Auch im US-FTP 75 Zyklus ist die Reduktion im Verbrauch und in den Emissionen erheblich. So geht der Verbrauch um 35 % zurück. Dafür müssen 12,2 kWh elektrische Energie nachgeladen werden.
Seit Mai 1991 werden in einem mehrjährigen Großversuch in Zürich 20 Fahrzeuge dieses Typs getestet (13). Von diesem Feldversuch, den die Volkswagen AG und die Eidgenössische Technische Hochschule Zürich gemeinsam durchführen, erhofft man sich Aufschlüsse über die Alltagstauglichkeit dieser zukunftsträchtigen Antriebstechnik. In diesem Versuch kommen mit Blei-Gel-, Nickel-Cadmium- und Natrium-Schwefel-Batterien drei verschiedene wartungsfreie, gasdichte Speichersysteme zum Einsatz.
Ein weiterer Einwellenhybridantrieb ist im VW Chico (14) realisiert. In diesem, auf der IAA 1991 in Frankfurt vorgestellten Fahrzeug, ist ein 25 kW Zweizylinder-Ottomotor mit einem 7 kW Asynchronmotor verbunden. Als Batteriesyste-

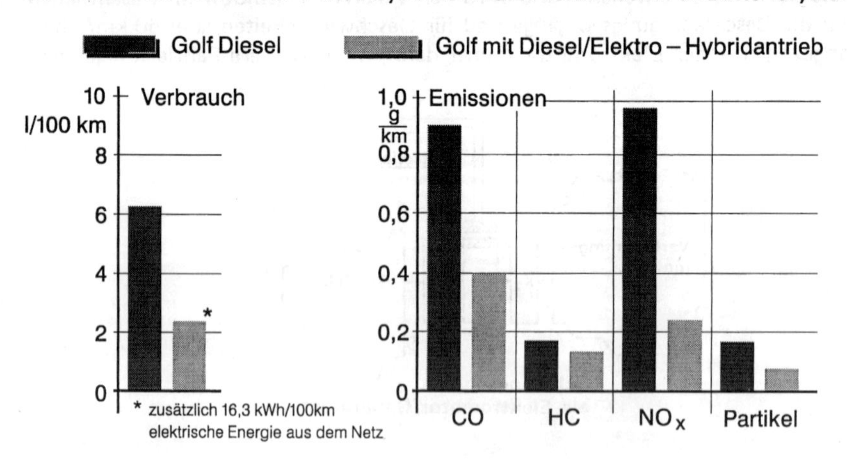

Bild 8.10: Kraftstoffverbrauch und Emissionen im ECE-Test: Golf Diesel und Golf mit Diesel/Elektro-Hybridantrieb

systeme werden Nickel/Cadmium- und Nickel/Metallhydrid-Batterien mit einer Nennspannung von 72 Volt eingesetzt.

8.4.4 Audi Duo Hybridfahrzeug

Bei der erstmals auf dem Genfer Salon 1990 vorgestellten Konzeptstudie Audi Duo handelt es sich um einen Antrieb nach Bild 8.2 (ganz rechts), bei dem der Verbrennungsmotor die Vorderachse und der Elektromotor die Hinterachse antreibt. Hierbei ist zumindest theoretisch eine Addition der Zugkräfte möglich (15).
Als Verbrennungsmotor sind dabei alle serienmäßigen Motorisierungen wie auch zukünftige Antriebsquellen möglich.
Ausgelegt ist der Audi Duo jedoch für ein wahlweise verbrennungsmotorisches oder rein elektrisches Fahren. Das Wechseln der Antriebsart kann über einen Wahlschalter sowohl im Stillstand als auch während der Fahrt erfolgen.
Der Vergleich des Audi Duo Konzeptes mit dem Einwellen-Hybridantrieb ergibt folgendes:
Wenn es in zukünftigen Szenarien größere Zonen, in denen nur rein elektrischer Betrieb erlaubt ist, geben sollte, hat das Audi Duo Konzept bessere Chancen, da es in kleinen Serien billiger zu produzieren und bessere rein elektrische Fahrleistungen bietet.
Steht hingegen das Einsparen von Rohöl und die Reduktion der CO_2-Emissionen im Vordergrund, hat der Einwellen-Hybrid Vorteile. Als Großserienfahrzeug hätte er den zusätzlichen Vorteil, kein allradangetriebenes Basisfahrzeug zu benötigen und weiteres Einsparpotential aufgrund des Wegfalls von Lichtmaschine, Starter und Schwungrad beim Verbrennungsmotor zu liefern.

8.5 Einsparpotential an Kraftstoffen durch Elektro-Fahrzeuge und Elektro-Hybrid-Fahrzeuge

Neben der Möglichkeit, Fahrzeuge mit Elektro- und Hybridantrieb rein elektrisch zu betreiben und so relativ umweltfreundliche Verkehrsmittel zu bauen, bieten beide Antriebsarten die Möglichkeit, unter Einsatz von elektrischer Energie gewisse Mengen an Diesel- und Benzin-Kraftstoff einzusparen. Unter der Voraussetzung, daß die elektrische Energie aus regenerativen Energiequellen erzeugt wird, wird man eine entsprechende Menge an CO_2 vermeiden. Zur Ermittlung des maximalen Einsparpotentials soll folgende Abschätzung dienen:
Die vom Bundesminister für Verkehr (BMV) veranlaßte Studie über Anwendungs- und Marktpotentiale von batteriebetriebenen Elektro-Pkw hatte für 1981 in den Privathaushalten der Bundesrepublik ein Anwendungspotential von 5,6 % am Gesamtbestand E-Pkw mit Blei-Batterie ergeben (9). Das Anwen-

dungspotential ist derjenige Teil des Gesamtbestandes an Pkw, der unter Berücksichtigung der technischen Restriktionen des batterieelektrischen Antriebs durch Elektro-Pkw ersetzt werden könnte (s. auch Abschnitt 1.6). Weitere Gesichtspunkte wie die Akzeptanz durch den Halter oder die Beeinflussung der Kaufentscheidung durch die Fahrzeugkosten sind für das Anwendungspotential ohne Bedeutung; diese Kriterien werden erst bei der Ermittlung des Marktpotentials hinzugezogen. Unter der Annahme, daß alle Fahrzeuge gleich viele Kilometer pro Jahr fahren und dabei gleich viel Benzin verbrauchen, ergeben sich dann Einsparpotentiale an Kraftstoffen in der gleichen Höhe. Demgegenüber ist der Hybridantrieb ein Universalantrieb. Das Anwendungspotential ist also identisch mit dem Gesamtfahrzeugbestand. Wenn man einmal annimmt, daß jedes Fahrzeug 32 % seiner jährlichen Fahrleistung im Stadtverkehr zurücklegt (10) und dabei durch den Einsatz eines Hybridantriebes 67 % flüssige Kraftstoffe einspart, so ergibt sich ein Kraftstoffeinsparpotential von 21,4 %. Diese Zahl ist wesentlich größer als das Einsparpotential von 5,6 % beim E-Pkw, und daher sollte man dem Hybridantrieb unbedingt mehr Aufmerksamkeit schenken als bisher.

8.6 Kostenbetrachtungen und Ausblick

Der Einwellenhybrid-Antrieb ist von vornherein so konzipiert worden, daß er besonders einfach und seriennah ist und sich leicht in den konventionellen Antriebsstrang im Vorderwagen eines Pkw einfügen läßt. Außerdem erspart er die Kosten für den Anlasser und die Lichtmaschine.

Auf der anderen Seite entstehen aber Mehrkosten durch folgende Komponenten, die in dem simplifizierenden Bild 8.9 nicht aufgeführt, zur Funktion des Antriebs aber unerläßlich sind. Dieses sind zwei Servoeinrichtungen zur Betätigung der beiden Kupplungen, die Steuerung für den Asynchron-Motor, die Zentralsteuerung, der DC/DC-Wandler und das Ladegerät zum Nachladen der Traktionsbatterie am Versorgungsnetz. All diese Bauteile müßten für den Großserienbau konzipiert und kalkuliert werden.

Mehrkosten entstehen auch dadurch, daß diese Hybridantriebskomponenten in das Fahrzeug eingebaut werden müssen. Dabei macht der Einbau der Batterie sowie die Verlegung des zusätzlichen Kabelstranges besonders viel Arbeit. Eine angepaßte Fahrzeugkarosse könnte diese Arbeiten erleichtern. Sicher ist es aus Kostengründen unrealistisch, für den Hybridantrieb ein Fahrzeug von Grund auf neu zu entwickeln; aber eventuell läßt sich hier ein Kompromiß finden: Eine neue Bodengruppe, in die der Batterietrog als tragendes Element integriert ist, und die Vertiefungen und Aussparungen für den Kabelstrang enthält, würde schon genügen. In den modernen Produktionsanlagen, die durch Roboter und Mikroprozessorsteuerung sehr flexibel geworden ist, sollte das möglich sein.

Trotz all dieser Maßnahmen wird der Kunde für ein Fahrzeug mit Hybridantrieb gegenüber einem Fahrzeug mit konventionellem Antrieb wohl einen Mehrpreis von annähernd 10.000,– DM zu zahlen haben. Wenn man annimmt, daß dieser Mehrpreis innerhalb von 10 Jahren abgeschrieben werden soll, fallen ohne Berücksichtigung der Zinsen 1.000,– DM/Jahr an. Bei einer Fahrstrecke von 12.000 km/Jahr sind das 8,– DM/100 km. Zählt man die Kosten für die benötigte elektrische Energie hinzu, so bleiben Mehrkosten von ca. 11,– DM/100 km, die durch Einsparung an Kraftstoff aufgefangen werden müßten. Das ist bei den heutigen Kraftstoffpreisen nicht möglich und scheint auch in Zukunft nur schwer erreichbar zu sein.

So wird der Hybridantrieb genau wie der reine Elektroantrieb heute kaum von selbst einen Markt finden. In einem Szenario, in dem umweltfreundliche und erdölsparende Antriebe einen noch größeren Stellenwert als heute haben, finden sich für den umweltfreundlichen Hybrid-Pkw vielleicht eher Käufer als für einen beschränkt einsetzbaren Elektro-Pkw, der für den gleichen Preis angeboten wird.

Literatur zu Kapitel 8

1) Ch. Bader: Vergleich alternativer Antriebssysteme für Omnibusse. Automobil-Industrie 4/82, pp. 461–465.
2) R. Miersch: Otto-Elektro-Hybridantrieb im VW City-Taxi, Electric Vehicle Council, Electric Vehicle Symposium 5, Philadelphia 1978 (782403).
3) Electric- and Hybrid-Vehicle Powertrain Development, Fourth International Symposium on Automotive Propulsion Systems, April 17 – 22, 1977, Washington D. C.
4) R. Miersch: 100 000 km testdrive of a VW-Microbus with a ICE-electric-hybrid-drive-system. EVS7, 26 – 29.06.1984, Versailles.
5) N. Saridakis: Golf mit Otto-Elektro-Hybridantrieb. ATZ 87 (1985), pp. 581 - 584.
6) N. Saridakis and W. Josefowitz: Petrol-Electric Hybrid Drive in the VW Golf, Electric Vehicle Symposium – VIII, Washington D. C., 20. – 23.10.1986.
7) A. F. Burke and R. Miersch: Development of a full-size hybrid (electric/ICE) passenger car. Electric Vehicle Development Group, 15. – 16.09.1981, London.
8) U. Seiffert und A.Kalberlah: Möglichkeiten eines Elektrohybrid-Fahrzeuges. Vortrag anläßlich der Jahreshauptversammlung der Deutschen Gesellschaft für elektrische Straßenfahrzeuge, 29. April 1982, Essen.
9) Einsatzbereiche sowie Anwendungs- und Marktpotential von batteriebetriebenen Elektro-Pkw im Straßenverkehr. Forschung Stadtverkehr. Heft 32, 1983, Hrg. BMV, Hoermann-Verlag Hof.
10) Verkehr in Zahlen 1983. Bundesminister für Verkehr.
11) R. Miersch: VW-Golf mit kompaktem Einwellen-Diesel/Elektro-Hybridantrieb, SIA-Kongreß, 04./05.02.1987.
12) A. Kalberlah: Electric Hybrid Drive System for Passenger Cars and Taxis SAE, International Congress and Exposition, Detroit 1991.
13) W. Josefowitz/S. Köhle: Volkswagen Golf Hybrid – Vehicle Design and Test Results. Electric Vehicle Symposium 11, Florenz 1992.
14) T. Scharnhorst/K.-D. Emmenthal: Chico: Das neue Volkswagen-Konzeptfahrzeug. ATZ Automobiltechnische Zeitschrift 94 (1992), Heft 3.
15) M. Lehna: Audi Duo – Konzeptstudie eines Pkw mit Hybridantrieb. Vortrag im Haus der Technik, 29. Oktober 1992, Essen.

9 Elektrofahrzeuge aus der Sicht des Herstellers und des Marktes

Adolf Kalberlah und Frank-Aldo Driehorst

Die Volkswagen AG (VW) hat inzwischen über 20 Jahre Erfahrungen mit dem Bau und dem Einsatz von Elektrofahrzeugen. In dieser Zeit wurden diverse Prototypen entwickelt, um technische Fragen zu klären, wie die Frage nach dem Energieverbrauch (1), nach den daraus folgenden Emissionen des Elektrofahrzeugs (2) oder nach dem technisch optimalen Antrieb (3, 4). Zweitens wurden Flotten von Elektrofahrzeugen betrieben, besonders mit dem Ziel, die Einsatzfähigkeit dieser Fahrzeuge und ihre Akzeptanz durch den Kunden zu testen (5, 6). In den Jahren 1977 bis 1980 hat VW sogar Elektrofahrzeuge innerhalb der Bundesrepublik Deutschland im Lieferprogramm gehabt, und zwar den Elektrotransporter auf der Basis des „Typ 2".
Selbst in den achtziger Jahren, als ein Interesse an Elektrofahrzeugen kaum vorhanden war, hat VW an der Entwicklung dieser Fahrzeuge weitergearbeitet. Es entstanden in dieser Zeit die ersten Fahrzeuge mit Natrium-Schwefel-Batterien und Blei-Gel-Batterien. Bis heute wurden neben rd. 200 Elektrotransportern 130 Elektro-Golf (7) und 12 Elektro-Jetta gebaut und erprobt.

9.1 Technik der Fahrzeuge

9.1.1 Elektrofahrzeug als Neukonstruktion oder auf Basis eines vorhandenen Großserienfahrzeugs

Zur Entwicklung eines Elektrofahrzeugs stehen grundsätzlich zwei verschiedene Wege zur Verfügung:

a) Eine von Grund auf neue Konstruktion, bei der die besonderen Elemente des Elektroantriebs – die meist große und schwere Batterie, der Elektromotor, die Steuerung, das Ladegerät – bei der Gestaltung des Fahrzeuges von vornherein berücksichtigt werden (Purpose Design, z. B. E1 von BMW).
b) Eine Konstruktion, die von einem fertig entwickelten Großserienfahrzeug als Basis ausgeht und nachträgliche Änderungen anbringt, so daß die Elektrokomponenten funktionsgerecht untergebracht werden und besonders das Fahrwerk an das wesentlich höhere Gesamtgewicht des Fahrzeugs angepaßt ist (Konversion-Design, z. B. CitySTROMer auf Basis VW-Golf (8) (Bild 9.1).

Beim Purpose-Design können viele Probleme des Elektrofahrzeugs eleganter gelöst werden als bei einem Umbau eines Serienfahrzeugs. So kann z. B. der Batterietrog als tragendes Element in die Fahrzeugkarosserie integriert werden. Der

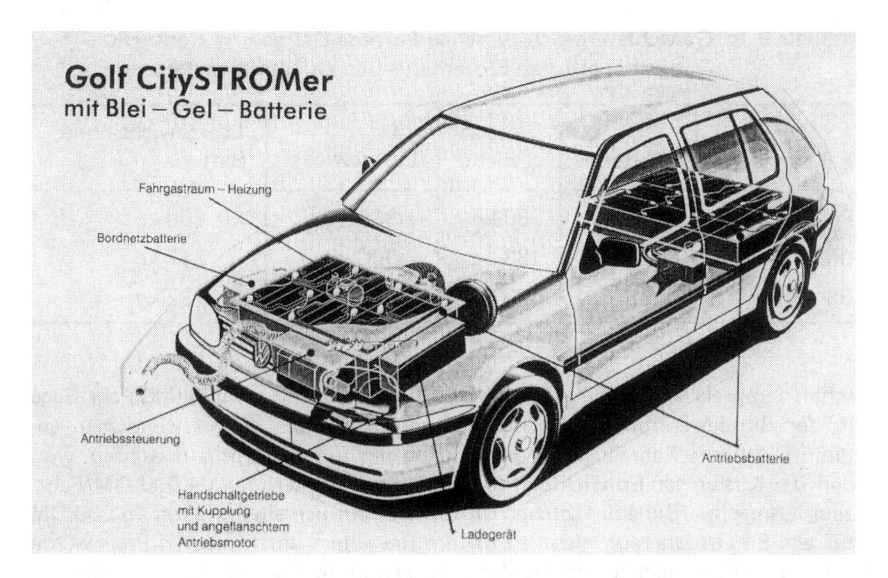

Bild 9.1: Phantombild des Golfs

Kabelbaum kann in eine Vertiefung des Bodenblechs im Innenraum des Fahrzeugs gelegt und der Motorraum kleiner gestaltet werden, was sich u. a. auch vorteilhaft auf den c_W-Wert auswirkt. Die Dämmung gegen die Motorgeräusche kann sparsamer ausfallen.

Erwartet man aber von dem von Grund auf neu entwickelten Elektrofahrzeug die gleichen Standards hinsichtlich Qualität, Sicherheit und Komfort wie bei Großserienfahrzeugen und ein vertretbares Maß an Nutzlast, so kommt man auch auf ähnliche Fahrzeuggewichte wie beim entsprechenden Großserienfahrzeug. Die oft irrige Annahme, ein Elektrofahrzeug könne leichter gebaut werden, beruht auf der Tatsache, daß bei vielen Solarmobilen besonders bei der Sicherheit, der Qualität und der Nutzlast Abstriche gemacht werden. Vergleicht man beispielsweise einen Elektro-Polo mit den Purpose-Design-Fahrzeugen Pöhlmann EL und E1 von BMW und vermindert deren Leergewichte um die Batteriegewichte, so zeigt sich, daß die verbleibenden Fahrzeuggewichte in der gleichen Größenordnung liegen (Tabelle 9.1).

Leichtbau bleibt also bei gleichen Anforderungen nicht nur Solarmobilen vorbehalten, sondern ist heute einer der Schwerpunkte bei der Entwicklung neuer Automobile.

Ein von Grund auf neu entwickeltes Elektrofahrzeug erzeugt nun allerdings auch die gleichen Kosten für Entwicklung und Produktionsmittel, es sind etwa 2 bis 3 Mrd. DM, wie ein Großserienfahrzeug.

Eine Marktstudie der Studiengesellschaft Nahverkehr (SNV) aus dem Jahr 1983 über den Absatz von E-Pkw (9) kam zu folgendem Ergebnis: Bei einem An-

Tabelle 9.1: Gewichtsvergleich zwischen Purpose-Design und Konversion-Design bei gleichen Sicherheits- und Qualitätsstandards

Fahrzeug	Batterie	Batterie-gewicht	Leergewicht	Leergewicht ohne Batterie
Pöhlmann EL	Pb	580 kg	1 380 kg	800 kg
BMW E1	NaS	183 kg	900 kg	717 kg
E-Polo	NaS	183 kg	905 kg	722 kg

schaffungspreis von 16.000 DM könnten insgesamt nur rd. 500.000 Fahrzeuge in der Bundesrepublik Deutschland abgesetzt werden. Selbst wenn man annimmt, daß alle Fahrzeuge von einem einzigen Hersteller gebaut würden, würden die Kosten für Entwicklung und Produktionsmittel etwa 4.000 DM/Fahrzeug ausmachen. Bei einer solchen Umlage ist natürlich ein Preis von 16.000 DM für ein Elektrofahrzeug nicht zu halten. Bei einem noch höheren Preis würde aber der Markt noch enger werden. Die erwähnte SNV-Studie weist für den Elektrotransporter verständlicherweise ein noch geringeres Anwendungs- und Marktpotential aus.
Aus diesen Gründen sind alle eingangs erwähnten Elektrofahrzeuge von VW Konversionslösungen. D. h. sie entstanden, indem in ein Großserienfahrzeug nachträglich der Elektroantrieb hineinkonstruiert wurde. Am Beispiel des City-STROMers läßt sich aber zeigen, daß man sich dabei nicht zwangsläufig fahrzeugtechnische Nachteile einhandeln muß, der Produktionsweg aber recht umständlich werden kann.

9.1.2 Kompromiß zwischen Konversions-Lösung und Neukonstruktion

Da eine Großserienproduktion von Purpose-Design-Elektrofahrzeugen wegen ihrer beschränkten Einsetzbarkeit auf absehbare Zeit ausgeschlossen werden kann und auch die umständliche Kleinserienfertigung von konvertierten Großserienfahrzeugen keine befriedigenden Herstellkosten zur Folge hat, bietet sich ein Kompromiß als Lösungsweg an:
Das wird klar, wenn man sich einmal den CitySTROMer betrachtet und die Unterbringung der E-Antriebskomponenten (Bild 9.2 und 9.3) untersucht: Der Vorderwagen ist serienmäßig, es wurden lediglich der Kühlergrill entfernt und statt dessen eine Klappe eingebaut, die das Kabel des Ladegerätes aufnimmt, mit dem der Wagen mit jeder üblichen Haushaltssteckdose verbunden werden kann. An das normale Getriebe wurde statt des Verbrennungsmotors der Elektromotor angeflanscht, auf dem die Regelung mit dem Ladegerät aufgesattelt ist. Die Zentralelektrik und die Anzeigegeräte in der Armaturentafel behielten

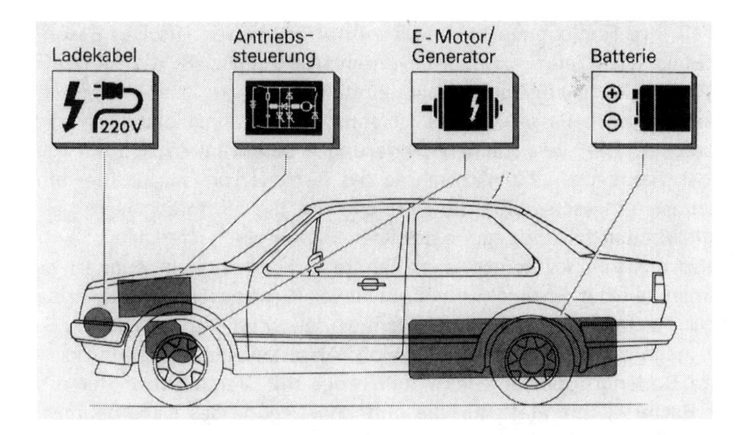

Bild 9.2: Anordnung der Antriebskomponenten

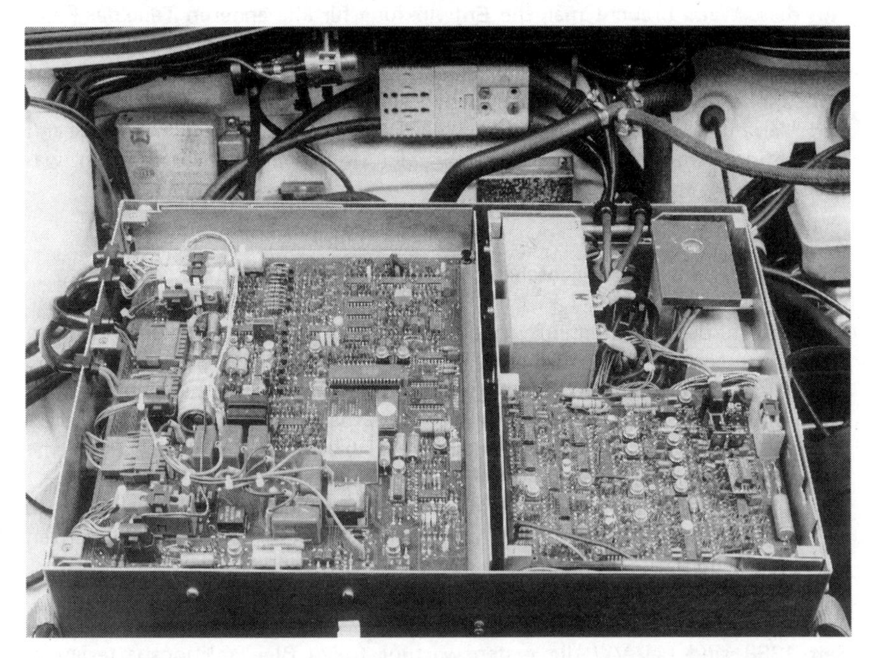

Bild 9.3: Microprozessor – Antriebssteuerung mit Anker- und Feldstromsteller sowie integriertem Hochfrequenzladegerät und DC/DC-Wandler zur Versorgung des 12V-Bordnetzes

zum größten Teil ihre Funktionen und mußten nur an die spezifischen Besonderheiten des Elektrofahrzeugs angepaßt werden. (So zeigt z. B. die Tankuhr beim CitySTROMer den verfügbaren Energieinhalt der Batterie an.) Die verwendete Hinterachse vom Passat-Variant ist stärker, aber sonst baugleich mit der Golf-Hinterachse. Die wesentlichen Änderungen beschränken sich auf die Bodengruppe des Fahrzeugs: Zur Aufnahme des Batterietrogs wurde hier ein Verstärkungsrahmen eingeschweißt, die Bereiche um die Hinterachslager verstärkt und Möglichkeiten für die Legung des Kabelbaums geschaffen.
Man braucht also nicht ein komplett neues Fahrzeug zu entwickeln, sondern es genügt, wenn man bei der Entwicklung eines neuen Großserienfahrzeugs eine Bodengruppe für Fahrzeug mit Verbrennungsmotor entwirft – diese hätte z. B. Ausbuchtungen nach oben für die Aufnahme der Abgasanlage und des Tanks – und eine zweite Bodengruppe für Elektrofahrzeuge mit Vertiefungen für die Aufnahme der Batterie, mit Platz für die einfache Legung des Kabelbaumes, mit Verstärkungen für die Anbringung der stärkeren Achsen, mit einer Aussparung für die Belüftung bzw. Klimatisierung der Batterie.
Auf diese Weise braucht man die Entwicklung für alle anderen Teile des Fahrzeugs nur einmal durchzuführen, was eine erhebliche Kostensenkung bedeuten würde.
Und ähnlich wie der VW-Passat mit den zwei Karosserieversionen Stufenheck und Variant gebaut wird, könnten dann Elektrofahrzeuge und Fahrzeuge mit konventionellem Antrieb auf einer einzigen Montagelinie gebaut werden, was wieder Kosten spart.

9.1.3 Kundenrelevante Eigenschaften von Traktionsbatterien

Hinsichtlich des Wartungsaufwandes stellen Elektrofahrzeuge keine höheren Anforderungen als konventionelle Fahrzeuge. Für die Batterie (10) galt das noch nicht, denn bei allen Demonstrationsprogrammen (11) hat sich der hohe Aufwand beim Wassernachfüllen als unzumutbar erwiesen. Zentrale Wassernachfüllsysteme brachten eine Erleichterung, bargen aber dennoch Probleme (Beschaffung von destilliertem Wasser, Einfrieren im Winter) (12, 13).
Heute kommen für Elektrostraßenfahrzeuge im Grunde nur noch wartungsfreie Batterien in Frage, schon um die Wartungskosten und den Aufwand in Grenzen zu halten (Bild 9.4).

Blei-Gel-Batterie
Seit 1988 sind bei VW die ersten wartungsfreien Blei-Traktionsbatterien in Elektrostraßenfahrzeugen in der Erprobung. Bei diesen Batterien hat man wieder auf die Gitterplattenstruktur, ähnlich wie bei den Starterbatterien, zurückgegriffen, nur daß hier der Elektrolyt als Gel vorliegt. Die Energiedichte liegt bei zweistündiger Entladung und einer Entladetiefe von 80 % bei 23 Wh/kg. Nach vier Jahren Einsatz von 37.000 km Fahrstrecke hatte die Batterie eine

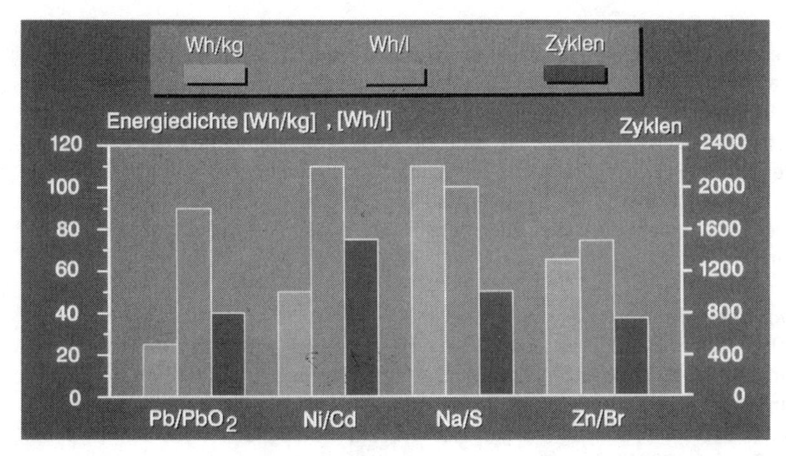

Bild 9.4: Energiedichte und Lebensdauer von Batteriesystemen

Zyklenlebensdauer von 700 erreicht, der Versuch ist allerdings noch nicht abgeschlossen. Diese recht guten Ergebnisse sind allerdings nur mit einem temperaturgeführten Ladegerät möglich. Der Ladefaktor beträgt bei der Blei-Gel-Batterie 1,03. Der Preis von Blei-Traktionsbatterien wird bei einer Stückzahl von 10.000 pro Jahr bei etwa 250 DM/kWh liegen, bei kleineren Stückzahlen wird er sich jedoch nur auf 400 DM/kWh erhöhen. Eine 10-kWh-Batterie kostet dann zwischen 2.500 und 4.000 DM.

Gasdichte Nickel/Cadmium-Batterie

Zur Zeit wird im Hybrid-Golf eine vom DAUG-Forschungslaboratorium entwickelte gasdichte NiCd-Batterie mit 55 Ah erprobt (14), für Elektrofahrzeuge werden allerdings bald Zellen bis zu 100 Ah zur Verfügung stehen. Testergebnisse über die Batterie gibt es bis heute noch nicht, man rechnet aber bei zweistündiger Entladung und einer Entladetiefe von 100 % mit 45 Wh/kg, was fast der doppelten Energiedichte von Blei-Batterien entspricht. Ein weiterer Vorteil von Nickel-Cadmium gegenüber Blei ist die Möglichkeit, die Batterie in einem weiteren Temperaturbereich zu betreiben, er liegt zwischen –40°C und 55°C; bei mehr als 55°C ist die Batterie allerdings nicht mehr in der Lage, Ladung aufzunehmen. Ansonsten läßt sich eine 100-Ah-Batterie mit einem anfänglichen Ladestrom von 400 A innerhalb von 15 Min. zu 80 % aufladen. Die Selbstentladung beträgt etwa 20 % im Monat. Wird die Batterie im Betrieb oft nur teilentladen, so stellt sich der „Memory-Effekt" ein, d. h. die Batterie verliert an Kapazität. Dieser Effekt läßt sich beheben, wenn die Batterie zwischendurch zu 100 % entladen wird.

Die Lebensdauer der NiCd-Batterie soll bei 2.000 Zyklen liegen, der Preis wird wahrscheinlich bei 1.000 DM/kWh angesiedelt sein.

Nickelhydrid-Batterie
Ein weiteres alkalisches Batteriesystem basiert auf Nickelhydrid als Speichermaterial für die negative Elektrode. Die positive Elektrode hat, wie auch in der Ni/Cd-Batterie, Nickeloxid als aktives Material. Auch diese Batterie hat sehr gute Hochstromeigenschaften sowie eine hervorragende Schnelladbarkeit. Sie ähnelt der Ni/Cd-Batterie also recht stark, liegt aber erfreulicherweise in der Energiedichte etwas höher. Ihre Selbstentladung beträgt jedoch 50 %/Monat; dieses Batterie-System befindet sich allerdings noch in der Anfangsphase seiner Entwicklung.

Natrium/Schwefel-Batterie
Seit 1985 stehen diese Hochenergiebatterien zur Erprobung in Elektrofahrzeugen zur Verfügung (Bild 9.5 und 9.6). Der zweistündige Energieinhalt der ersten Natrium/Schwefel-Batterie (Typ B 11), die von VW in einem extra dafür konstruierten Jetta-CitySTROMer getestet wurde, betrug 22 kWh, das sind bei 276 kg Gewicht 80 Wh/kg.
Mit der sehr hohen Betriebstemperatur von 300°C sind erhebliche Vor- und Nachteile verbunden. Als Vorteil ist die relative Unabhängigkeit von der Umgebungstemperatur beim Betrieb der Batterie zu werten. Nachteilig ist der Wärmeverlust, der trotz der sehr guten Isolation 4,4 kWh/Tag beträgt. Wenn die Batterie nicht mit dem Netz verbunden ist, bezieht sie ihre Heizenergie aus ihrem eigenen Vorrat. Sie entlädt sich dabei in rd. 6 Tagen; spätestens dann sollte sie wieder mit dem Netz verbunden werden, damit es nicht zu einer Abkühlung kommt.
Mit der NaS-Batterie vom Typ B 11 wurden bis August 1991 in 12 VW-City-STROMern insgesamt 520.000 km zurückgelegt. Die dabei erreichten Lebensdauern betrugen allerdings maximal 21 Monate bzw. 230 Zyklen. Diese Werte lassen natürlich noch keinen wirtschaftlichen Betrieb zu.
Ab 1993 steht eine verbesserte Generation NaS-Batterien für Elektrostraßenfahrzeuge für erste Tests bereit. Die Energiedichte wird dann zweistündig 100 Wh/kg und die thermischen Verluste einer 215 kg schweren Batterie nur noch 100 W betragen. Der Preis dieser Batterie soll bei einer jährlichen Produktionsrate von 16.000 Stück auf 610 DM/kWh, bei 32.000 Stück auf 430 DM/kWh sinken.

Natrium/Nickelchlorid-Batterie
Auch bei der Natrium/Nickelchlorid-Batterie handelt es sich um ein Hochtemperatursystem. Sie hat eine mit der Natrium/Schwefel-Batterie vergleichbare spezifische Energiedichte und auch sonst viel Ähnlichkeit mit dieser Batterie, nur daß anstelle des Schwefels eine Mischung aus Nickelchlorid und Natrium-Aluminium-Chlorid eingesetzt wird. Das bereitet bei der Produktion Vorteile, da das Hantieren mit flüssigem Natrium vermieden werden kann. VW wird auch diese Batterie in das Testprogramm aufnehmen.

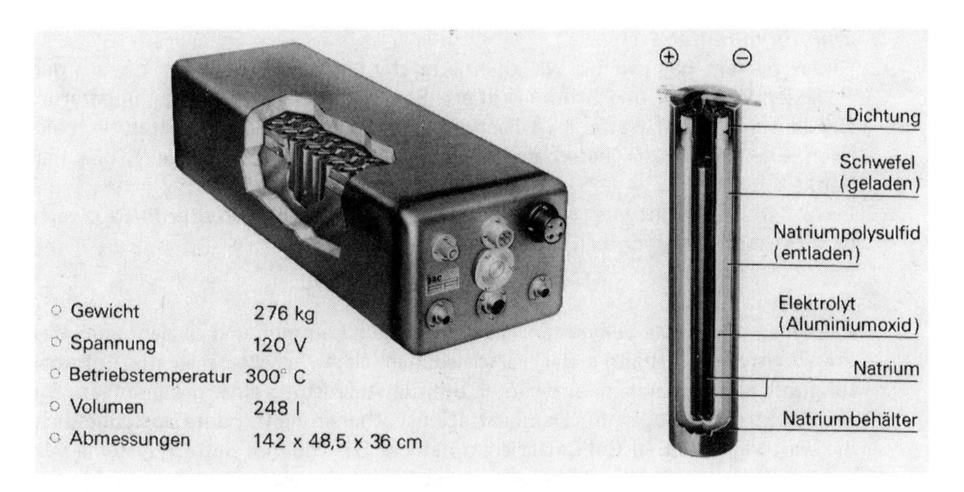

Bild 9.5: Hochenergiebatterie von ABB

Bild 9.6: Erprobung der Natrium/Schwefel-Batterie im Fahrzeug

Zink/Brom-Batterie
Dieses System hat mit 60 Wh/kg eine relativ hohe Energiedichte, die aus der Reaktion von Zink und Brom resultiert. Es arbeitet bei Umgebungstemperatur. Die Leistung dieser Batterie ist bestimmt durch die Größe ihrer katalytisch aktiven Elektroden, die lieferbare Energie ist bestimmt durch die Größe der Tanks.
Erste Batterie-Prototypen werden jetzt in Elektrofahrzeugen erprobt; auswertbare Ergebnisse liegen noch nicht vor.

Resümee
Faßt man alle heute bekannten Testergebnisse zusammen und bezieht auch das Preis/Leistungs-Verhältnis der verschiedenen Batteriesysteme in die Betrachtung mit ein, so kann man, wenn es um die Ausrüstung einer größeren Anzahl von Elektrofahrzeugen für Demonstrationsvorhaben geht, heute ausschließlich die wartungsfreie Blei-Gel-Batterie empfehlen. Die anderen Batteriesysteme müssen besonders in punkto Lebensdauer und Preis verbessert werden, um Marktchancen zu haben.

9.1.4 Antriebssysteme für Elektrofahrzeuge

Bei den elektrischen Fahrzeugantrieben unterscheidet man zwischen Gleichstrom- und Drehstrom-Antrieben. Bei Gleichstrom-Antrieben gibt es die Reihenschluß- und Nebenschlußmotoren, wobei die Letztgenannten überwiegend fast nur als fremderregte Motoren verwendet werden, d. h. Ankerspannung und Feldspannung werden unabhängig voneinander geregelt. Die wichtigsten Drehstrommaschinen sind die Asynchron- und die Synchron-Motoren.
Während bei Antrieben mit Gleichstrommaschinen langjährige Erfahrungen vorliegen und sich der Kommutator hinsichtlich seines Wartungsaufwandes wider Erwarten als unkritisch herausgestellt hat, müssen mit Drehstromantrieben noch Erfahrungen gesammelt werden. Auch die Untersuchung der oben beschriebenen Antriebe in unterschiedlicher Anordnung im Fahrzeug muß noch stattfinden. So ist einmal die herkömmliche Anordnung als Zentralmotor für zwei bis vier Räder denkbar, dann aber auch die dezentrale Anordnung von zwei oder vier Motoren, die entweder über Gelenkwellen die Räder antreiben oder aber als Radnabenmotoren ausgebildet sein können. Darüberhinaus ist die Frage zu klären, ob man die Räder direkt antreibt oder eine Untersetzung vorsieht (was den Motor kleiner und leichter machen würde) oder ob man sogar mehrere Getriebestufen bzw. ein CVT-Getriebe verwendet.
Dabei ist die optimale Antriebslösung dann stark von dem Fahrzeug und den gewünschten Fahrleistungen abhängig. Handelt es sich um ein reines Stadtfahrzeug mit niedriger Höchstgeschwindigkeit, sieht die Antriebslösung sicher anders aus, als bei einem Elektrofahrzeug, das gelegentlich auf Autobahnen fahren soll.

9.2 Stadtfahrzeuge

In den letzten Jahren sind eine Vielzahl von Elektrofahrzeugen, häufig von Firmen, die bisher nicht in der Automobilherstellung tätig waren, in Ministückzahlen an den Markt gebracht worden.
In Bild 9.7 sind die Elektrofahrzeuge klassifiziert. Bild 9.8 zeigt technische Daten von Elektrofahrzeugen.

9.2.1 Solarmobile/Kabinenroller

Unter dem Begriff „Solarmobil" verstand man lange Zeit Elektro-Fahrzeuge in Ultraleichtbauweise, die ihre Energie zum Fahren ausschließlich über ein am Fahrzeug befestigtes Solarpanel beziehen. Diese sehr kleinen Fahrzeuge können oft nur eine Person befördern und haben nur eine Zuladung von etwa 100 kg. Ihre Höchstgeschwindigkeit liegt zwischen 40 und 60 km/h, womit sie im normalen Straßenverkehr eher als Hindernis anzusehen sind. Die passive Sicherheit der meist aus Kunststoff gefertigten Solarmobile ist aus heutiger Sicht unzureichend.
Heute sieht man Solarmobile nur noch als Exoten auf Veranstaltungen wie der jährlichen „Tour de Sol" in der Schweiz. Für den normalen Straßenverkehr haben sie sich nicht nur aufgrund ihrer zu schwachen Fahrleistungen als nicht tauglich erwiesen. So geht von Solarmobilen auch ein nicht zu unterschätzendes Gefährdungspotential aus: bei starken Windböen neigen sie zum Umkippen, das überstehende Solardach gefährdet andere Verkehrsteilnehmer und der Betreiber selbst muß auf jegliche passive Sicherheit am Fahrzeug verzichten. Das Solarpanel selbst kann im Alltag leicht beschädigt werden.
Heute werden die meisten dieser Fahrzeuge, was energetisch sinnvoller und praxisgerechter ist, im Netzverbund betrieben, d. h. ein stationär aufgestelltes Solarpanel speist die Sonnenenergie direkt in das Netz ein. Die so gewonnene Energie kann zu jeder Zeit an einem beliebigen Ort wieder dem Solarmobil zugeführt werden.
Da diese Fahrzeuge, wenn sie auf dem Markt angeboten werden, meist unter 15.000 DM kosten und häufig (z. B. in Hessen) noch öffentliche Zuschüsse bekommen, haben diese Fahrzeuge heute den größten Marktanteil.

9.2.2 Nicht industriell gefertigte Elektro-Kleinstfahrzeuge

Eine zweite Kategorie von Elektro-Fahrzeugen hat sich im Laufe der letzten Jahre entwickelt: Es sind nicht industriell, d. h. in Werkstattbetrieben gefertigte umgebaute Kleinstfahrzeuge, die vorwiegend aus Frankreich, Italien und einigen ost-europäischen Ländern kommen.

	Nicht industriell gefertigte Fahrzeuge		Industriell gefertigte Fahrzeuge	
Fahrzeugklasse	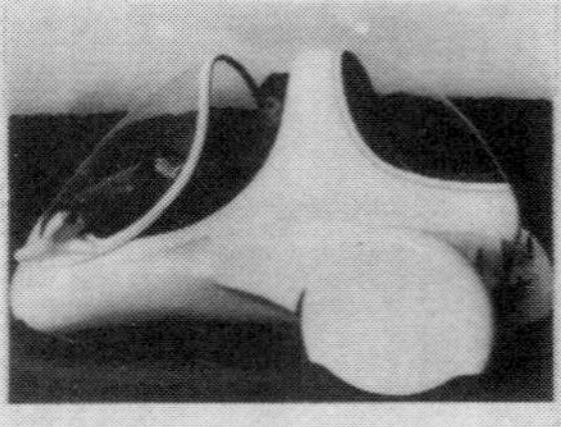 Solarmobile	 Kleinstfahrzeuge	 Konversionslösung	 Purpose Design
Bemerkungen	Solche Fzg. z.B. Messer – schmitt-Kabinenroller gab es auch einmal bei VM-Fzg. Sie sind verschwunden !!	Crashsicherheit ? Fzg. Sicherheitsvoschriften ? Qualität ? Dauererprobung ? Wartung, Ausfallsicherheit ? Batterielebensdauer ? Service ?	Crashsicher Zuverlässig, dauerprobt Pb/Gel; wartungsfrei 3 Jahre Betriebssicher, E-Sicherheit Garantierter Service	Funktionsvorteile gegen – über Konversionslösung Kostenvorteile bei großer Stückzahl ?
Zukunft	keine	keine	In Kleinserien gefertigt Mittelfristig sinnvoll Langfristig ?	Bisher nur Konzeptfzg. Langfristlösung nach dem Jahre 2000

Bild 9.7: Elektrofahrzeugklassen

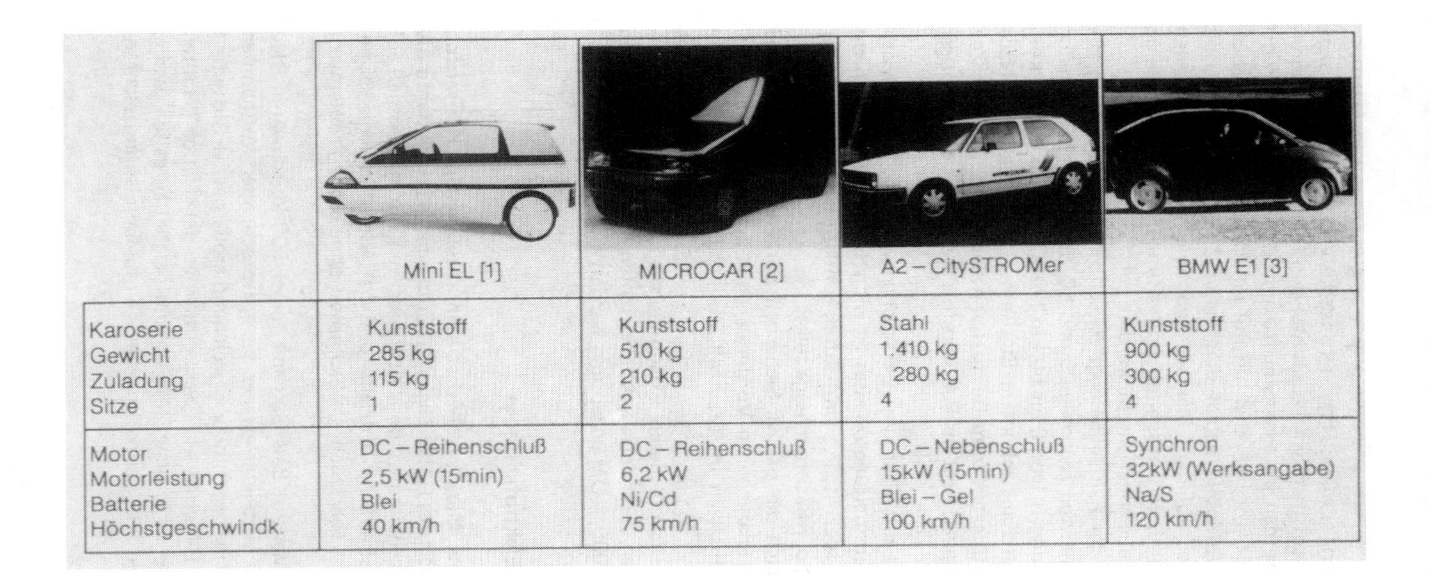

	Mini EL [1]	MICROCAR [2]	A2 – CitySTROMer	BMW E1 [3]
Karoserie	Kunststoff	Kunststoff	Stahl	Kunststoff
Gewicht	285 kg	510 kg	1.410 kg	900 kg
Zuladung	115 kg	210 kg	280 kg	300 kg
Sitze	1	2	4	4
Motor	DC – Reihenschluß	DC – Reihenschluß	DC – Nebenschluß	Synchron
Motorleistung	2,5 kW (15min)	6,2 kW	15kW (15min)	32kW (Werksangabe)
Batterie	Blei	Ni/Cd	Blei – Gel	Na/S
Höchstgeschwindk.	40 km/h	75 km/h	100 km/h	120 km/h

Bild 9.8: Elektrofahrzeugklassen

Der Aufbau ist bei allen recht ähnlich: Die Traktionsbatterie nimmt den gesamten Kofferraum ein und reicht nach vorn bis hinter den Fahrer- und Beifahrersitz. Die Batteriemodule werden im allgemeinen nicht klimatisiert, stehen oft auf der Ladefläche und werden nach oben hin mit einer Hartfaserplatte abgedeckt. Diese zweisitzigen E-Mobile haben dann eine Zuladung von 150 bis 200 kg. Als Antriebe dienen auf dem Markt angebotene, aber nicht für den Automobileinsatz entwickelte, Reihenschluß- und Asynchronmotoren, die an die vorhandenen Schaltgetriebe angeflanscht werden.
Die Höchstgeschwindigkeit der Fahrzeuge liegt zwischen 50 und 80 km/h, die Reichweiten lagen bei Testfahrten zwischen 20 und 50 km. Abgesehen von den etwas mäßigen Beschleunigungen (von 0 bis 50 km/h bis zu 25 Sekunden) können sich diese E-Mobile durchaus schon im Straßenverkehr behaupten. Nach Einschätzung mehrerer Autotester, zum Beispiel von der Neuen Züricher Zeitung oder Auto Motor & Sport, liegt ihr Fahrkomfort weit unter dem heutiger Mittelklassefahrzeuge.
Hier werden insbesonders Laufkultur und Geräuschentwicklung im Fahrgastraum genannt. Auch die Verarbeitungsqualität ist oft schlecht. Dies liegt nicht immer nur an den E-Mobil-spezifischen Umbauten, sondern meist auch an der mäßigen Fertigungsqualität der Basisfahrzeuge selbst.
Recht problematisch ist auch die passive Sicherheit der Fahrzeuge; hier sind mindestens Verstärkungsmaßnahmen im Vorderwagen, Gurtstrammer und Airbags erforderlich, um die Insassen im Crashfall ausreichend schützen zu können.
Größere Stückzahlen wurden von diesen E-Mobilen bis heute noch nicht verkauft, da selbst diese kleinen und relativ unkomfortablen Fahrzeuge zu Preisen zwischen 20.000,– und 35.000,– DM angeboten werden mußten.

9.2.3 Industriell gefertigte Elektrofahrzeuge

Volkswagen wird auf kleine Märkte zunächst einmal mit einem Konversion Design zum Beispiel auf Basis des Golfs reagieren. Zum einen können damit die Herstellungskosten niedrig gehalten werden, zum anderen kann man schnell auf die sich noch im Wandel befindliche Antriebs- und Batterietechnologie reagieren. Neben dem Komfort ist aber auch die Sicherheit ohne große Probleme zu realisieren:
Crash-Tests am CitySTROMer auf Bais Golf mit seiner 500 kg schweren Blei-Batterie haben ergeben, daß Mittelklassewagen bei entsprechenden Maßnahmen am Fahrzeug durchaus geeignet sind, eine hinreichend große passive Sicherheit zu gewährleisten. Gerade E-Mobile als „Saubermänner der Nation" sollten nicht in den Verruf geraten, als unsicher und unkomfortabel zu gelten, wobei sich der Komfort auf Dinge wie Laufkultur und Geräuschemission beschränken kann.

Ein großes Problem ist das nicht eigenständige Erscheinungsbild des konvertierten E-Mobils.

9.3 Fahrleistungen der VW-CitySTROMer

Die Fahrleistungen der Golf- und Jetta-CitySTROMer (Bild 9.9) wurden den realen Bedingungen im Stadt- und stadtnahen Verkehr angepaßt. So ist es wünschenswert, die Fahrzeuge von 0 auf 50 km/h in weniger als 15 s beschleunigen zu lassen, damit sie gegenüber den Fahrzeugen mit konventionellem Antrieb kein Hindernis darstellen. Da unter Umständen auch kurze Strecken über Land oder auf Stadtautobahnen gefahren werden müssen, sollten Elektro-Pkw eine Mindestgeschwindigkeit von 90 km/h fahren können.

9.3.1 Golf-CitySTROMer mit Blei-Gel-Batterie

Der Golf-CitySTROMer mit seiner 496 kg schweren Blei-Gel-Batterie hat eine Höchstgeschwindigkeit von 100 km/h, er beschleunigt von 0 auf 50 km/h in 13 s und hat eine Reichweite von 56 km.
Dank des besseren Ladefaktors bei Blei-Gel-Batterien von etwa 1,02 bis 1,05 gegenüber 1,2 bei Blei-Säure-Batterien und einer temperaturgeführten Ladekennlinie konnte der Verbrauch im Stadtzyklus von 30 auf 26 kWh/100 km aus dem Netz gesenkt werden. Bei extrem kurzen Fahrstrecken je Tag erhöht sich dieser Verbrauch allerdings, da nach jeder Hauptladung eine konstante Nachladephase mit geringerem Strom angehängt wird. Gute Verbräuche ergeben sich erst ab etwa 20 km/Tag.

9.3.2 Jetta-CitySTROMer mit Natrium/Schwefel-Batterie

Der Jetta-CitySTROMer mit einer 276 kg schweren Natrium/Schwefel-Batterie hat eine Höchstgeschwindigkeit von 105 km/h und beschleunigt von 0 auf 50 km/h in 12 s. Nach Erhöhung der Batteriekapazität von 120 Ah auf 140 Ah verbesserte sich seine Reichweite von 120 auf 135 km im Stadtzyklus. Der Energieverbrauch liegt bei 28 kWh/100 km bei einer Tagesfahrstrecke von 50 km im Stadtverkehr.
Der Energieverbrauch bei Elektrofahrzeugen mit Hochtemperaturbatterien ist sehr viel stärker abhängig von der Höhe der Batteriebelastung und ihrer Einsatzdauer, als das bei „kalten Batteriesystemen" der Fall ist (Bild 9.10). Dieser sehr gravierende Nachteil kann teilweise oder sogar ganz durch entsprechend lange Fahrzeiten je Tag kompensiert werden, da der Fahrstrom die Batterie über ihren Innenwiderstand aufheizt, so daß sie während der Fahrt und der sich anschließenden Abkühlzeit nicht mit zusätzlicher Heizenergie versorgt werden

Bild 9.9: Golf- und Jetta-CitySTROMer im Fahrtest

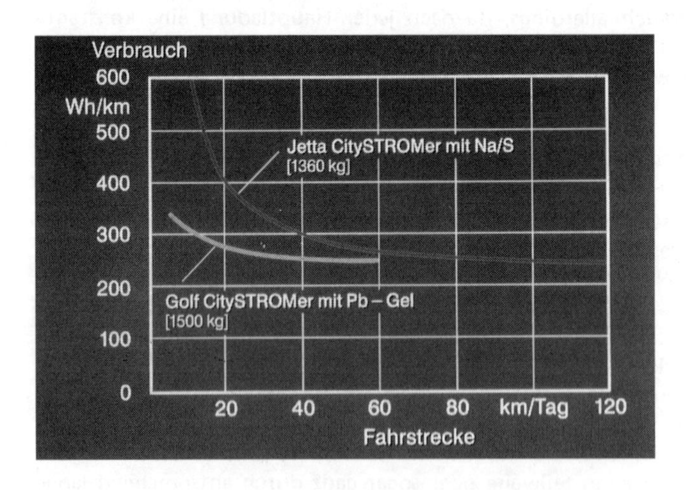

Bild 9.10: Energieverbrauch ab Netz im ECE-Zyklus

muß. Das Fazit daraus lautet, daß Betreiber, die mit relativ wenig Reichweite je Tag auskommen, besser mit einer „kalten Batterie" bedient sind, die mit großen Reichweiten je Tag dagegen Hochtemperaturbatterien mit den höheren Energiedichten nehmen sollten. Am Beispiel des Jetta-CitySTROMers können dann Verbräuche von 24 kWh/100 km bei 120 km Fahrstrecke im Stadtverkehr erzielt werden.

9.3.3 Darstellung der Fahrleistungen von Elektrofahrzeugen in der Öffentlichkeit

In letzter Zeit wurden in der Öffentlichkeit Erwartungen an die Leistungsfähigkeit von Elektrofahrzeugen geweckt, die sie im praktischen Fahrbetrieb nicht erfüllen können. So werden z. B. oft Reichweiten angegeben, die man beim Fahren mit konstanter Geschwindigkeit erreicht, eine Angabe, die natürlich für das Haupteinsatzgebiet des Elektrofahrzeugs, den Stadtverkehr, völlig irrelevant ist. Ähnlich sieht es häufig mit den Beschleunigungsangaben aus. So wird beispielsweise von einem großen US-Hersteller für einen Elektrosportwagen eine Beschleunigung von 0 auf 60 mph (96 km/h) in 8 s angegeben und eine Höchstgeschwindigkeit von 100 mph (176 km/h), wobei die Batterie jeweils mit 268 W/kg in weniger als 5 Minuten entladen wird, was sich dann äußerst ungünstig auf die Batterielebensdauer auswirkt. Solche euphorischen Meldungen werden dem Elektrofahrzeug nicht weiterhelfen, im Gegenteil, hier werden die Schwächen des Elektrofahrzeugs verschleiert und Gesetzesinitiativen zur Förderung der Elektrotraktion unter Umständen in falsche Bahnen gelenkt.
Bei VW werden Reichweiten immer im ECE-Zyklus angegeben. Die Höchstgeschwindigkeit ergibt sich aus der Dauerbelastbarkeit der Batterie. Die Kurzzeitbelastung der Batterie bestimmt die Beschleunigungsphasen, vorausgesetzt, daß die entsprechenden Motorleistungen installiert werden.

9.4 Anschaffungs- und Betriebskosten von Elektrofahrzeugen

Elektrofahrzeuge werden immer etwas teurer sein als vergleichbare konventionelle Fahrzeuge – auch wenn sie in genauso großen Stückzahlen produziert werden (Bild 9.11). Das gilt sogar dann, wenn man die Batterie unberücksichtigt läßt. Denn selbst wenn man einmal annimmt, daß der Elektromotor mit seiner Steuerung genauso kostengünstig produziert werden kann wie der Verbrennungsmotor (die Kostenangaben von vier großen Elektrokonzernen liegen weit höher), so bleiben die zusätzlichen Kosten für das Batterieladegerät und für die Heizung des Fahrzeuginnenraumes. Außerdem muß das Elektrofahrzeug im ganzen stärker gebaut werden, damit es die schwere Batterie aufnehmen kann.

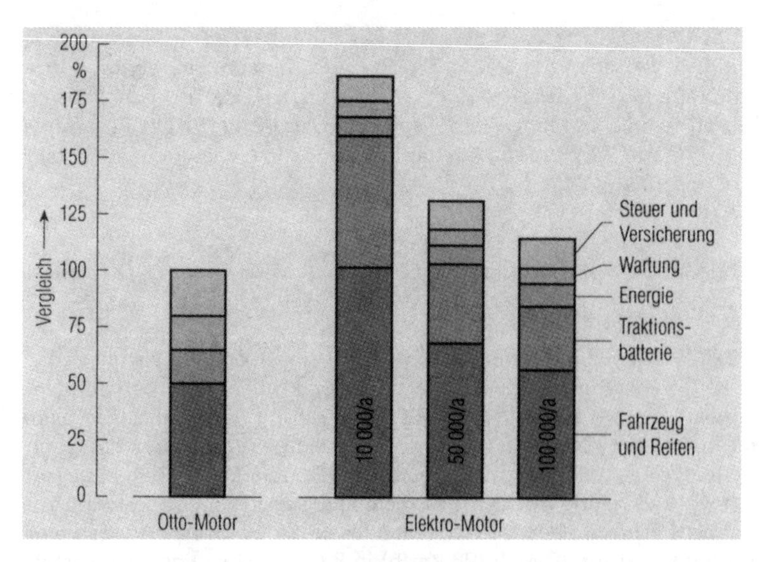

Bild 9.11: Vergleich der Betriebskosten von Otto-Motor und Elektro-Motor (bei verschiedener jährlicher Produktionsrate und sehr günstigen Annahmen)

Zu diesem Ergebnis kommt auch die zweite Fortschreibung des Berichtes über die Förderung des Einsatzes von Elektrofahrzeugen (15), die im Auftrag des Bundesministers für Verkehr durchgeführt wurde. Als Elektrofahrzeug wurde der CitySTROMer ausgewählt und dieser mit einem schadstoffarmen Golf verglichen (40-kW-Motor, 4+E-Getriebe, geregelter Katalysator).
Zu diesen Fahrzeugkosten kommen noch die Kosten für die Batterie. Doch selbst mit den in dieser Untersuchung angenommenen sehr niedrigen Kosten für die Na/S-Batterie (niedriger als für den Blei-Akku!) und einer Batterielebensdauer von vier Jahren ergaben sich bei 8 % Zinsen relativ hohe Batterieabschreibungen. So liegen dann in dieser Studie auch die Betriebskosten von Elektro-Fahrzeugen immer höher als die von vergleichbaren, konventionellen Fahrzeugen, auch dann, wenn man Produktionsraten zugrundelegt, die denen normaler Autos entsprechen.

9.5 Elektrofahrzeuge und Umwelt

Aus verschiedenen veröffentlichten Studien (16, 17, 18) und eigenen Berechnungen ergibt sich folgende Tatsache:

– Das E-Modell ist relativ unabhängig von der Primärenergie Erdöl, denn die benötigte Elektrizität kann aus vielen anderen Primärenergien gewonnen werden. So z. B. aus Erdgas, Kohle oder aus den nicht fossilen Energien Kernkraft, Wasserkraft, Windenergie und Solarenergie.

- Lokal gesehen ist das Elektrofahrzeug unzweifelhaft durch O-Emissionen und geringe Geräuschentwicklung sehr umweltfreundlich.
- Global gesehen hängt die Umweltfreundlichkeit des Elektrofahrzeugs sehr stark von der Art der Stromerzeugung ab. Folgende Aussagen sind unbestritten:
  - Wenn der Strom aus nicht fossilen Brennstoffen (Atom, Solar, Wasser) erzeugt wird, leistet das Elektrofahrzeug immer einen Beitrag zur Reduktion von CO_2 und anderen Emissionen.
  - Wenn der Strom zu 100 % aus den fossilen Brennstoffen Kohle und Erdöl gewonnen wird, erzeugt das Elektromobil höhere CO_2- und SO_2-Emissionen als vergleichbare (Größe, Komfort, Fahrleistung, Sicherheit) Verbrennungsmotorfahrzeuge. Andere Emissionen wie CO und HC sind deutlich geringer. NO_x wird, wenn z. B. zukünftige kalifornische Emissionsstandards (ULEV) für Pkw zugrunde gelegt werden, höher sein.
  - Bei heutigem Kraftwerkmix in den alten Ländern der Bundesrepublik hat das Elektrofahrzeug auch bzgl. CO_2 Vorteile. Wenn es mit den verbrauchsoptimierten Verbrennungsmotorkonzepten wie dem Öko-Golf verglichen wird, sind aber E-Fahrzeug und Verbrennungsmotorfahrzeug etwa gleich.
- Durch die prognostizierte Zunahme der gefahrenen Strecken würde selbst bei 100 % Elektrofahrzeugen und heutigem Kraftwerkmix im Jahre 2005 die CO_2-Erzeugung durch den Verkehr größer als heute sein. Deshalb ist auch die vielfach gemachte Aussage richtig, daß Elektrofahrzeuge, selbst wenn sie in großem Umfang eingesetzt werden, die Emissionen, speziell die CO_2-Problematik, die der Verkehr insgesamt verursacht, nicht lösen können.

  Nach Aussage der EVU's könnten bis zu 2 Mio. E-Fahrzeuge mit den vorhandenen Kapazitäten versorgt werden (19) (s. auch Kapitel 2).

  Wenn der Einsatz von Elektrofahrzeugen aber weiter forciert wird, muß gleichzeitig die nichtfossile Stromerzeugung forciert werden.

9.6 Bewertung und Marktchancen

Bisher existiert kein Markt für Elektrofahrzeuge. 1991 wurden z. B. nur ca. 560 Elektrofahrzeuge in den alten Bundesländern zugelassen.

Die Vorteile von Elektroautos kommen vorwiegend der Allgemeinheit zugute. Die Nachteile, z. B. eingeschränkte Reichweite und höhere Kosten, hat der individuelle Kunde zu tragen. Ein Markt für Elektrofahrzeuge wird daher nur zustande kommen, wenn er von den politischen Instanzen durch Schaffung entsprechender Rahmenbedingungen gefördert wird.

Solche Rahmenbedingungen können sein:
- Innenstadtparkplatz nur für Elektro-Fahrzeuge
- Steuerbefreiung
- Innenstadtzonen nur für Hybrid- und Elektro-Fahrzeuge erlaubt
- spezielle billige Stromtarife zum Batterieladen
- spezielle Fahrspuren
- Kaufzwang für Flottenbetreiber.

Solange solche Rahmenbedingungen nicht existieren, wird es keine großindustriell gefertigten Elektrofahrzeuge geben, d. h. die handwerklich gefertigten Solarmobile und Elektro-Kleinstfahrzeuge werden wie bisher die einzigen zu vertretbaren Kosten am Markt angebotenen Fahrzeuge bleiben.
In den USA, Japan, aber auch in Frankreich haben die politischen Instanzen bereits gehandelt und Rahmenbedingungen geschaffen, die das Entstehen von Märkten für Elektrofahrzeuge weitgehend garantieren soll (Bild 9.12).
Wenn wir in der Bundesrepublik nicht ähnliches schaffen, ist zu befürchten, daß der tendenziell zumindest auf einigen Gebieten bestehende technische Vorsprung nicht in einem entsprechenden wirtschaftlichen Vorteil umgesetzt werden kann, da Investitionen unterbleiben und die z. B. in Japan und US erzielten Stückkostendegressionen nicht erreicht werden.
Wenn die Rahmenbedingungen größere Stückzahlen garantieren, werden kurzfristig großindustriell gefertigte Konversionslösungen und später sicher auch Purpose-Design-Fahrzeuge am Markt erscheinen.

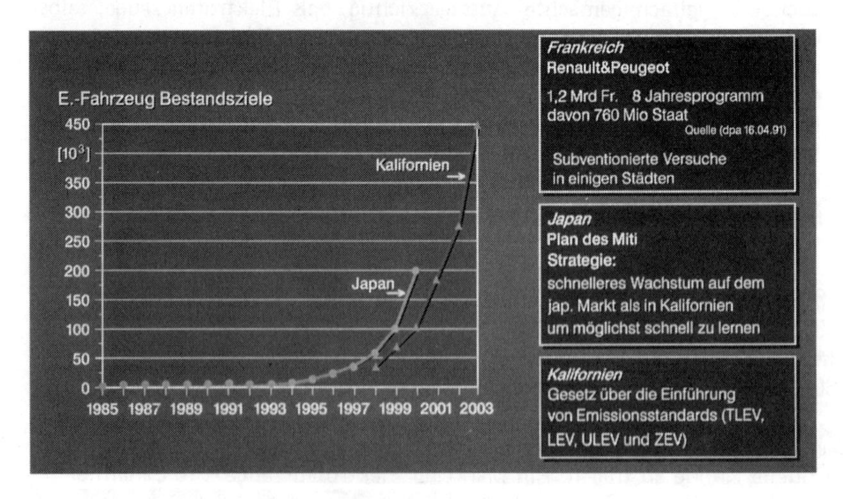

Bild 9.12: Elektrofahrzeuge im Ausland

Literatur zu Kapitel 9

1) A. Kalberlah: Electric and hybrid vehicles in Germany. Proc. Instn. Mech. Engrs. 200D (1986), 195.
2) J. P. Altendorf; A. Kalberlah: Primärenergieverbrauch von Elektrofahrzeugen im Vergleich zu Fahrzeugen mit Verbrennungsmotor. etz a 98 (1977), 17.
3) R. Miersch; W. Stephan: Personenwagen mit Elektroantrieb. Electric Vehicle Symposium 5, Electric Vehicle Council, Philadelphia 1978 (782204).
4) J. P. Altendorf: Der Volkswagen Elektro-LT mit Reihenschlußmotor-Antrieb – Entwicklungslinien in Kfz-Technik und Straßenverkehr. Hrsg. BMFT, TÜV-Rheinland, 1982, S. 570 – 583.
5) J. P. Altendorf; A. Kalberlah; H. Launhardt: Experience with the Operation of VW Electric Transporters in Berlin. Electric Vehicle Council, Expo 83, Detroit, EVC No. 8308.
6) G. Bühre: Elektrische Kraftfahrzeuge bei der Post – Einst und Jetzt. Fachtagung der Deutschen Gesellschaft für Elektrische Straßenfahrzeuge, Essen 1982.
7) DGES: Die Konzeption eines kleinen Elektromobils für den Individualverkehr: Ein CitySTROMer für den Nahverkehr. Referat anläßlich der Fachtagung der DGES am 14. Mai 1981 in Berlin.
8) H. Zander: Der CitySTROMer, eine neue Generation von E-Mobilen. Drive Electric Sorrento, Italien. 1985, Beitrag 5.11.
9) Einsatzbereiche sowie Anwendungs- und Marktpotentiale von batteriebetriebenen Elektro-Pkw im Straßenverkehr. Forschung Stadtverkehr, Heft 32, 1983. S. 15 – 78. Hrsg. BMV, Hoermann-Verlag, Hof.
10) W. Fischer: Neue Batteriesysteme. Technische Akademie Esslingen, Symposium Elektrische Straßenfahrzeuge, 1986.
11) BMFT-Forschungsbericht: Demonstrations- und Forschungsvorhaben Alternative Energien im Straßenverkehr – Projektbereich Elektrotraktion, Berlin 1985.
12) A. Kalberlah: Elektrostraßenfahrzeuge – Pkw und Transporter. Vortrag anläßlich der ETG-Fachtagung, 29./30. September 1987, Stuttgart.
13) F. Klein: Die Blei-Batterie – Verbesserung der Wirtschaftlichkeit durch periphere Maßnahmen. RWE informiert, Nr. 220, Essen 1987.
14) A. Kalberlah; W. Josefowitz: Anforderungen an Batterien in Straßenfahrzeugen mit Elektro-Hybrid-Antrieb. Vortragsveranstaltung der Gesellschaft Deutscher Chemiker, 8. bis 10. Oktober 1986.
15) Drucksache 10/5823 des Deutschen Bundestages: zweite Fortschreibung des Berichtes über die Förderung des Einsatzes von Elektrofahrzeugen, Bonn 1986.
16) A. Kalberlah: Kraftfahrzeuge mit Elektro- und Hybridantrieb unter Umweltgesichtspunkten. VW AG, Vortrag auf GDCh-Tagung, Kassel 1990.
17) H. Blümel: CO_2- und Schadstoffausstoß durch den Betrieb von Batterie-, Hybrid- und Verbrennungsmotor – Pkw im Vergleich. Umweltbundesamt, Berlin, September 1991.
18) H. Schaefer: Vergleich verschiedener Emissionsrechnungen für Otto-, Diesel- und Elektro-Pkw. Forschungsstelle für Energiewirtschaft, München, Januar 1992.
19) B. Sporckmann: Die Stromversorgung von Elektrofahrzeugen in der Bundesrepublik Deutschland (alte Bundesländer). Elektrizitätswirtschaft 91 (1992), S. 234 – 237.

10 Elektrische Straßenfahrzeuge im praktischen Einsatz in der Schweiz

Willy Klingler

10.1 Einsatzorte und Einsatzbedingungen

Seit den 50er Jahren existieren in der Schweiz autofreie Gemeinden, in welchen nur Elektro-Fahrzeuge mit speziellen Genehmigungen verkehren dürfen. Erstaunlich ist, daß diese Gemeinden in einer Höhe zwischen 1300 bis 1950 m ü. M. liegen. Ausnahmen für thermische Fahrzeuge gibt es in diesen Gemeinden für Kehrichtwagen, Feuerwehr- und Sanitätsfahrzeuge, für Arztwagen und Mehrzweckfahrzeuge für die Gemeinde (z. B. Unimog).
Folgende Gemeinden in der Schweiz sind heute autofrei: Bettmeralp, Braunwald, Grächen, Mürren, Riederalp, Saas-Fee, Wengen und Zermatt.
Es gibt aber auch Städte in der Schweiz, in welchen man schon seit den 40er Jahren Elektro-Straßenfahrzeuge antrifft, z. B. Schwemmfahrzeuge für die Straßenreinigung in Basel, Luzern oder Zürich sowie Transportwagen für den Straßenunterhaltsdienst der Straßeninspektorate. Beispiele zeigen die Bilder 10.1, 10.2 und 10.3.

Eine Gemeinde soll nun herausgegriffen und näher vorgestellt werden:

ZERMATT

Die Gemeinde Zermatt liegt in einem Kessel, in einem Seitental der Rhône im Oberwallis, auf einer Höhe von ca. 1600 m. Im Hintergrund erhebt sich das berühmte und mächtige Matterhorn: Bild 10.4.
Die Gemeinde Zermatt zählt heute rund 3 000 Einwohner und verfügt über ca. 22 000 Gästebetten. Der Kurort ist durch eine Zahnradbahn und eine Straße, die nur bis zum Dorfeingang führt, erreichbar. Diese Straße darf nur mit einer Spezialbewilligung der Kantonspolizei (für Bürger und Einwohner von Zermatt, Taxiunternehmungen, Gütertransporte usw.) befahren werden. Ab Dorfeingang gilt das allgemeine Fahrverbot.
Die Grundsatzbestimmungen des Verkehrsreglements von Zermatt lauten folgendermaßen:

Bild 10.1: Elektro-Schwemmwagen Baujahr ca. 1930

Bild 10.2:
Elektro-Lastwagen mit
Auszugleiter 12 m,
Geschwindigkeit 45 km/h,
Baujahr 1939

Bild 10.3: Elektro-Dreiseitenkipper, Tragkraft bis 3000 kg, Geschwindigkeit bis 30 km/h

Bild 10.4: Elektro-Taxi für 8 Personen, Geschwindigkeit bis 30 km/h

Auszug aus dem Verkehrsreglement der Gemeinde Zermatt

Grundsatzbestimmungen:

Art. 1 / Zweck
Das vorliegende Reglement hat namentlich durch die Beschränkung des Fahrzeugverkehrs auf das Notwendige, die Sicherheit der Fußgänger und Fahrzeuge zu gewährleisten, womit gleichzeitig Zermatt als autofreier Kurort dem Fußgänger erhalten bleibt.

Art. 2 / Geltungsbereich
Dieses Reglement findet auf das Gebiet der Gemeinde Zermatt Anwendung, namentlich auf die öffentlichen Straßen und Wege.

Art. 3 / Grundsatz
Der Gebrauch der Straßen und Wege ist grundsätzlich dem Fußgänger vorbehalten.
Der Fahrzeugverkehr ist nur im Rahmen der Bestimmungen dieses Reglements gestattet. Ohne Bewilligung der Gemeinde darf grundsätzlich kein Pferdefuhrwerk und kein Motorfahrzeug verkehren.

Art. 4 / Personentransporte
Bewilligungen für den Personentransport werden erteilt für:
a) Taxibetriebe gemäß den Bestimmungen des Taxireglementes.
b) Hotelbetriebe für die Patente A, B und C für ein Elektro-Fahrzeug zum unentgeltlichen Transport zwischen dem Ankunftsort beim Bahnhof oder Parkplatz und dem Beherbergungsort.

Art. 5 / Materialtransporte
Bewilligungen für den Materialtransport, namentlich für Güter- und Gepäcktransporte, werden nur erteilt, wenn der Gesuchsteller dringend auf den Transport mit einem Fahrzeug angewiesen und eine andere Transportart unzumutbar ist.

In den 50er Jahren war die Handhabung der Verordnung noch leichter. Die Transporte wurden mit Pferdefuhrwerken und im Winter mit Schlitten durchgeführt.
Die ersten Elektro-Fahrzeuge waren Stand-Plattformwagen (Lenkung mit Gewichtsverlagerung über Trittbrett) sowie Handgehwagen und kleine, offene Sitz-Plattformwagen. Mit der Zeit kamen Plattformwagen mit Fahrerkabinen, jedoch ohne Türen, in den Einsatz (Bild 10.5).
Mitte der 70er Jahre fand der eigentliche Umbruch statt: Die Gemeinde wurde immer größer, die Gästezahl wuchs sehr schnell, einen öffentlichen Verkehr gab und gibt es auch heute noch nicht und die Gäste hatten keine Zeit und kein

Bild 10.5: Elektro-Plattformwagen, Tragkraft 2000 kg, Geschwindigkeit bis 30 km/h

Verständnis mehr (Stoßzeiten ca. 8 h – 11 h, 15 h – 17 h), wenn sie auf einen Pferdeschlitten warten mußten, welcher sie zur Bergbahn bringen sollte. Ferner sind die heutigen Skischuhe denkbar ungeeignet zum Marschieren.
Da kam man auf die Idee, das Elektromobil als Passagierfahrzeug einzusetzen.
Die max. Abmessungen und die max. Geschwindigkeit der Fahrzeuge sind durch das Verkehrsreglement gegeben:

Länge	4,0 m
Breite	1,4 m
Höhe	2,0 m
Nutzlast	3000 kg
Geschwindigkeit	20 km/h
Fähigkeit	mit voller Nutzlast bei 15 % Steigung anfahren

Zusätzliche Bedingung:
Elektro-Fahrzeuge dürfen in ihrer äußeren Erscheinungsform den üblichen Karosserien der Personenwagen nicht ähnlich sehen. Nach dem Grundsatz: Zermatt soll eine autofreie Gemeinde sein.
Diese Bestimmungen sind in den autofreien Orten in der Schweiz beinahe überall ähnlich; die Abmessungen der Fahrzeuge weichen teilweise ab.

10.2 Bau und Ausrüstung der Elektro-Fahrzeuge

Die 360 Fahrzeuge, welche sich in Zermatt im heutigen Einsatz befinden, sind:
- Elektro-Taxis für den kommerziellen Einsatz
- Elektro-Hotel-Taxis für den unentgeltlichen Transport
- Elektro-Hotel-Plattformwagen mit eingebautem Hecksitz
- Elektro-Plattformwagen für den Gütertransport
- Elektro-Handgehwagen für den Gütertransport
- Elektro-Spezialfahrzeuge, z. B. Öltransporter oder Polizeifahrzeug mit Arrestzellen.

Die Elektro-Taxis sind ausgelegt für die Aufnahme von 8 Personen, Gepäck und Skier (Bild 10.4). Die Betriebsspannung beträgt je nach Fabrikat 48, 72 oder 80 Volt. Die Batteriekapazität liegt bei ca. 20 kWh. Es werden Röhrchenplatten-Batterien verwendet (in der Schweiz besteht auf diesen Batterien 4 Jahre Garantie).
Die Elektro-Hotelplattformwagen sind mit Hecksitz ausgerüstet, die Batterie-Spannung beträgt 24, 48, 72 oder 80 Volt, der Antrieb erfolgt durch Zentralmotor oder auch durch Zweimotorenantrieb.
Die Elektro-Plattformwagen, Tragkraft bis 3000 kg Nutzlast, Gesamtgewicht bis ca. 6500 kg, Batterien bis 80 Volt, 430 Ah, Batteriekapazität bis ca. 35 kWh, ausgelegt für Batterie-Wechselbetrieb. Antrieb mit Zentralmotor, aber auch mit Zweimotorenantrieb, Leistung 10 kW Stundenleistung, 20 kW 5 Minutenleistung.
Die Elektro-Gehwagen, Tragkraft bis 1000 kg, Batterien 24 Volt, 280 Ah, Batterie-Kapazität ca. 7 kWh, Antrieb mit Zentralmotor 24 Volt, 1,5 kW.

10.3 Infrastruktur

Die Elektro-Taxis für den kommerziellen Einsatz sind für Batteriewechseltechnik ausgelegt. Die Auswechslung der Batterie erfolgt bei diesen Fahrzeugen mittels Palettrolli. Zeitaufwand für dieses Wechseln ca. 3 Minuten.
Diese Fahrzeuge benötigen pro Tag 2 – 3 Batteriesätze.
Die Aufladung erfolgt über ein Einzel-Ladegerät. Jeder Batterie ist ein Ladegerät zugeordnet. In diese Fahrzeuge eingebaute Ladegeräte gibt es aus Platz- sowie auch aus Gewichtsgründen nicht.
Ebenfalls ist in Zermatt bis heute noch keine Infrastruktur der Lademöglichkeit in den Standzeiten der Taxis vorhanden.

10.4 Elektro-Bus

Seit Januar 1988 sind für den öffentlichen Verkehr Elektro-Busse im Einsatz. Diese Busse verkehren gemäß Fahrplan und bedienen die ganze Gemeinde Zermatt. Es befinden sich drei Elektro-Busse im Einsatz, mit einem Platzangebot für 45 Personen, und zwei Elektro-Kleinbusse mit einem Platzangebot für 25 Personen (Bild 10.6).

10.5 Erfahrungen mit den Elektro-Fahrzeugen

Nach den Erläuterungen, wie es zu der heutigen Situation in autofreien Gemeinden gekommen ist, soll nun über die Erfahrungen gesprochen werden, die man in den letzten Jahren über Elektro-Fahrzeuge gesammelt hat.
In Zermatt gibt es für Transportprobleme nur zwei Alternativen: Das Pferd oder das Elektro-Fahrzeug (thermische Fahrzeuge sind verboten).
Das Pferd braucht einen Stall, einen Pferdepfleger und Kutscher, einen Tierarzt und einen Schmied sowie natürlich sein tägliches Futter.
Entsprechend benötigt das Elektro-Fahrzeug eine Garage oder Abstellplatz, einen Fahrer, Strom sowie eine Fachwerkstätte.
Ein Pferd bringt die geforderte Leistung nur, wenn es richtig gepflegt wird, genügend Futter bekommt und seine Ruhezeiten eingehalten werden. Wird ein Pferd im Stoßbetrieb während Monaten zu stark eingesetzt, dann ist es nach der Wintersaison nicht mehr als Kutschen- oder Schlittenpferd zu gebrauchen.

Bild 10.6: Elektro-Bus

Ein Elektro-Fahrzeug und seine Batterie brauchen genügend Wartung, fachgerecht ausgeführte Reparaturen, schonende Fahrweise des Fahrers, regelmäßige Aufladung der Batterie, damit es zu keinen Tiefentladungen kommt.
Werden diese Punkte eingehalten, ist ein Elektro-Fahrzeug durchaus in der Lage, die ihm gestellten Aufgaben zu lösen. Allerdings ist zu beachten, daß ein Flurförderzeug aus der Serie diesen Anforderungen in den Bergen nicht gewachsen ist.
Die Kosten für ein Elektro-Fahrzeug, welches für die erwähnten Einsatzbedingungen ausgelegt ist, sind nicht viel höher als die Betriebskosten für thermische Fahrzeuge, abgesehen vom Anschaffungspreis. Daß aber die Kosten für die Anschaffung nicht allzu groß im Vordergrund stehen sollten, zeigte die stark angewachsene Zahl der Elektro-Fahrzeuge in Zermatt.
Daraus ergibt sich für die Gemeinde ein neues Problem:

Zermatt ist autofrei –
aber nicht mehr verkehrsfrei!

10.6 Auszug aus dem BERICHT über das Waldsterben: Parlamentarische Verstöße

Ein Bericht für das Schweizer Parlament enthielt folgende Abschnitte:

Förderung der Straßen-Elektro-Fahrzeuge:

Beschreibung der Maßnahme:
Benützung von Elektro-Fahrzeugen für den Personen- und Gütertransport auf der Straße. Besonders geeignet dafür wären kleinere bis mittlere Nutzfahrzeuge der öffentlichen Dienste (speziell in Agglomerationen und in Sperrzonen) sowie Privatfahrzeuge für eine tägliche Fahrleistung von höchstens 50 – 100 km. Mittelfristig wäre ein Anteil von 1 – 10 % der Elektro-Straßenfahrzeuge denkbar. Evtl. Herstellung der Fahrzeuge oder einzelner Komponenten in der Schweiz.

Erzielbare Verbesserung bezüglich Luftverschmutzung:
Unter der Annahme eines Anteils der Elektro-Fahrzeuge von 7 % am Personen- und Lieferwagenbestand ergäbe sich (zur Hauptsache in den Agglomerationen) eine Verminderung des jährlichen Schadstoff-Ausstoßes von rund:
– ca. 3 500 t Stickoxide
– ca. 50 000 t Kohlenmomoxid
– ca. 6 000 t Kohlenwasserstoffe

Weitere positive Auswirkungen:
– vermehrte Diversifikation und Unabhängigkeit in der Energieversorgung

- bessere Ausnützung der elektrischen Energie (u. a. Verwendung der nächtlichen Bandenergien)
- Arbeitsplatzbeschaffung bei Herstellung der Fahrzeuge oder einzelner Elemente in der Schweiz
- Verringerung der Lärmemissionen und Geruchsbelästigungen
- kein Blei- und Rußausstoß.

Negative Auswirkungen:
Keine eigentlichen negativen Auswirkungen (Probleme: siehe ergänzende Bemerkungen).

Rechtliche Grundlagen:
- Fahrzeugprüfung, Erleichterungen: BAV Verordnung über Bau und Ausrüstung der Straßenfahrzeuge. VZV Verordnung über Zulassung von Personen und Fahrzeugen zum Straßenverkehr.
- Führerausweis, Erleichterung für kleine Fahrzeuge mit begrenzter Geschwindigkeit: VZV
- Reduktion Motorfahrzeugsteuer: Kantonale Gesetze
- Evtl. künftige Energiesteuer, Befreiung: neues Bundesgesetz
- Unterstützung der technischen Entwicklung: neues Bundesgesetz über die Innovationsrisikogarantie.

Zuständigkeit:
- Schaffung bzw. Änderung der Rechtsgrundlagen auf Bundesebene betreffend Zulassung der Elektro-Fahrzeuge und den entsprechenden Führerausweis.
- Steuererleichterung für Elektro-Fahrzeuge durch Anpassung der maßgebenden kantonalen Erlasse.
- Unterstützung des Bundes für die Herstellung von Prototypen und Deckung des Innovationsrisikos, evtl. unter Beteiligung der Kantone.

10.7 Ergänzende Bemerkungen

- Die Kosten für die Beschaffung und den Betrieb von Elektro-Straßenfahrzeugen sollten möglichst tief gehalten werden, insbesonders durch Serienproduktion und durch steuerliche und andere Maßnahmen.
- Die Förderung der Elektro-Fahrzeuge sollte insbesonders unterstützt werden durch Maßnahmen, die die Kleinfahrzeuge in Stadtzentren, Fremdenverkehrs- und Naturschutzzonen begünstigen.
- Im Rahmen der laufenden Studie sind indessen noch folgende Fragen zu klären:
  a) Deckung des Energiebedarfs einer größeren Anzahl Elektro-Fahrzeuge während der Winterspitzen;

b) Mögliche Verlagerung heutiger Benützer des öffentlichen Nahverkehrs und der 2-Räder auf Elektro-Fahrzeuge und daraus entstehender Raum-Mehrbedarf;
c) Bedarf an Rohstoffen und mögliche ungünstige Auswirkungen der Herstellung, besonders der Batterien.

10.8 Förderprogramm „Leicht-Elektromobile" des Schweizer Bundesamtes für Energiewirtschaft (BEW)

Förderung von Leicht-Elektromobilen

Leicht-Elektromobile für den Individualverkehr mit einem Gewicht von unter 500 kg und einem Energieverbrauch von unter 100 Wh/km (umgerechnet unter 1 l/100 km) haben große Vorteile gegenüber Autos mit Verbrennungsmotoren, aber auch gegenüber konventionellen Elektro-Fahrzeugen (Bild 10.7):

- Der Energieverbrauch beträgt nur 10 – 20 % eines Benzinautos und damit nur ca. 30 % eines konventionellen E-Mobils.
- Bedingt durch das leichte Gewicht ist der Materialbedarf und der Energieaufwand bei der Produktion (graue Energie) kleiner als bei konventionellen schweren Fahrzeugen.

Bild 10.7: Leicht-Elektromobil der Firma Horlacher

Ziele des Förderprogrammes „Leicht-Elektromobile"
Um diese „Leicht-Elektromobile" zu fördern, hat das Bundesamt für Energiewirtschaft (BEW) im Frühling 1992 ein Förderprogramm „Leicht-Elektromobile" lanciert. Die Ziele dieses Förderprogrammes sind:

- Stärkung der vorhandenen Branche (Hilfe zur Selbsthilfe)
- Unterstützung in Bereichen, wo technologische Lücken bestehen (Batterien, Batteriemanagement-Systeme, Antriebssysteme, Sicherheit)
- Informationsvermittlung, Vermarktungshilfen, Aus- und Weiterbildung
- Schaffen geeigneter Rahmenbedingungen für die Verbreitung der Leicht-Elektromobile
- Unterstützung einiger weniger Projekte von völlig neukonstruierten Leicht-Elektromobilen
- Beeinflussung der internationalen Entwicklung im Bereich der „Leicht-Elektromobile"
- Reduktion des Preisniveaus.

Bereits gestartete Programme:
Pro Jahr stehen für das Förderprogramm allein ungefähr 2 Millionen Schweizer Franken zur Verfügung. Die einzelnen Projekte können mit maximal 30 % der Projektkosten unterstützt werden. Damit kommt den Eigenleistungen der Projektnehmer ein großes Gewicht zu. Ende Juli waren von 50 eingereichten Projekten deren 24 positiv beurteilt. Sie verteilen sich wie folgt:

Gruppe A: Umfeld und Rahmenbedingungen (3 Projekte)

Hier werden ein PR-Projekt aus dem Kanton Tessin, ein Pilotprojekt aus dem Kanton Wallis und der Fahrzeugverleih der Firma Citysol Stadt Basel unterstützt.

Gruppe B: Kommunikation = Info, Ausbildung/Marketing und Verkauf (3 Projekte)

In diesem Bereich werden Sicherheitsberatungen des Teams von Professor Walz und Demonstrationen von zwei Fahrzeuganbietern unterstützt.

Gruppe C: Forschung, Entwicklung, Betriebserfahrungen (6 Projekte)

Die sechs Projekte umfassen Entwicklungsarbeiten an einem Elektroroller, Unterstützung im Sicherheitsbereich und Entwicklungsarbeiten an mechanischen Komponenten und Antriebseinheiten. Darunter befinden sich auch zwei Projekte der Ingenieurschule Biel, die im Zusammenhang mit dem Bau der „Spirit of Biel/Bienne III" und dem „Swatchmobil-Projekt" eingereicht wurden. Die beiden Projekte stellen einen sehr wichtigen Bestandteil der Finanzierung des „Spirit"-Projektes dar. Das dabei gewonnene Know-how kann auch beim Bau des „Swatchmobil-Projektes" verwendet werden.

Gruppe D: Industrielle Umsetzung (12 Projekte)

Der umfangreichste Bereich betrifft die industrielle Umsetzung. Von der Angebotserweiterung eines bekannten Elektrorollers bis zur bereits erfolgten Markteinführung eines E-Mobil-Transporters wird hier eine breite Palette an Projekten unterstützt.

11 Verwendungschancen für elektrische Straßenfahrzeuge heute und morgen

C. Bader

11.1 Einleitung

Für einen verantwortlichen Automobilhersteller besteht die ständige Verpflichtung, aus der Fülle der von der Technik her gebotenen Möglichkeiten diejenigen auszuwählen und einer intensiveren Entwicklung zu unterziehen, die in Zukunft möglicherweise Bedeutung erlangen können. Dabei kann sich die Gültigkeit der die Entwicklung auslösenden Prognosen auch erst zukünftig erweisen.

Für die in jüngster Vergangenheit und gegenwärtig verfolgten Entwicklungslinien sind folgende Kriterien ausschlaggebend:

- Verringerung des Rohölbedarfs bis hin zur Unabhängigkeit durch Verwendung rohölunabhängiger Energieträger,
- Verringerung des Energiebedarfs durch Verbesserung des Wirkungsgrads der Antriebskomponenten,
- Verringerung der Umweltbelastungen durch Verminderung der Schadstoffemission, zumindest beim Betrieb in Gebieten mit hoher Schadstoffbelastung oder besonders schutzwürdigen Zonen.

Dabei ist die Entwicklung alternativer Antriebe durch den Zwiespalt gekennzeichnet, daß die angeführten wünschenswerten Kriterien stets mit dem Nachteil betrieblicher Einschränkungen einhergehen. Diese Einschränkungen können sowohl in örtlichen als auch in zeitlichen Bindungen bestehen. Sie sind in jedem Fall dadurch bedingt, daß die zur Traktion notwendige Energie nicht mehr in solchem Maße speicherbar und transportabel ist, wie die in Kohlenwasserstoffen gebundene Energie. Bei den elektrischen Antrieben als einer Untergruppe alternativer Antriebe für Straßenfahrzeuge ist diese Problematik besonders evident; bei der Beurteilung der Verwendungschancen für elektrische Straßenfahrzeuge darf nicht außer acht gelassen werden, daß sie hinsichtlich der angegebenen Entwicklungsziele im Wettbewerb mit anderen alternativen Antriebsformen stehen.

11.2 Ausgeführte elektrische Straßenfahrzeuge

Die Entwicklung elektrischer Straßenfahrzeuge erlebte nach einem Niedergang ihrer Entwicklung in den 30er Jahren einen neuerlichen Aufschwung gegen Ende der 60er Jahre. Zum damaligen Zeitpunkt lagen die Beweggründe für diese Entwicklung praktisch ausschließlich in der Umweltfreundlichkeit des elek-

trischen Antriebs. Anläßlich der Internationalen Automobilausstellung 1969 in Frankfurt wurde von Daimler-Benz der erste Elektro-Hybridbus – die Kombination eines batterieelektrischen mit einem dieselmotorischen Antrieb – vorgestellt. In rascher Folge danach wurden von verschiedenen Firmen Elektrotransporter und schließlich 1976 ein erster Prototyp eines elektrisch angetriebenen Personenwagens entwickelt und in den Probebetrieb genommen.
Dieser Entwicklungsgang erscheint in zweifacher Weise bemerkenswert. Einerseits stand schon zum Beginn der Entwicklung die Erkenntnis, daß der Vorteil des am Einsatzort emissionsfreien elektrischen Antriebs mit höheren Kosten erkauft werden muß, weshalb sich bei der Entwicklung elektrischer Busantriebe das Interesse auf hybride Antriebslösungen konzentrierte, d. h. daß der batterieelektrische Antrieb durch eine weitere Antriebskomponente ergänzt wird. Der emissionsfreie Betrieb wird damit auf das unbedingt erforderliche Maß – etwa zum Durchfahren der Kernzonen von Städten – beschränkt, während die hybride Antriebskomponente in den emissionsmäßig weniger belasteten Randgebieten günstigere Betriebskosten erwarten läßt. Andererseits stand der elektrisch angetriebene Personenwagen am Ende dieser Entwicklungslinie, da technische und wirtschaftliche Restriktionen, die durch die beschränkte Reichweite und hohe Anschaffungskosten bedingt sind, als zu schwerwiegend erachtet wurden, um den Elektro-Pkw ungeachtet seiner durch die hohe Stückzahl scheinbar gegebenen Attraktivität in den Vordergrund des Interesses zu rücken.
Die nachfolgend dargelegten Erfahrungen beziehen sich vorzugsweise auf elektrisch angetriebene Nutzfahrzeuge, d. h. Transporter und Busse, mit denen in verschiedenen Versuchsprogrammen, die sich jeweils über mehrere Jahre erstreckten, die Eignung im praktischen Einsatz untersucht wurde.

11.2.1 Elektro-Transporter

Typisch für diese Fahrzeuggattung ist der in Bild 11.1 gezeigte Elektrotransporter mit einem Fahrzeugleergewicht von 3,2 t und einer Nutzlast von 1,25 t bei einem Ladevolumen von 9,6 m^3. Das Mehrgewicht gegenüber dem entsprechenden Fahrzeug mit Dieselmotor beträgt damit 1,4 t, wozu die Batterie im vorliegenden Fall mit 1,1 t beiträgt. Jedoch sind auch die übrigen elektrischen Komponenten, wie im einzelnen aus dem Phantombild hervorgeht, zusammen etwa 300 kg schwerer als das Fahrzeug mit Dieselmotor. Von diesem Transportertyp 307 E wurden einschließlich des Vorgängertyps LE 306 insgesamt 89 Fahrzeuge im Probebetrieb eingesetzt, die gesamte Laufleistung beträgt ca. 2,9 Mio. km.
Bild 11.2 zeigt 2 typische Vertreter dieser Fahrzeugeinsätze. Um das Einsatzprofil und die Einsatzchancen solcher im Stadtverkehr betriebenen Fahrzeuge präzisieren zu können, wurden umfangreiche statistische Erhebungen über die gefahrenen Tagesstrecken angestellt (Bild 11.3).

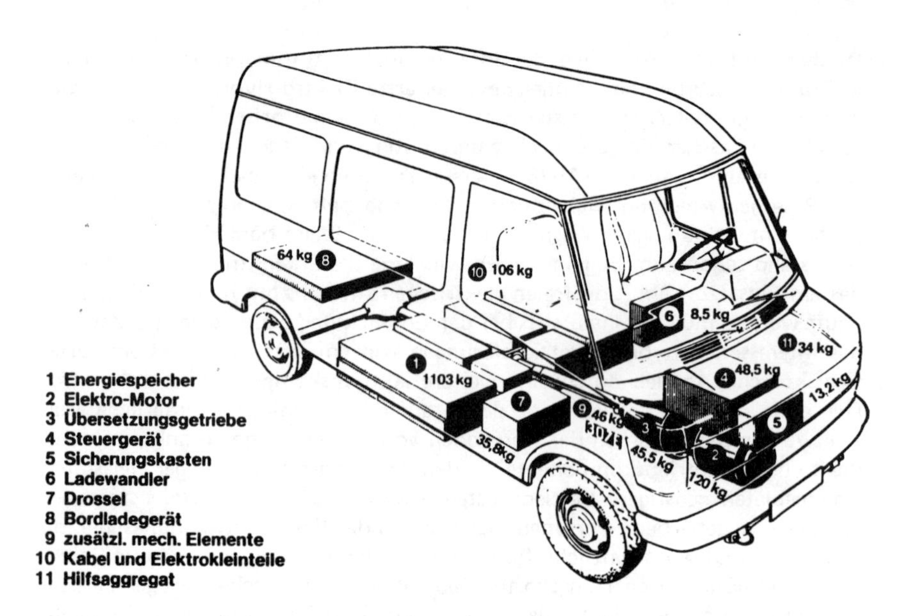

Bild 11.1: Elektrotransporter 307 E, Gewicht der elektrospezifischen Komponenten

Aufgrund ihrer großen Zahl und damit wegen ihrer Bedeutung für die Umwelt und des möglichen Verbesserungspotentials stehen natürlich zunächst Personenwagen im Mittelpunkt des Interesses. Die diesbezügliche Darstellung (Bereich 1 im Bild 11.3) bestätigt zwar die oft zitierte Feststellung, daß etwa 80 % aller Personenwagen täglich nicht mehr als 60 km zurücklegen und damit a priori auch durch ein Elektrofahrzeug mit konventioneller Bleibatterie substituierbar wären. Entscheidend für die Einsatztauglichkeit ist aber weniger die Summenhäufigkeit als vielmehr deren Streuung und die Überschreitungshäufigkeit. Für die Tagesstrecke von 60 km liegt die Überschreitungshäufigkeit offensichtlich zwischen 10 und 40 %, wobei es unmittelbar einsichtig ist, daß die obere Begrenzung des Bereichs 1 einer niedrigen Jahresfahrleistung nämlich etwa 10 000 km und die untere Begrenzung etwa 33 000 km entsprechen. Von solchen, viel auf langen Strecken eingesetzten Fahrzeugen würde die von einem Elektrofahrzeug mit Bleibatterie beherrschbare Reichweite an 40 % der Einsatztage überschritten. Aber auch bei einem Pkw mit einer Jahresfahrleistung von nur 10 000 km wäre ein Elektro-Pkw mit Bleibatterie an etwa 10 % aller Einsatztage überfordert.

Der ziemlich flache Auslauf des Bereichs 1 auch bei Tagesstrecken größer 100 km läßt selbst für einen Pkw mit einer Hochenergiebatterie, die etwa die 3fache Reichweite gegenüber der Bleibatterie in Aussicht stellt, noch Einschränkungen in der Anwendungsmöglichkeit vermuten. Denn auch bei einer

Bild 11.2: Elektrotransporter 307 E

Reichweite von 100 km verbleibt noch eine Überschreitungshäufigkeit von (4 – 15) %, und selbst bei 200 km möglicher Reichweite könnten noch bei ungünstigem Einsatzprofil 10 % aller geplanten Einsätze nicht durchgeführt werden.

Weit günstiger stellt sich die Situation bei Personenwagen dar, die als Zweitfahrzeug vornehmlich für den Kurzstreckenverkehr eingesetzt werden, wie es durch den Bereich 2 in Bild 11.3 angedeutet ist. Selbst am oberen Rand der Streubreite könnten mit einem Fahrzeug mit Bleibatterie die Einsätze nur noch in 1 % der Betriebstage nicht abgedeckt werden. Damit würden diesem Einsatzfall mit einem batterieelektrischen Fahrzeug aus technischen Gründen kaum Restriktio-

nen auferlegt, zumindest erscheinen die dadurch bedingten Änderungen in den Benutzergewohnheiten als unbedeutend. Jedoch ist gerade in diesem Einsatzspektrum offensichtlich die ökonomische Sensibilität sehr stark entwickelt, so daß aus den noch vorzustellenden wirtschaftlichen Vergleichszahlen Einschränkungen für die Akzeptanz des elektrischen Zweitfahrzeugs erwachsen können.
Fahrzeuge für den Gütertransport in den Städten weisen augenscheinlich wesentlich geringere Streuungen in der statistischen Verteilung der Tagesstrecke auf, wie am steilen Verlauf des Bereichs 3 im Bild 11.3 erkennbar ist. Erklärt wird dies durch die teilweise fixe örtliche und auch zeitliche Routenführung, denen kleine Nutzfahrzeuge, die im Güterverteilverkehr in den Städten eingesetzt werden, unterworfen sind. Diese betriebsgegebenen kurzen Tageslaufstrecken sind typisch für den Güterverteilverkehr in und um Fußgängerzonen sowie für Dienstleistungsfahrzeuge aller Art. Diese Kategorie kleiner Nutzfahrzeuge bietet von der technischen Anforderung her ein attraktives Potential für batteriebetriebene Elektrofahrzeuge – auch mit Bleibatterie – und kann zudem zur Verbesserung der städtischen Umwelt in diesen Kernzonen beitragen.

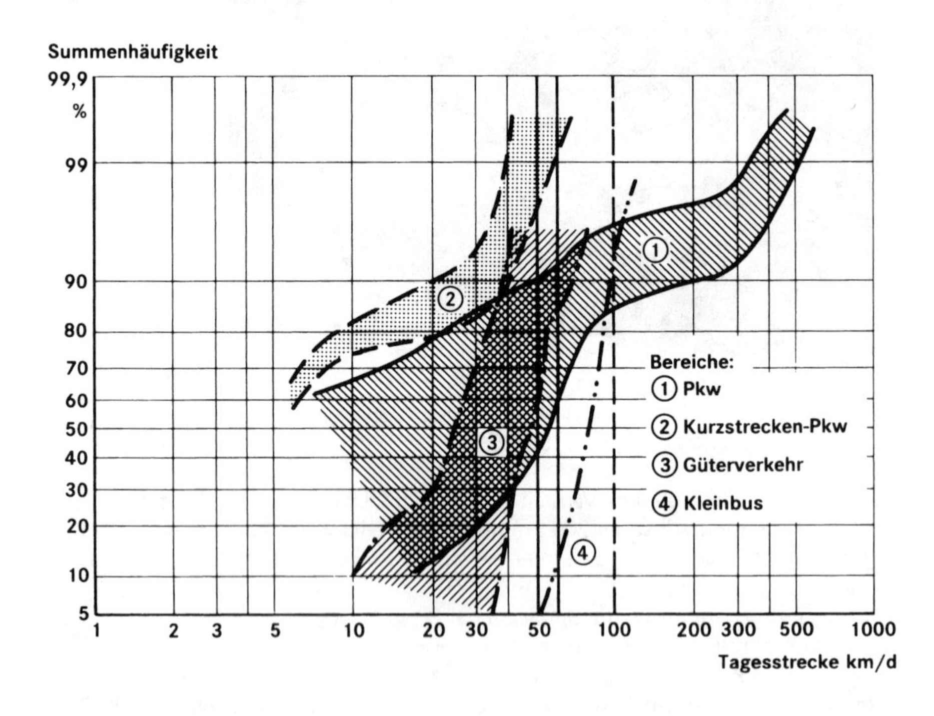

Bild 11.3: Tagesstrecken von Fahrzeugen

Ein vergleichsweise ähnliches Einsatzspektrum stellt der Personentransport im Citybereich dar, ein Transportbedürfnis, das etwa durch Ringlinien um Fußgängerzonen abgedeckt werden soll. Wie der Bereich 4 im Bild 11.3 zeigt, ist dieser Einsatzfall ebenfalls durch eine schmale Häufigkeitsverteilung ausgezeichnet. Allerdings sind die erforderlichen täglichen Laufstrecken bis zu 100 km wohl nur mit einer Hochenergiebatterie zu erfüllen.
Als Konsequenz dieser statistischen Untersuchungen liegt das Schwergewicht der Entwicklung batterieelektrischer kleiner Nutzfahrzeuge auf folgenden Typen:

- Elektrische Kommunalfahrzeuge als Pritschen- oder Kombifahrzeug bzw. mit Sonderaufbau.
- Elektrocitybus mit einer Beförderungskapazität bis zu 20 Personen.

Die Bilder 11.4 und 11.6 zeigen beispielhaft Fahrzeugausführungen.
Gerade das an ein innerstädtisches Entsorgungsfahrzeug (Bild 11.4) zu stellende Aufgabenspektrum scheint in nahezu idealer Weise durch den batterieelektrischen Antrieb abzudecken zu sein, mittlerweile stehen 9 solcher Fahrzeuge im Dienst.
Bild 11.5 zeigt im oberen Teil einen für innerstädtische Güterverteilung konzipierten Elektrotransporter.
Das Fahrzeug wird von einem Gleichstrom-Nebenschluß-Motor mit Chopper-Steuerung (Nennleistung 28 kW) angetrieben, darüber hinaus sind vom Serienschaltgetriebe die Gangstufen 1 – 4 verfügbar. Da dieses Fahrzeug einen Frontantrieb aufweist und die Blei-Gel-Batterien mit einer Höhe von 190 mm unterflur eingebaut werden können, steht der gesamte Aufbau ohne Einschränkung für Transportaufgaben zur Verfügung.
Im unteren Teil von Bild 11.5 ist eine dem Bild 11.4 verwandte Anwendung gezeigt; bei etwa vergleichbaren Fahrleistungen weist dieser Schwemmwagen einen Tankinhalt von 7 500 l auf. Das zulässige Gesamtgewicht beträgt 16 t, wovon auf die Bleibatterie 2,5 t mit einem Nennenergieinhalt von 50 kWh entfallen.
In Bild 11.6 ist schließlich der Prototyp eines Elektrocitybusses gezeigt. Da für diese Aufgabenstellung zumeist eine Reichweite erwünscht ist, die bei einer angemessenen Relation zwischen Batterie- und Fahrzeuggesamtmasse mit einer Bleibatterie nicht erreichbar ist, wurde für dieses Fahrzeug eine Hochenergiebatterie auf der Basis Natrium/Nickelchlorid vorgesehen. Wegen der notwendigen Wärmeisolation weisen Hochtemperaturbatterien zumeist eine Bauhöhe (ca. 315 mm) auf, die keinen Einbau unterflur des Fahrzeugs zuläßt. Der elektrische Antrieb dieses Fahrzeugs ist identisch dem, der im Elektrotransporter (Bild 11.5 oberer Teil) eingesetzt ist.
Für ein Fahrzeug in Kombiausführung ist die Bilanz der Anschaffungskosten beispielhaft in Bild 11.7 dargestellt. Dem linken Teil der Aufstellung ist zu entnehmen, daß die Kosten des Elektrotransporters ohne Batterie das 2,4fache des Basisfahrzeugs mit Verbrennungsmotor ausmachen. Obschon der Antrieb mit Reihenschlußmotor (Spitzenleistung 25 kW) aus der Flurfahrzeugtechnik ent-

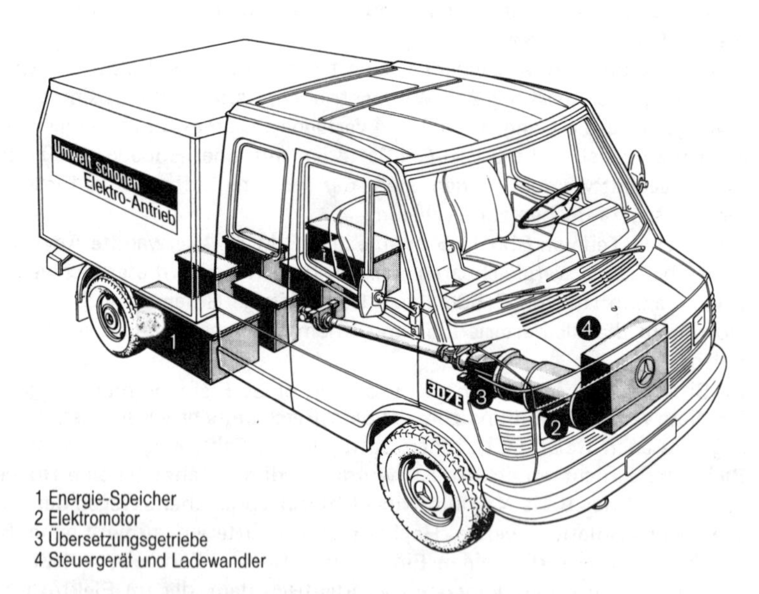

Elektrotransporter 307 E – Kommunalfahrzeug
für innerstädtische Entsorgungsaufgaben
$V_{max.}$ 48 km/h, Nutzlast 900 kg, Reichweite ca. 60 km
Batteriegewicht 1100 kg, Energieinhalt 28 kWh

Bild 11.4: Elektrisches Kommunalfahrzeug

Bild 11.5: Elektrotransporter MB 100/180 E

Bild 11.5: Elektroschwemmwagen

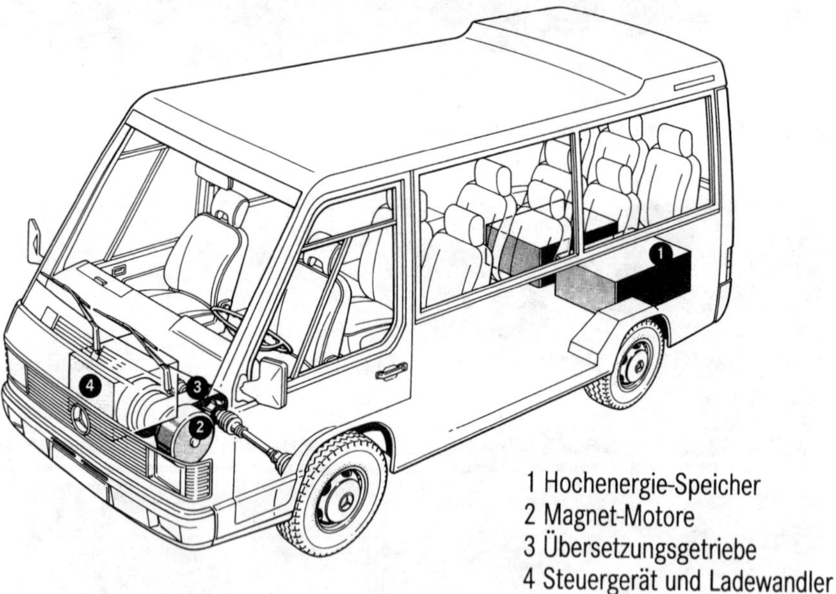

Elektro-Minibus MB 180 E
für innerstädtische Personenbeförderung
$V_{max.}$ 70 km/h, 10 Personen, Reichweite ca. 90 km
Batteriegewicht 420 kg, Energieinhalt 28 kWh

Bild 11.6: Elektro-Citybus

nommen ist, wirft dennoch die von einem Spezialausrüster vorgenommene Einzelfertigung des Fahrzeugs zumindest im Vergleich zum Basisfahrzeug unverhältnismäßig hohe Kosten auf. Der rechte Teil des Bildes 11.7 soll lediglich einen Anhaltspunkt dafür vermitteln, welche Kosten noch zusätzlich durch den Energiespeicher aufgeworfen werden. Dabei sind prototyphaft neben der konventionellen Bleibatterie, mit der dieses Fahrzeug üblicherweise bestückt ist, die derzeit genannten Kosten von drei als aussichtsreich erachteten Batteriesystemen angegeben, wobei in allen Fällen das Speichervermögen der Batterie gleich sein soll (30 kWh).

Die Darstellung läßt erkennen, daß der gewerbsmäßige Einsatz dieser Batterien in dem ohnedies schon mit hohen Grundkosten beaufschlagten Elektrofahrzeug derzeit nur in Ausnahmefällen zu vermitteln ist. Dabei müssen jedoch die höheren Kosten des Energiespeichers nicht prinzipiell zur Abwertung führen. Vielmehr können besonders günstige Daten für die Energiedichte und die Lebensdauer durchaus höhere Energiespeicherkosten rechtfertigen. Für den exemplari-

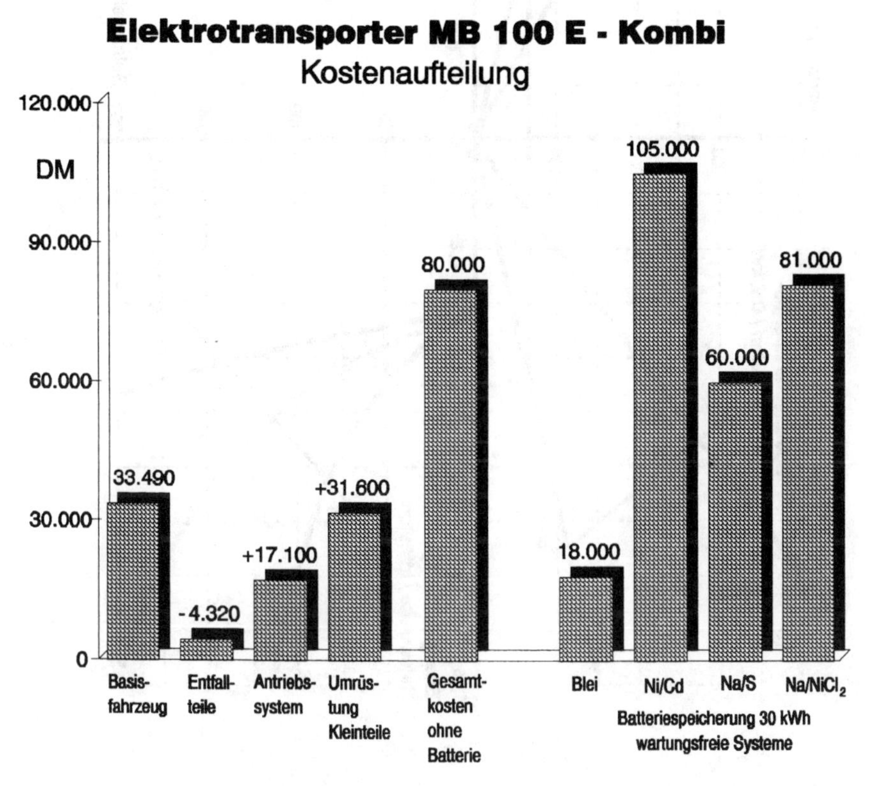

Bild 11.7: Elektrotransporter – Aufteilung der Anschaffungskosten

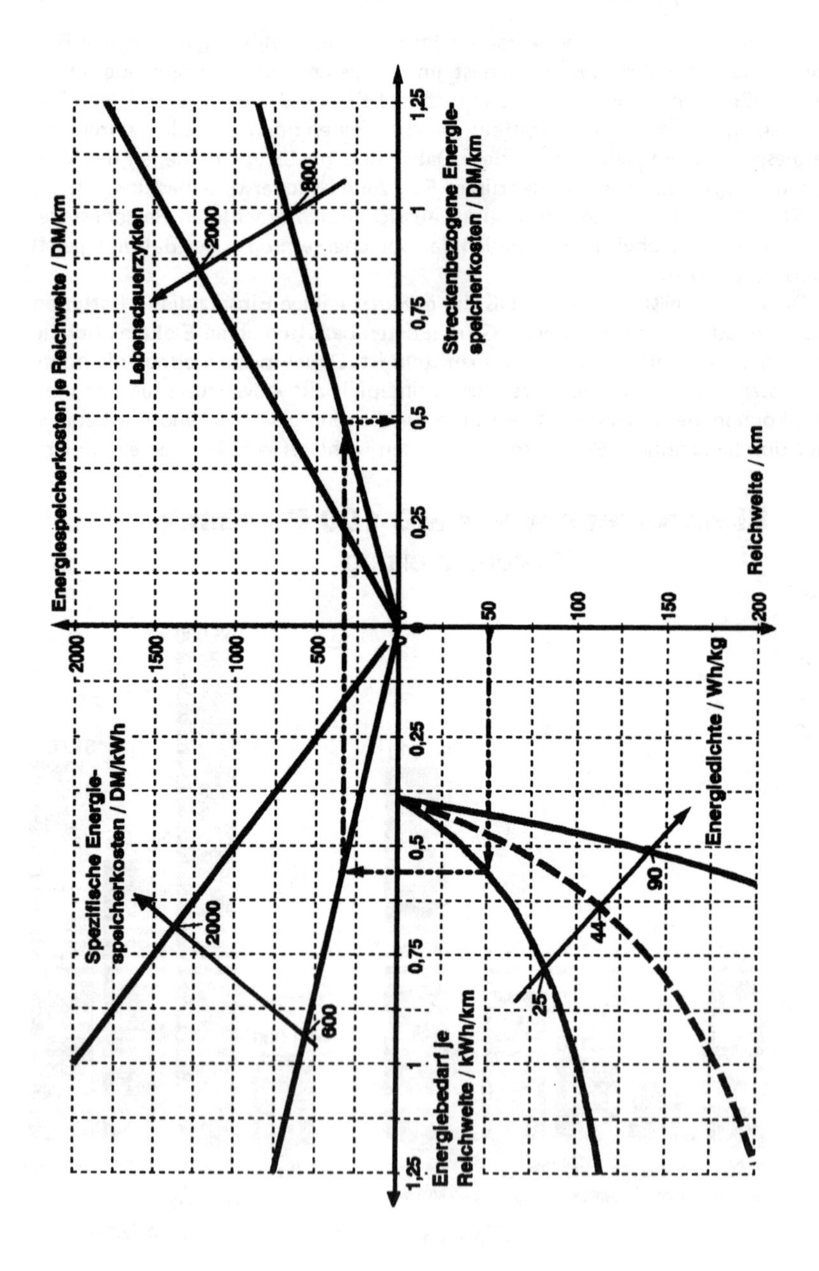

Bild 11.8: Auslegung und Kosten des Energiespeichers für Elektrotransporter

schen Fall eines Elektrotransporters mit dem Fahrzeuggewicht ohne Batterie von 2,6 t sind diese Zusammenhänge im Nomogramm Bild 11.8 wiedergegeben.

Ausgehend von der gewünschten Reichweite ergibt sich mit der Energiedichte der Batterie (angegeben sind die Werte von der Blei- bis zur Hochenergiebatterie) ein Energiebedarf je Reichweite. Mit den spezifischen Kosten des Energiespeichers folgen hieraus die Energiekosten je gewünschter Reichweite. Zusammen mit der Anzahl der Lebensdauerzyklen ergeben sich daraus als Annuität mit einer Verzinsung von 8 % die auf die Fahrstrecke bezogenen anteiligen Energiespeicherkosten. Eingezeichnet sind im Bild 11.8 als Beispiel die Verhältnisse eines Elektrotransporters mit einer Bleibatterie bei einer gewünschten Reichweite von 50 km. Dies führt zu einem spezifischen Energiebedarf von 0,56 kWh/km, woraus mit Energiespeicherkosten von 600 DM/kWh Energiespeicherkosten je gewünschter Reichweite von 334 DM/km folgen. Die angenommene Lebensdauer von 800 Zyklen ergibt bei 250 Einsatztagen im Jahr und einer Verzinsung von 8 % einen Annuitätsfaktor von 0,37, so daß bezogen auf die Fahrstrecke Energiespeicherkosten von 0,49 DM/km anfallen.

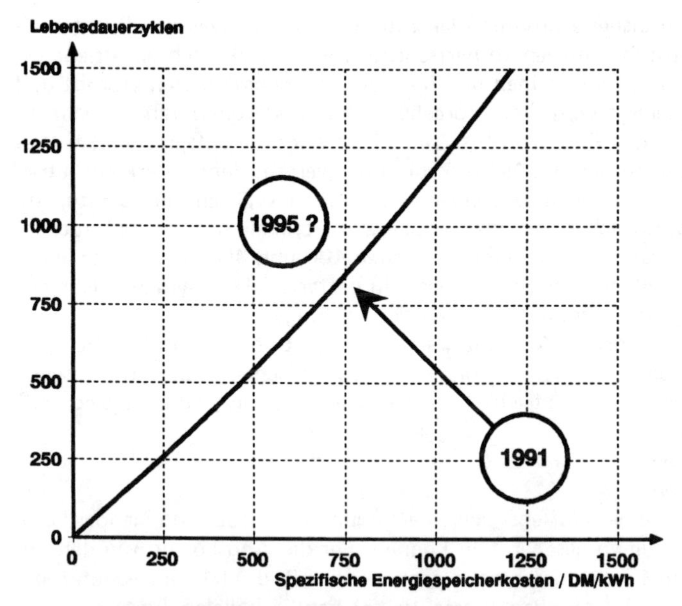

Bild 11.9: Grenzbedingungen für Energiespeicher

Als Hauptparameter, die durch die Entwicklung der Batterietechnologie zu beeinflussen sind, sind die spezifischen Kosten und die Lebensdauer der Batterie anzusehen. In Bild 11.9 ist dieser Zusammenhang für eine Hochenergiebatterie mit der Energiedichte 90 Wh/kg ausgewertet, wobei unterstellt wurde, daß bei einer doppelt so großen Reichweite wie bei einem Elektrotransporter mit Bleibatterie – also 100 km – vom Energiespeicher die gleichen auf die Fahrstrecke bezogenen Kosten (0,49 DM/km) verursacht werden sollen. Während gegenwärtig, wie schon durch Bild 11.7 nahegelegt, noch Energiespeicherkosten von ca. 2.000 DM/kWh für Prototypbatterien genannt werden, wobei die Zyklenzahlen noch unter denen der Bleibatterie liegen, soll etwa 1995 als Zielprojektion bei den Energiespeicherkosten Gleichstand mit der Bleibatterie allerdings bei einer höheren Zyklenzahl erreicht werden. Das Bild läßt aber auch erkennen, daß höhere Energiespeicherkosten wirtschaftlich durchaus toleriert werden können, wenn damit gleichzeitig eine, wegen des Zinseffekts überproportionale Erhöhung der Lebensdauer einhergeht.

11.2.2 Elektrisch angetriebene Busse

Während bei den bisher erprobten Elektrotransportern im wesentlichen der reine batterieelektrische Antrieb vorherrscht, wurde bei elektrisch angetriebenen Bussen eine Vielzahl von reinen und hybriden Antriebsvarianten erprobt und eingesetzt. Nahegelegt wird diese Vorgehensweise wiederum durch eine statistische Betrachtung des Einsatzprofils. Bild 11.10 zeigt die entsprechenden Verteilungen für das Busnetz im Nahverkehr von 3 verschiedenen Verkehrsbetrieben. Daraus wird die generelle Tendenz erkenntlich, daß normale Stadtlinienbusse für den öffentlichen Personenverkehr zwar schmale statistische Streckenverteilungen aufweisen, diese jedoch zwischen 100 und 400 km pro Tag betragen. Damit kommt nur der Einsatz des rein batterieelektrischen Antriebs mit Zwischenladung oder eines hybriden Antriebs in Frage.
Eine Systematik hybrider Antriebe kann auf zwei unterschiedlichen Betrachtungsweisen aufgebaut werden. Vom antriebstechnischen Aspekt her gesehen kommen die folgenden 3 Antriebs- bzw. Versorgungskomponenten in Betracht:
– Dieselmotor
– Oberleitungsbetrieb
– Batteriebetrieb,
die entweder als reine Antriebs- bzw. Versorgungsform oder miteinander kombiniert im Fahrzeug vorgesehen sein können. Für die Antriebsform in den hybriden Varianten ist darüber hinaus noch wie im Bild 11.11 angedeutet, die duale Möglichkeit der seriellen (obere Reihe) bzw. parallelen (untere Reihe) Konfiguration gegeben.
In den Fahrzeugen erprobt wurden folgende der in Bild 11.11 dargestellten Anordnungen:

– Obere Reihe links: Trolleybus mit Notfahrantrieb
– Obere Reihe Mitte: Elektrohybridbus OE 305
– Obere Reihe rechts: a) DUO-Bus Netz/Batterie
b) Batterie-Elektrobus mit Zwischenladung
– Untere Reihe links: DUO-Bus Netz/Diesel.

Eine energetisch orientierte Betrachtungsweise, die die verschiedenen Antriebsformen nach der unterschiedlichen Art des Energieflusses einteilt, zeigt Bild 11.12. Die reinen Antriebsformen stellen sich in den senkrechten Säulen dar, die waagrechten Verzweigungen zwischen den Hauptlinien des Energieflusses bezeichnen hybride Anordnungen, wobei sich die parallelen Anordnungen dadurch auszeichnen, daß die Verzweigung des Energieflusses erst nach der Antriebsmaschine, d. h. auf der mechanischen Seite erfolgt. Die Darstellung der beiden Varianten d und f läßt deutlich erkennen, daß bei der Reihenanordnung mit Batterie der Teil der elektrischen Energie, den der elektrische Antriebsmotor nicht unmittelbar umsetzt, in der Batterie zwischengespeichert werden muß.

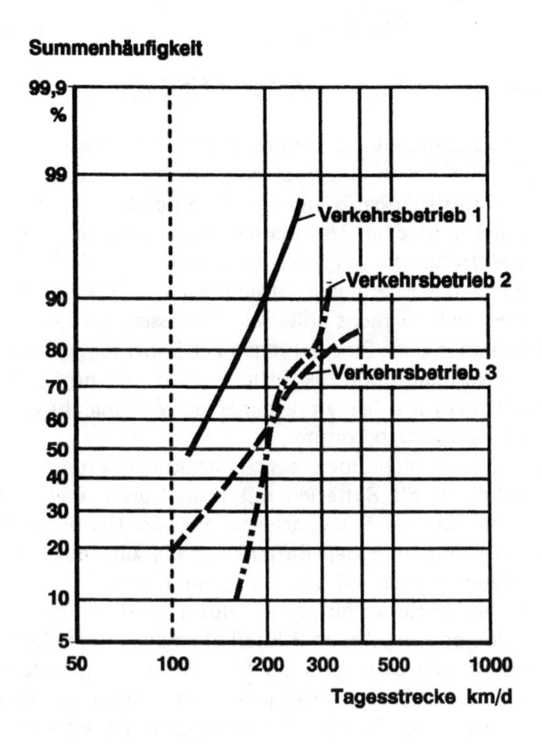

Bild 11.10: Tagesstrecken von Nahverkehrsbussen

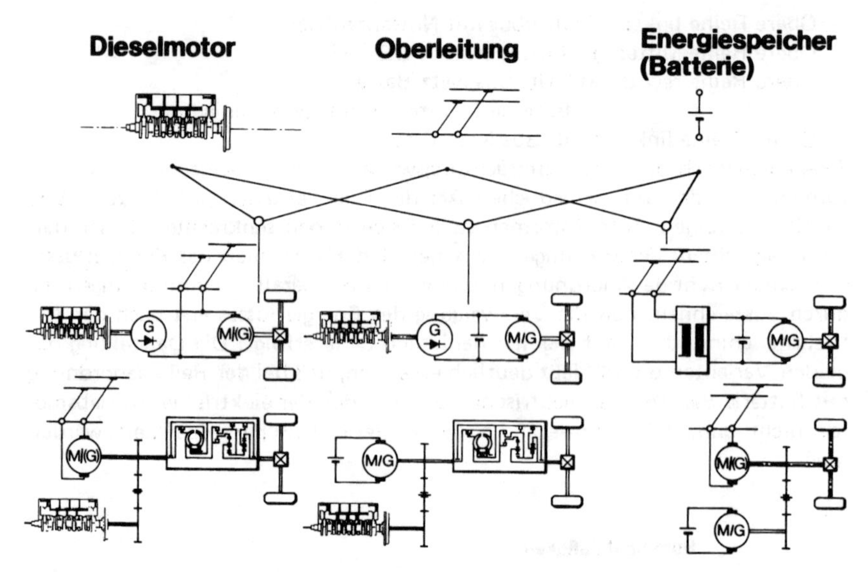

Bild 11.11: Konfiguration hybrider Antriebe für Busse

Von den schon im Zusammenhang mit den Elektrotransportern dargelegten betrieblichen Schwierigkeiten, die die Traktionsbatterie aufwirft, waren naturgemäß auch die mit Batterie ausgerüsteten Busvarianten betroffen. Ein interessantes Ergebnis aus den vielfachen Versuchseinsätzen besteht in der Erkenntnis, daß die in den Elektrobussen eingebauten Batterien eine höhere mittlere Lebensdauer bei gleichzeitiger geringerer Streuung als bei Transporterbatterien erreichten. Dabei darf jedoch nicht außer acht gelassen werden, daß die busbetreibenden Unternehmen über Einrichtungen zur Fahrzeugwartung mit entsprechender Erfahrung verfügten und der Fahrzeugeinsatz fahrplanmäßig erfolgte, so daß auch erhöhten Ansprüchen an regelmäßige Wartung, die durch die Batterie bedingt sind, genügt werden konnte.
Diese Versuche bezogen sich noch auf Bleitraktionsbatterien mit flüssigem Elektrolyt. Erfahrungen mit Batterien mit festgelegtem Elektrolyt (Blei-Gel-Batterien) liegen nur für den Transportereinsatz vor. Hierbei waren allerdings eine wesentliche Verringerung der Batterieausfälle und eine auch statistisch gesicherte Lebensdauer von ca. 600 Zyklen zu verzeichnen.
Die Entwicklung rein batterieelektrischer Busse wird am besten durch Bild 11.13 illustriert. Während im oberen Bildteil die mechanische Speicherwechseltechnik dargestellt ist, die zu Beginn der 80er Jahre praktiziert wurde, wobei der Blick auf das Leitungssystem der abgedeckten Batterie den Wartungsbedarf erahnen läßt, ist im unteren Bildteil die elektrische Zwischenladung an einer Stelle mit längerer Verweilzeit, die zudem von mehreren Linien berührt wird, zu erkennen.

Während bei der Batteriewechseltechnik nach rund 2 Stunden Betriebszeit die 6 t schwere Batterie an einer speziellen vollautomatischen Wechselstation ausgetauscht werden mußte, wird bei der Kurzzeitzwischenladung etwa nach 10 bis 15 km Fahrstrecke in den fahrplanbedingten Pausenzeiten an den Linienendpunkten für 10 Minuten nachgeladen (s. auch Bild 1.5). Damit wird auch nach einem vollen Tageseinsatz die Batterie erst etwa zu 50 % entladen. Darüber hinaus konnte eine wesentliche Verbesserung der Laufleistung der Batterie über 100.000 km erreicht werden, was einer Zyklenzahl von mehr als 1.000 entspricht. Auch in dieser Anwendung läßt die Einführung von Blei-/Gel-Batterien zumindest im Hinblick auf die Batteriewartung Vorteile erwarten. Denn

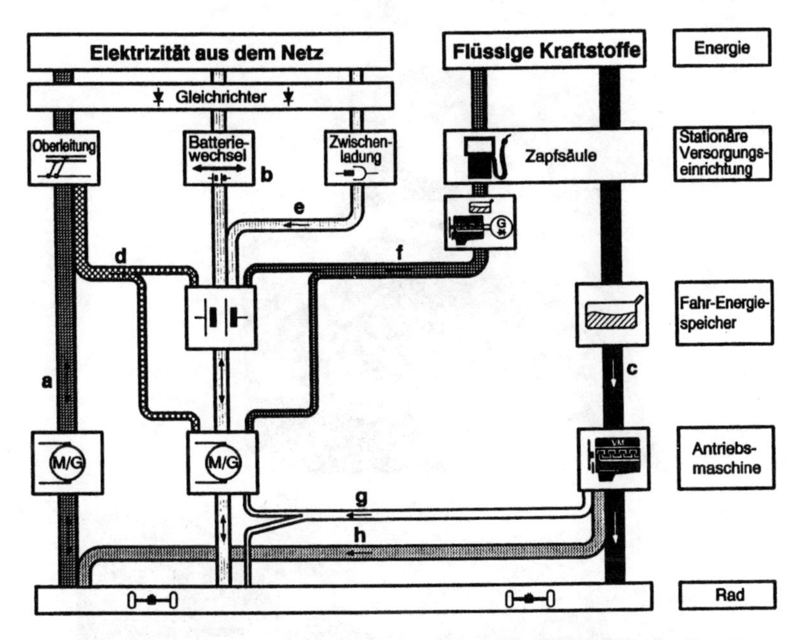

a) Oberleitungsbus

b) Batterie-Elektrobus mit Speicherwechseltechnik

c) Dieselbus

d) DUO-Bus mit Netz-/Batterie-Elektroantrieb

e) Batterie-Elektrobus mit automatischem Ankoppelsystem

f) Hybrid-Elektrobus (Reihenschema)

g) Hybrid-Elektrobus (Parallelschema)

h) DUO-Bus mit Netz-, Elektro-/Diesel-Antrieb

Bild 11.12: Busantriebssysteme – Energieflußbild

allein schon von dem im Bild 11.13 gezeigten 3fachen Schlauchsystem für Wasserkühlung, zentrale Entgasung und Wassernachfüllung bliebe bei einer Blei/Gel-Batterie nur noch ein zudem vereinfachtes Wasserkühlsystem übrig.
Die über mehrere Jahre hinweg geführten Erprobungen mit den batterieelektrischen Hybridvarianten (DUO-Bus und Elektro-Hybridbus) wurden zwar – wenn auch mit erheblichen Aufwendungen – im linienmäßigen Einsatz und im vorgesehenen Umfang durchgeführt (Bild 11.14). Nach Abschluß der Versuche bleibt jedoch das Resümee, daß diese Systeme beim derzeitigen Stand der Speichertechnik nicht als akzeptable Alternative zum konventionellen Dieselbus betrachtet werden können.

Bild 11.13: Batterieelektrobus an der Batteriewechselstation und bei Zwischenladung

Bild 11.14: Elektrohybridbus OE 305

Wesentlich aussichtsreicher stellt sich in diesem Zusammenhang der DUO-Bus Netz/Diesel dar, der jeweils einen vollwertigen Diesel- als auch Trolleybusantrieb miteinander kombiniert (Bild 11.15). Dem höheren Aufwand auf der Antriebsseite stehen folgende Vorteile gegenüber:

– In der Fläche kann frei mit dem Dieselantrieb operiert werden.
– Bestimmte Zonen können umweltfreundlich im Trolleybusbetrieb befahren werden.
– In Teilbereichen kann der Bus auf eigenem Fahrweg spurgeführt und unabhängig vom Individualverkehr betrieben werden.
– In Stadtkernbereichen kann der Bus auf gemeinsamen Trassen mit Schienenfahrzeugen verkehren.
– Diese Verknüpfung vermag Häufigkeit und Wege beim Umsteigen zu reduzieren.

Da sich diese Vorteile auch im praktischen Betrieb bestätigten, wurde dieses Hybridantriebssystem in den regulären Linieneinsatz in Esslingen und Essen übernommen, wobei in Essen noch die vorteilhafte Kombination mit der mechanischen Spurführung eingesetzt wird.

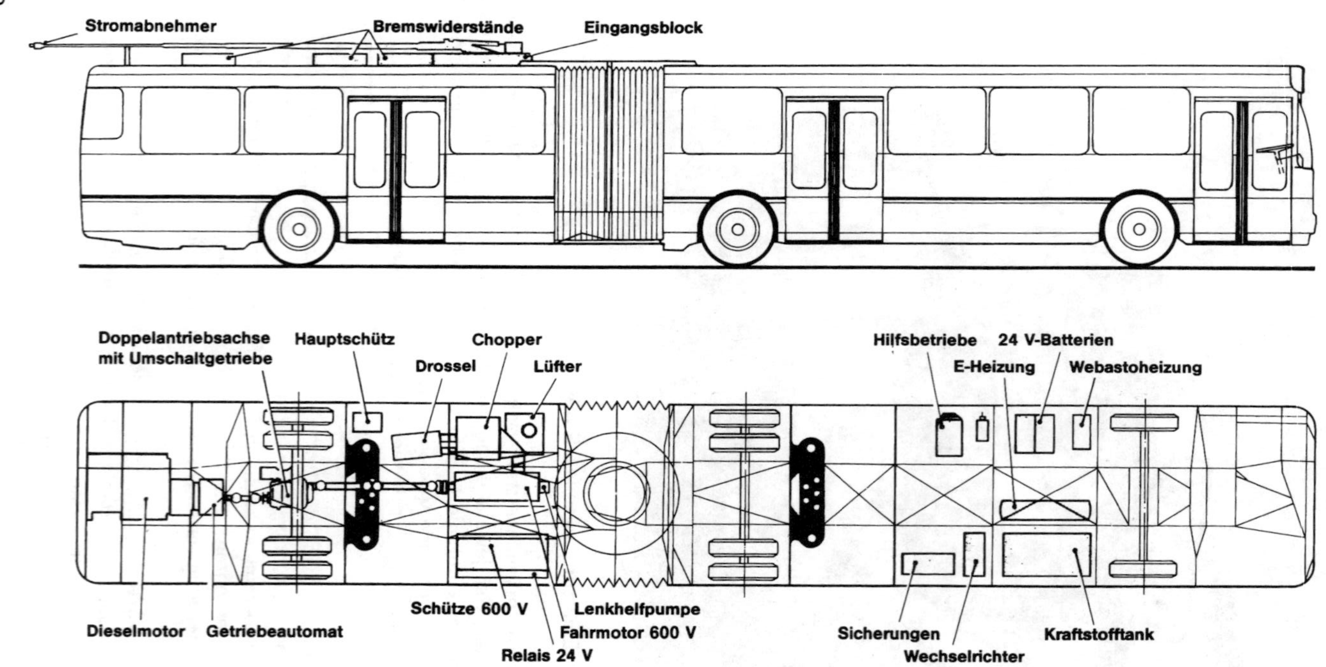

Bild 11.15: DUO-Gelenkbus – Anordnung der Aggregate

11.3 Bewertung

Aufgrund der umfangreichen, in der Anwendung in Stadtbussen erwachsenen Erfahrungen kann sich die Bewertung der alternativen Busantriebe auf hinreichend sichere Ergebnisse abstützen. Bild 11.16 stellt in einem Vergleich die drei hybriden den jeweils reinen Antriebsformen hinsichtlich der Betriebskosten gegenüber. Man erkennt den überragenden Anteil der Personal- und Verwaltungskosten und den wesentlich geringeren Beitrag von ungefähr 10 %, den die Energiekosten verursachen. Hierzu tragen mehrere gegenläufige Tendenzen bei. Der Wirkungsgrad des elektrischen Antriebs im Fahrzeug ist zwar ungleich höher als der des dieselmotorischen Antriebs, dieser Unterschied wird jedoch dadurch verringert, daß das Fahrzeuggewicht, insbesondere wenn im Fahrzeug noch eine Batterie mitgeführt wird, wesentlich höher ist als das des Dieselbusses.
Die Kosten für die Fahrzeugabschreibung sind zwar teilweise auch durch die unterschiedlichen Fertigungsgrößen bedingt, jedoch zeigt sich am Beispiel des Trolleybusses, daß die elektrische Antriebsausrüstung ein Mehrfaches des vergleichbaren Dieselantriebsaggregates kostet. Für den Betrieb der elektrischen Antriebsvarianten sind schließlich noch Kosten für die Infrastruktur zur Bereitstellung der elektrischen Energie, d. h. Abschreibung und Wartung für Oberleitung bzw. Batterie, und die zugehörigen Stromversorgungseinrichtungen zu berücksichtigen. Unter diesen Voraussetzungen zeigt Bild 11.16, daß für den Betrieb mit Gelenkbussen mit den angeführten alternativen Antrieben mit Betriebskosten gerechnet werden muß, die je nach Antriebsart um (18 – 48) % höher liegen als beim Dieselbus.
Weit weniger präzise läßt sich ein Kostenvergleich, der als Kriterium für die zu erwartenden Anwendungschancen dienen kann, für Elektrotransporter oder gar Elektro-Pkw darstellen, da in beiden Fällen die Degression der Anschaffungskosten für Fahrzeug und Batterie, wenn hohe Stückzahlen zu erreichen sind, nur vage prognostiziert werden kann. Auf der Basis der für einen Bericht an die Bundesregierung über die Förderung des Einsatzes von Elektrofahrzeugen erhobenen Angaben zeigt Bild 11.17 den Vergleich der Betriebskosten für diese beiden Fahrzeugtypen abhängig von der jährlichen Produktionsstückzahl. Hieraus wird deutlich, daß bei einem Elektro-Pkw die Anfangsschwelle noch höher ist als bei einem Elektro-Transporter, d. h. erst bei jährlichen Produktionsstückzahlen von größer 5.000 erreicht der Elektro-Pkw geringere prozentuale Mehrkosten als der Elektro-Transporter. Bild 11.17 zeigt aber auch, daß von der Natrium/Schwefel-Batterie bei jeder Produktionsstückzahl höhere Kosten als von der Bleibatterie aufgeworfen werden, wobei dieser Darstellung für die Bleibatterie generell eine Lebensdauer von 4,5 Jahren und für die Natrium/Schwefel-Batterie von 4 Jahren zugrundeliegt. Da gegenwärtig diese Werte lediglich für die Bleibatterie als einigermaßen durch die Praxis bestätigt angesehen werden können, stellt sich zumindest gegenwärtig die Kostenschere zwischen beiden Batterietypen noch ungünstiger dar.

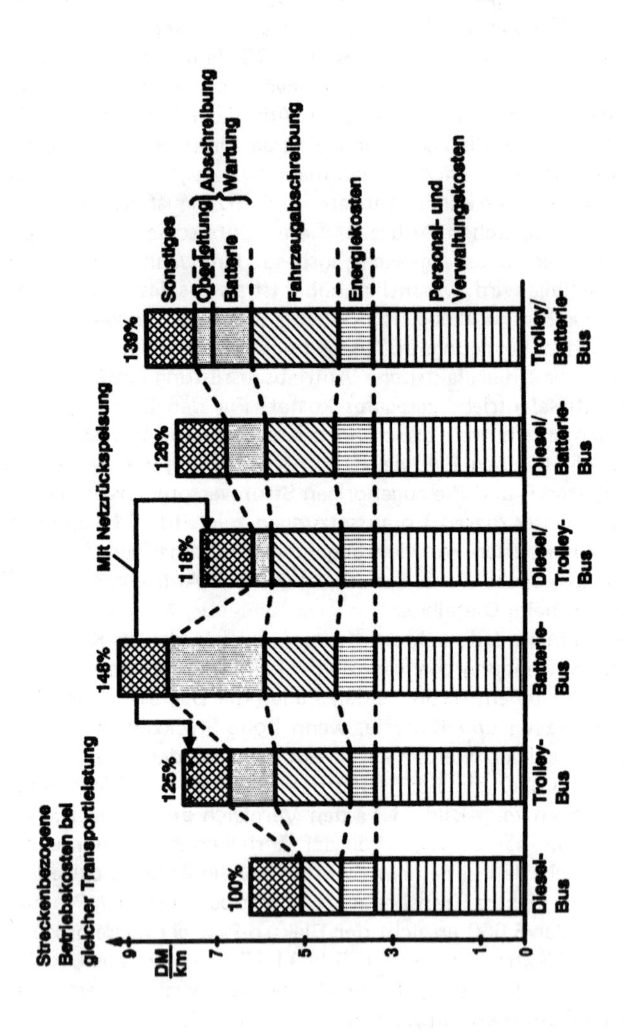

Bild 11.16: Gelenkbusse mit alternativen Antrieben – Kostenvergleich

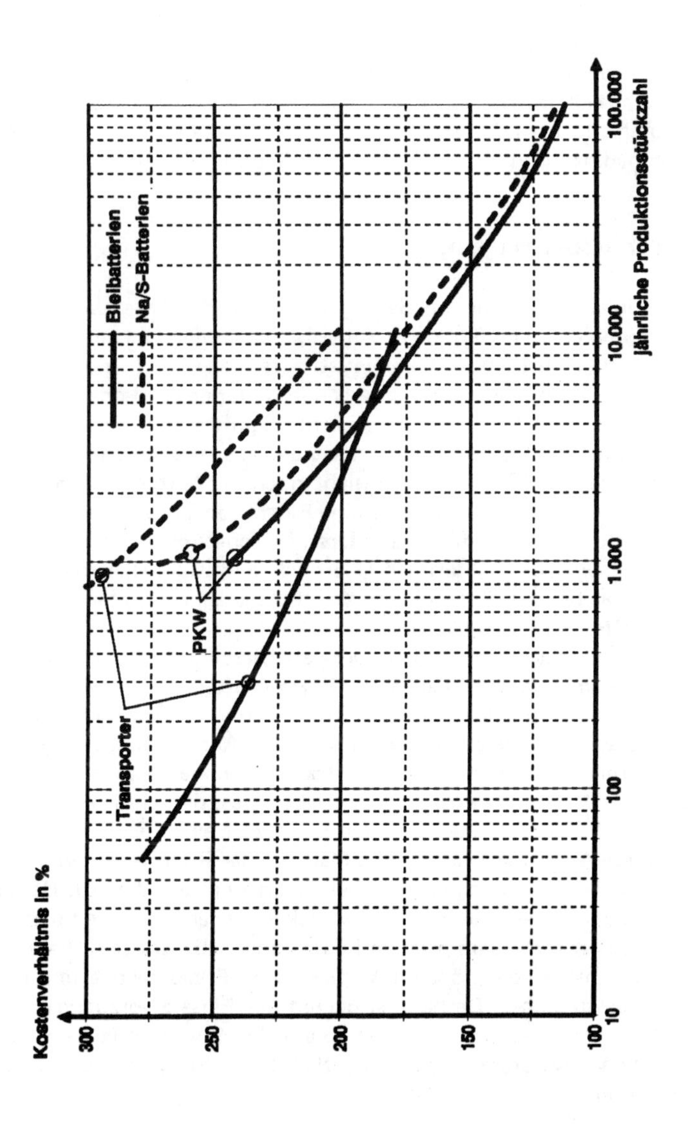

Bild 11.17: Vergleich der Betriebskosten zwischen batteriebetriebenen Fahrzeugen und Fahrzeugen mit Verbrennungsmotor

Diese Kostenrechnung zeigt, daß ein Elektrofahrzeug auch bei Großserienfertigung teurer ist als das vergleichbare Fahrzeug mit Verbrennungsmotor. Deshalb liegt folgende Marktsituation vor. Der Verbraucher/Anwender müßte für ein Elektrofahrzeug, welches nach heutigen Wertmaßstäben weniger leistet als ein konventionelles Auto, erheblich mehr Geld ausgeben. Unter diesen Umständen kann sich kein Markt für Elektrofahrzeuge entwickeln. Einsatzchancen für Elektrofahrzeuge sind nur dann zu erkennen, wenn die ordnungspolitischen Rahmenbedingungen geändert werden, z. B. durch Sperrung von Stadtzentren.

11.4 Schlußbetrachtung

In der Einleitung zu diesem Beitrag wurde auf die Kriterien hingewiesen, die bei der Entwicklung alternativer Antriebe für Straßenfahrzeuge, zu denen auch der elektrische Antrieb zu rechnen ist, ausschlaggebend sind. Selbst wenn die bestehenden Nachteile insbesondere des batterieelektrischen Antriebs in betrieblicher und wirtschaftlicher Hinsicht zugunsten der der Allgemeinheit zugute kommenden Vorteile toleriert würden, so ist auch zu beachten, daß der Elektroantrieb auch in dieser Hinsicht noch im Wettbewerb mit anderen Antriebsarten steht. Bild 11.18 zeigt eine Flotte von Versuchsfahrzeugen, von denen jedes stellvertretend für eine unterschiedliche Antriebsvariante steht. Dieses Bild soll einen schlaglichtartigen Überblick vermitteln über die mannigfaltigen Bemühungen bei der Entwicklung von Fahrzeugen für alternative Kraftstoffe oder mit alternativen Antrieben.
Der Verbrennungsmotor, insbesondere als Dieselmotor mit Direkteinspritzung, wird in seinem Angebot technischer Eigenschaften etwa hinsichtlich Wirkungsgrad und Reichweite im mobilen Einsatz durch keinen anderen Antrieb übertroffen. Deshalb ist es auch in einer hybriden Antriebsanordnung zweckmäßig, den Verbrennungsmotor als eine Antriebskomponente vorzusehen. Der unbestrittene Vorteil des elektrischen Antriebs ist es, daß er die einzige heute realisierbare Antriebsart darstellt, die am Einsatzort emissionsfrei ist. Darüber hinaus ist diese Antriebsart nur in dem Maß von der Rohölversorgung abhängig, als Rohöl bei der Erzeugung elektrischer Energie eingesetzt wird. Damit eröffnet sich eine Möglichkeit, die Rohölabhängigkeit zu verringern und den Straßenverkehr auf besser verfügbare primäre Energieträger abzustützen. Diese Vorteile gehen jedoch mit einem höheren Verbrauch an Primärenergie und mit höheren Betriebskosten einher. Deshalb ist derzeit der Einsatz vorzugsweise in den Fällen und in einer hybriden Anordnung auf den Streckenstücken gerechtfertigt, wo besondere Anforderungen hinsichtlich Umweltbelastung und Emissionsfreiheit bestehen.

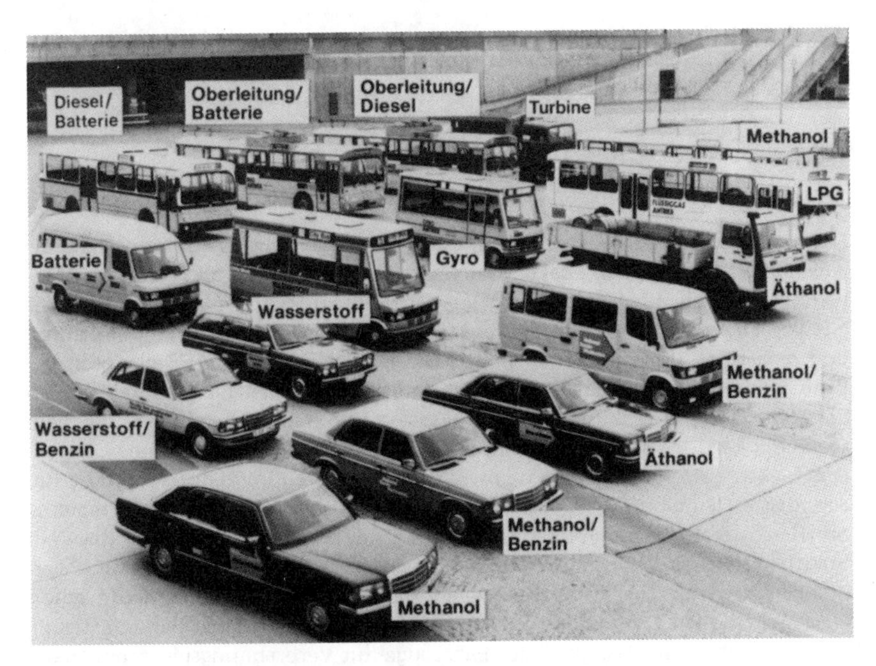

Bild 11.18: Versuchsfahrzeuge mit alternativen Antrieben

11.5 Zusammenfassung

Das Interesse an elektrischen Antrieben für Straßenfahrzeuge liegt einmal in der möglichen Emissionsfreiheit solcher Antriebe und zum anderen in der Unabhängigkeit von flüssigen Kraftstoffen begründet. Diese Vorteile müssen jedoch mit einem erhöhten Bau- und Wartungsaufwand sowie betrieblichen Einschränkungen bezahlt werden. Hybride Antriebe bieten den Vorteil, die Gewichtung dieser Nachteile, allerdings bei aufwendiger Struktur, teilweise zu verschieben. Alle betrachteten alternativen Busantriebe lassen um (18 – 48) % höhere Betriebskosten gegenüber dem reinen Dieselbus erwarten. Bei Elektrotransportern und im noch stärkeren Maße bei Elektro-Pkw sind Betriebskosten von weniger als dem 1,5fachen des Vergleichsfahrzeugs mit Verbrennungsmotor erst zu erwarten, wenn jährlich mehr als 10.000 Fahrzeuge hergestellt werden. Mit diesen Mehrkosten muß die zumindest teilweise Emissionsfreiheit erkauft werden, bzw. steht umgekehrt ein entsprechender Betrag für Fahrzeuge mit Verbrennungsmotor zur Verfügung, um die Umweltvorteile des elektrischen Antriebs einzuholen.

12 Ausblick

Dietrich Naunin

Die gegenwärtige Verkehrssituation, durch Verkehrsstaus sowohl innerhalb als auch außerhalb der Städte gekennzeichnet, erschreckt jeden und erfordert Maßnahmen, um die umweltschädigenden Einflüsse in Zukunft zu mindern. Dies gilt vor allem für die Städte, in denen Menschen arbeiten, wohnen, einkaufen und sich bewußt werden, daß ihre Umwelt zu einem großen Teil durch die Emissionen des Individualverkehrs mit den bisher konventionellen Fahrzeugen belastet wird. Die Diskussionen über Alternativen haben begonnen – die Menschen merken, daß sie sich mit neuen Ideen auseinandersetzen müssen.
Das Elektroauto kann zu einem umweltverträglicheren Verkehr dadurch beitragen, daß es lärmarm und am Einsatzort abgasfrei ist. Aufgrund seiner begrenzten Reichweite – bedingt durch die länger dauernde Batterieladung – ist es ein Stadtfahrzeug. Das konventionelle Auto wird es nur teilweise ersetzen und verdrängen können. Die vorangegangenen Beiträge zeigen, daß es heute schon einen sehr hohen technischen Stand erreicht hat, der bei einer Serienfertigung auch die hohe Zuverlässigkeit der Fahrzeuge mit Verbrennungsmotoren, an die wir uns gewöhnt haben, einschließen wird. Elektrofahrzeuge können sich in den normalen Verkehr problemlos einfügen. Viele Rallies – Solar Cups, Grand Prix etc. –, die Testcharakter haben, zeigen ihre Belastbarkeit in Konkurrenzsituationen. Die notwendige Infrastruktur zur Ladung der Batterien besteht bzw. ist durch „Stromtankstellen" leicht ergänzbar. Die bestehenden Kraftwerke haben genügend Kapazität, diesen Anforderungen zu entsprechen.
Einer größeren Einführung von Elektrofahrzeugen steht eigentlich nur der höhere Preis entgegen, der vor allem für die Batterie – die nicht so billig werden kann wie ein Tank – gezahlt werden muß. Marktfähig sind sie bisher nur in Nischenbereichen und können es allgemein – so meinen viele Experten – nur mit einer Unterstützung durch steuerliche und ordnungspolitische Maßnahmen, d. h. durch ein die Verkehrsträger beeinflussendes Verkehrsmanagement, in den nächsten 10 Jahren werden. Viele Länder, z. B. Schweiz, Schweden, Frankreich, USA, starten vorbereitende Unterstützungsprogramme; die Bundesrepublik führt einen Praxistest auf der Insel Rügen durch, einige Bundesländer haben Sonderprogramme. Diejenige Maßnahme, die bisher am meisten vor allem die Aktivitäten der Automobilfirmen weltweit beeinflußt hat, ist zweifellos der Clean Air Act in Kalifornien, der dort vorschreibt, daß ab 1998 – beginnend mit 2 % – Elektrofahrzeuge verkauft werden müssen. Nachahmer sind schon hinzugekommen. Dort wird ein Markt entstehen, auf dem die Automobilindustrie ihre Möglichkeiten zeigen will und wird.

Schon jetzt gibt es keine Autoausstellung, auf der nicht Elektrofahrzeuge und Elektrohybridfahrzeuge gezeigt werden. Es gehört schon zum guten Image, dadurch Umweltbewußtsein zu zeigen. Die Batteriefirmen und die Energieversorgungsunternehmen nutzen es ebenfalls. Als Beispiel sollte vor Augen stehen: Auch die Einführung des Katalysators ist nicht ohne gesetzliche Hilfen erfolgt.

Zunehmend wird davon gesprochen, daß das Elektroauto eine Chance hat. Für Nischenbereiche als Transport-, Distributions- und Service-Fahrzeug gilt dies mit Sicherheit als Beitrag, um verbesserte Umweltbedingungen zu schaffen

- in Stadtinnenbereichen (Busse, Postzustellung, Transportfahrzeuge etc.)
- als städtische Spezialfahrzeuge (Müllfahrzeuge, Kehrmaschinen etc.)
- in Kurorten
- als Sportbegleitfahrzeuge
- im innerbetrieblichen Einsatz (Krankenhausanlagen, Flughäfen, Messen, Fabrikanlagen, Parkanlagen, Hafenanlagen etc.)
- bei Nachtauslieferungen.

Staatliche, städtische, halbstaatliche und engagierte private Unternehmen können dabei mit gutem Beispiel vorangehen.

Der große Markt wird nur im Zweit- und Drittwagenbereich zu erzielen sein, der in der Bundesrepublik unter Berücksichtigung der begrenzten Reichweite von 100 km mit einem Einsatzpotential von 5 Mio. Fahrzeugen beziffert wird. Viele Experten – u. a. Prof. Vester, Autor des Buches „Ausfahrt Zukunft" – sind der Meinung, daß dieser Markt nicht mit aus Serienfahrzeugen „konvertierten" Fahrzeugen, die bisher von den Automobilfirmen erprobt werden, erobert werden kann. Es müßten – parallel zu einem Umdenken der Menschen – neuartige, vor allem die neuen Kriterien der vier „L" erfüllende Fahrzeuge entwickelt werden – leicht, leise, langsam (d. h. nicht unbedingt sportlich) und lustig –, die die bisherigen Kriterien schwer, aggressiv, schnell und imposant ersetzen. Solche Stadtmobile sollten die Leistungssymbole Umweltfreundlichkeit, niedriger Energieverbrauch (< 10 kWh/100 km), HighTech-Elektronik, moderne Werkstoffe, Praktikabilität, Sicherheit, geringer Platzbedarf, hohe Recyclingsfähigkeiten erfüllen.

Es gibt schon Klein-Unternehmer, die solche Leicht-Elektromobile, für die manche gerne den imagebildenden Namen Solarmobile – reine Solarmobile sind nicht alltagstauglich – retten möchten, in Prototypen vorstellen. Sie können, wie häufig auch in anderen Bereichen geschehen, als Vorreiter die Großserienherstellung initiieren.

Ohne öffentliche Unterstützung, die einesteils gesetzliche und ordnungspolitische Randbedingungen schafft und anderenteils das Bewußtsein der Bürger und damit deren Bereitwilligkeit, für eine bessere Umwelt auch zahlen zu wollen, fördert, ist allerdings eine breite Einführung von Elektrofahrzeugen nicht möglich. Es sollte ein Ziel sein, die Serienfertigung zu fördern, damit die Preise annehmbar werden und das Einsatzpotential genutzt werden kann. Es gilt, den

Teufelskreis – keine Förderung → keine Serienfertigung → zu hoher Preis → kein Absatzpotential → zu geringe Verbesserungswirkungen → keine Förderungswürdigkeit – zu durchbrechen zum Wohle des Menschen.

Einsatz eines Midibus-Systems in umweltsensiblen Bereichen

Die Verkehrsbelastung der Innenstädte nimmt immer mehr zu – und damit die Belastung der dort lebenden und arbeitenden Menschen durch die Abgase der Fahrzeuge. Stadtverwaltungen möchten Entlastungen schaffen und die innerorts meist parkplatzsuchenden Pkw's auf Parkplätze (park & ride) bzw. Parkhäuser verbannen. Kurorte können ihre Lizenz verlieren, wenn die Abgasmessungen in ihren Straßen zu hohe Werte erreichen. Nationalparks wollen ihren Charakter als Naturschutzparks erhalten, aber trotzdem Beförderungsmöglichkeiten im Park bereitstellen.

Elektrobusse ermöglichen es, einen umweltschonenden Nahverkehr aufzubauen. Einige Städte haben sich dazu entschlossen, größere autofreie Zonen einzurichten und Elektrobusse einzusetzen, die den notwendigen Personentransport in diesen Bereichen und zu den Parkplätzen am Rande der Stadt aufrechterhalten: Oberstdorf und Berchtesgaden begannen mit Versuchsprogrammen, die vom bayerischen Staatsministerium für Umwelt finanziert wurden; andere Städte wie Bad Füssing folgten ihnen. Die Bürgermeister dieser Luftkurorte wollten Straßencafes statt fahrender und parkender Autos, Journalisten formulierten griffig: *Kaffeeduft statt Abgasluft.*
Im Naturpark Bayerischer Wald werden ebenfalls Elektrobusse eingesetzt. Die Firmen NEOPLAN und CONTRAC haben bisher Midibusse, die bis zu 40 Personen befördern können, vorgestellt, die Firma NEOPLAN vor allem ein Midibus-Batterie-Wechselstations-System, das einen schnellen Batteriewechsel zuläßt und schon seit 2 Jahren auf der Hannover-Messe mit Rundfahrtbussen erprobt wird.
Auch in anderen europäischen Städten werden Bussysteme erprobt. In Italien beginnen Padua und Florenz damit, die belgische Stadt Mechelen interessiert sich ebenfalls dafür sowie die holländische Stadt Dordrecht. Dabei zeigt sich auch die Niederflurtechnik zum bequemen Einsteigen als sehr attraktiv – die Akzeptanz beim Publikum ist hoch.
Als Beispiel eines Midibus-Systems soll das NEOPLAN Metroliner-Konzept mit Powerstation kurz vorgestellt werden. Die Firma NEOPLAN hat neben Hybridbus-Versionen, die anschließend erwähnt werden, einen reinen Elektro-Midibus mit 3 Batteriekonzepten,

– mit Bleibatterien
– mit Nickel-Cadmium-Batterien und
– mit Hochtemperatur-Batterien

entwickelt. Die 8 m lange und 2,30 m breite Karosserie besteht komplett aus Faserverbundwerkstoffen, durch die einesteils eine Gewichtsersparnis von 30 %, anderenteils ein höherer Isolationswert gegenüber herkömmlichen Stahlkarosserien erreicht wird. Das trägt weitgehend zur Kompensierung des Batteriegewichtes bei. Außerdem ist die neue Karosserie absolut korossionsbeständig und so widerstandsfähig, daß sie in vielen Fällen unfallresistent ist. Die Midibusse sind für knapp 40 Personen – bei etwa 18 Sitzplätzen – zugelassen und erlauben damit einen flexiblen Verkehrsbetrieb. Im Durchschnitt sind innerstädtische Verkehrslinien 5 – 7 km lang, so daß eine tägliche Fahrleistung von 120 – 150 km erbracht werden muß.
Die Bleibatterie ist zur Zeit immer noch das zuverlässigste Batteriesystem. Mit einem Batteriegewicht von etwa 1,5 t ist allerdings mindestens eine Reichweite von etwa 40 km realisierbar, wenn die innerstädtische Geschwindigkeit von 50 km/h nicht überschritten zu werden braucht. Dies bedeutet jedoch, daß ein Batteriewechsel notwendig ist. Da Stadtverkehrsbetriebe dafür normalerweise nicht ausgerüstet sind, haben die Firmen NEOPLAN und VARTA Batterie AG in Zusammenarbeit eine „Powerstation" (s. Bild 13.2) entwickelt, die in einem

Bild 13.2: NEOPLAN-Midibus mit Powerstation

Normcontainer, der örtlich flexibel einsetzbar ist, eine Batteriewechselvorrichtung sowie Raum und eine Ladevorrichtung für bis zu 6 Batterien enthält. Das Wechseln eines Batteriesatzes kann dank entsprechender technischer Vorrichtungen vom Busfahrer selbst in 5 Minuten – nicht mehr Zeit als für einen Tankvorgang – durchgeführt werden. Eine solche Powerstation ist geeignet, einen durchgehenden Busbetrieb für 2 Busse zu ermöglichen, wenn eine Strecke von 120 km pro Tag gefahren wird und damit zwei Batteriewechsel pro Fahrzeug nötig sind. Die Aufladung einer Batterie dauert etwa 4 – 5 Stunden. Das nachfolgende Bild 13.3 zeigt den Aufbau der Powerstation und die Strategie zur Ladung von 5 Batterien.
Die elektrischen Daten dieses Midibusses (Neoplan N 8008 E Metroliner) sind: Gleichstrom-Nebenschlußmotor 25 kW (Drehmoment 180 Nm), Kurzzeitleistung 45 kW; Bremsenergierückgewinnung; Antriebsbatterie (VARTA perfect H) 144 V, 64 A, Nennkapazität 320 Ah, Nennenergie 46.08 kWh, Nennenergiedichte 30 kWh/kg, Batterietechnologie: 72 Blei-Säurezellen, zyklenfeste Panzerplattentechnik, Elektrolytumwälzung (zur Vermeidung von Ladungsschichtung), automatisches Wassernachfüllsystem aquamatic. Außerdem wird die Batterie mit Heizkühltaschen ausgestattet, die ein Abkühlen – damit eine Leistungsreduktion – bei Temperaturen unter 12°C verhindern und in heißen Zonen die Innentemperatur der Batterie nicht über den zulässigen Wert ansteigen lassen. Die Kapazitätsanzeige und Temperaturkontrolle erfolgt über einen eingebauten Computer „BiCat", der dem Fahrer exakte Leistungsdaten anzeigt. Das Ladegerät (in der Powerstation) hat bei 144 V einen Ladestrom von 80 A, so daß die Ladestation zur Ladung von 2 Batterien einen 400 V/35 A-Anschluß (dreiphasig, 50 Hz) benötigt.

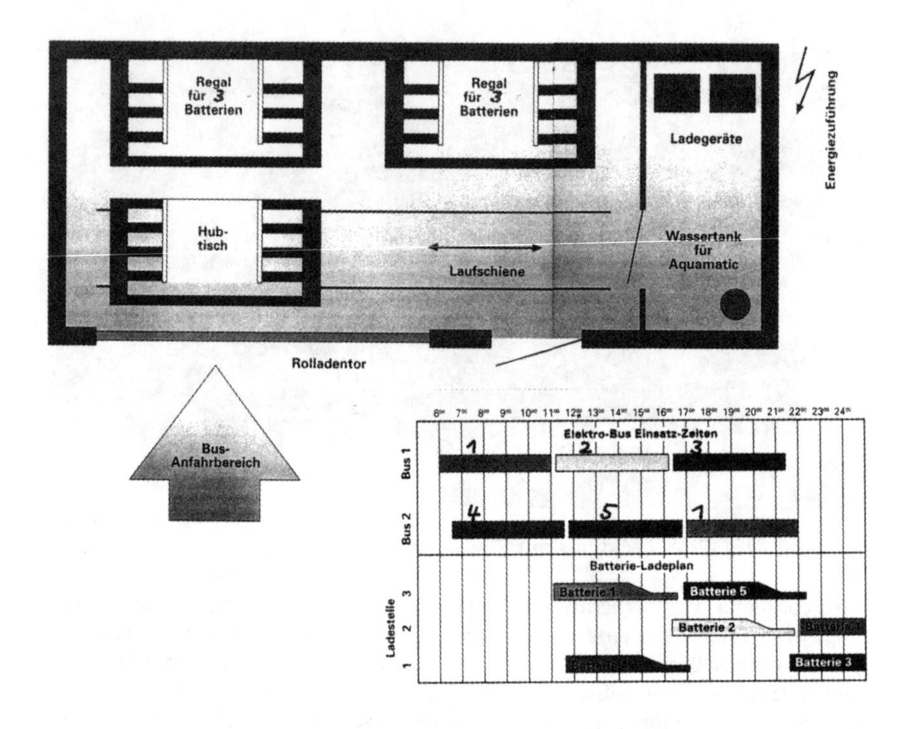

Bild 13.3: Aufbau einer Powerstation und Ladestrategie für 5 Batterien

Dieses System wird zur Zeit auf der Hannover-Messe, in Bad Füssing, in Florenz und Dordrecht eingesetzt.

Die Nickel-Cadmium-Batterie (Firma SAFT) wird in 3 NEOPLAN-Fahrzeugen in Oberstdorf eingesetzt. Ein Batteriesatz (520 Ah) ist 1,1 t schwer und enthält die Energie für 60 km. Die Erfahrungen sind positiv. Der Preis der Batterie ist sehr viel höher als der für eine Bleibatterie.

Noch im Entwicklungsstadium sind die Hochtemperaturbatteriesysteme mit Natrium-Schwefel und Natrium-Nickel-Chlorid. Die Na/S-Batterie (Firma ABB – Asea Brown Boveri) ist z. Z. in 3 NEOPLAN-Bussen auf der Insel Rügen im Rahmen des dort durchgeführten BMFT-Elektrofahrzeug-Praxistests eingesetzt, außerdem wurde sie in CONTRAC-Busse, die in Berchtesgaden und im Naturpark Bayerischer Wald fahren, eingebaut. Diese Busse können Geschwindigkeiten bis zu 80 km/h erreichen.

Abschließend sollen noch z. Z. laufende Entwicklungen bei Hybrid-Bussystemen, die keine Probleme mit begrenzten Reichweiten haben, erwähnt werden. Die Firmen NEOPLAN und Magnet-Motor erprobten dieselelektrische Antriebssysteme mit Einzelradantrieben (Synchron-Radnabenmotoren). Diese Systeme erlauben einen Betrieb mit einer auf minimalen Schadstoffausstoß optimierten Regelung der Dieselmotor-Generatoreinheit für den Einsatz in den außenliegenden Stadtbereichen. Die Komponentenanordnung kann je nach den Anforderungen flexibel konzipiert werden. Anfang 1995 werden für dieses Konzept neu entwickelte „Nickel-Hydrid"-Batterien zur Verfügung stehen, so daß in autofreien Stadtkernen abgasfrei ohne Dieselmotor gefahren werden kann. Eine Energiespeicherung in Schwungradsystemen wurde bisher in Trolley-Bussen erfolgreich eingesetzt.
Die Firma Vetter Karosserie- und Fahrzeugbau bietet einen reinen Elektrobus für 30 Personen an.
Güterverteilung in Fußgängerzonen durch Lkw ist inzwischen durch elektrisch angetriebene Fahrzeuge ebenfalls möglich. Die Firma Peugeot bietet ihren Transporter J 5 als Kastenwagen und Minibus an. Die Firma MAN hat einen Hybrid-Lkw als Prototyp in München vorgestellt.
Diese Beispiele zeigen, daß interessante Entwicklungen im öffentlichen Nahverkehr in Gang gekommen sind. Einige Stadtverwaltungen zeigen, daß man mit gutem Beispiel vorangehen will, um das Leben in den Stadtkernen und umweltsensiblen Zonen lebenswerter zu machen.

Anhang Autorenverzeichnis: Weitere Informationsmöglichkeiten

Weitergehende Informationen über die behandelten Themen sind bei den Autoren erhältlich, deren Adressen hier angegeben werden:

1. Dr. Ch. Bader
   Mercedes-Benz AG
   70322 Stuttgart

2. Dr. W. Fischer
   (ehemals ABB Hochenergiebatterie GmbH)
   Am Kastanienberg 27
   69151 Neckargemünd

3. Dr. A. Kalberlah, F.-A. Driehorst
   Volkswagenwerk AG
   38448 Wolfsburg

4. Dipl.-Ing. H.-A. Kiehne
   Fachverband Batterien im ZVEI
   Am Leineufer 51
   30419 Hannover

5. Dipl.-Ing. M. Kalker
   Dr. B. Sporckmann
   Dipl.-Ing. E. Zander
   RWE Energie AG
   Abt. Anwendungstechnik
   Kruppstr. 5
   45128 Essen

6. W. Klingler
   W. Klingler Fahrzeugtechnik AG
   Suhrenmattstraße 34
   CH-5035 Unterentfelden/Aarau

7. Prof. Dr. D. Naunin
Institut für Elektronik
TU Berlin
Einsteinufer 17
10587 Berlin

8. Prof. Dr. H. Schaefer
Lehrstuhl für Energiewirtschaft
und Kraftwerkstechnik
TU München
Barerstr. 23
80333 München

9. Prof. Dr. H.-Ch. Skudelny
Institut für Stromrichtertechnik
und Elektrische Antriebe
TH Aachen
Jägerstraße 17/19
52066 Aachen

10. Dr. U. Wagner
Forschungsstelle für Energiewirtschaft
Am Blütenanger 71
80995 München

Die Gesellschaft, die sich in Deutschland als Ziel die Förderung und Forschung, Entwicklung und Erprobung elektrisch angetriebener Straßenfahrzeuge und die Vorbereitung der aus energie- und umweltpolitischer Sicht notwendigen Markteinführung gesetzt hat, ist die

Deutsche Gesellschaft für
Elektrische Straßenfahrzeuge e. V.
DGES
Geschäftsstelle: c/o BEWAG
Motzstraße 89
10779 Berlin
Tel.: 030-2676431 oder -52
Fax: 030-2676555

Die DGES ist die Deutsche Sektion der

Association Europeenne des
Vehicules Electriques Routiers

= European Electric Road Vehicle Association

= AVERE
Sekretariat:
34, Boulevard de Waterloo
B-1000 Bruxelles
Fax: 0033-2-5136980

Sachregister